Lecture Notes in Physics

Edited by J. Ehlers, München, K. Hepp, Zürich
R. Kippenhahn, München, H. A. Weidenmüller, Heidelberg
and J. Zittartz, Köln
Managing Editor: W. Beiglböck, Heidelberg

99

Michael Drieschner

Voraussage – Wahrscheinlichkeit – Objekt

Über die begrifflichen Grundlagen
der Quantenmechanik

Springer-Verlag
Berlin Heidelberg New York 1979

Autor

Michael Drieschner
MPI zur Erforschung der
Lebensbedingungen der
wissenschaftlich-technischen
Welt
Riemerschmidstraße 7
D-8130 Starnberg

ISBN 3-540-09248-X Springer-Verlag Berlin Heidelberg New York
ISBN 0-387-09248-X Springer-Verlag New York Heidelberg Berlin

CIP-Kurztitelaufnahme der Deutschen Bibliothek
Drieschner, Michael: Voraussage, Wahrscheinlichkeit, Objekt: über d. begriffl. Grundlagen
d. Quantenmechanik / Michael Drieschner. – Berlin, Heidelberg, New York: Springer, 1979.
(Lecture notes in physics ; Vol. 99)

This work is subject to copyright. All rights are reserved, whether the whole or
part of the material is concerned, specifically those of translation, reprinting,
re-use of illustrations, broadcasting, reproduction by photocopying machine or
similar means, and storage in data banks. Under § 54 of the German Copyright
Law where copies are made for other than private use, a fee is payable to the
publisher, the amount of the fee to be determined by agreement with the publisher.

© by Springer-Verlag Berlin Heidelberg 1979
Printed in Germany

Printing and binding: Beltz Offsetdruck, Hemsbach/Bergstr.
2153/3140-543210

Vorwort

Die Interpretation der Quantenmechanik ist über 50 Jahre nach deren Entdeckung immer noch ein faszinierendes Thema. Denn einerseits hat sich die Quantenmechanik bewährt als grundlegende physikalische Theorie, andererseits bestehen immer noch, oder heute verstärkt, Meinungsverschiedenheiten darüber, wie diese physikalische Theorie als Beschreibung der Wirklichkeit zu verstehen ist, und ob man nicht nach einer ganz anderen Theorie suchen sollte.[1]

Das vorliegende Buch vertritt entschieden den Standpunkt, daß die Quantenmechanik als allgemeine Beschreibung der Wirklichkeit verständlich ist. Es unternimmt den Versuch, die Quantenmechanik zu deuten als die allgemeine Theorie objektiv nachprüfbarer Voraussagen.

Historisch bedeutete die Entdeckung der Quantenmechanik zunächst die Entwicklung eines mathematischen Formalismus, zusammen mit Regeln, welche den Zahlen des Formalismus mögliche Messungen zuordnen[2]; erst daran anschließend wurden Fragen des Verständnisses, der Begründung und Rechtfertigung des Formalismus, kurz: Interpretationsfragen diskutiert. In diesem Buch ist der Aufbau systematisch umgekehrt: Es wird zunächst erörtert, was eine objektive Theorie der Wirklichkeit leisten soll und kann, also das, was man die Interpretationsfragen nennt. Aus dieser Erörterung werden Grundregeln für solche Theorien entwickelt, die schließlich, mathematisch formalisiert, als Axiome für die mathematische Struktur der Quantenmechanik dienen.

In mathematischer Hinsicht ist dieses Buch der "logiko-algebraischen" Linie verpflichtet, die 1936 von Birkhoff und Neumann begründet, in den letzten Jahren vor allem von der Genfer Schule um Jauch und Piron[3]

---

[1] Dazu sind die beiden Bücher von Max Jammer (1966, 1974) ein sehr hilfreiches Quellenwerk, ebenso Büchel 1965. Scheibe (1967) gibt eine ausführliche Bibliographie und (1973 a) eine systematische Analyse; ebenso, vor allem für Physiker geschrieben, Ludwig 1976.

[2] z.B. Dirac 1930/1967, Messiah 1958, Landau-Lifschitz 1963, Feynman 1965, Blochinzev 1966; daneben eine kleine Einführung mit Blick auf die Grundlagenprobleme: Süßmann 1963.

[3] z.B. v. Neumann 1932, Mackey 1963, Jauch 1968, Varadarajan 1968/1970, Piron 1976, Hooker 1975.

wieder aufgenommen worden ist. Das Schwergewicht der hier vorgelegten
Untersuchungen liegt allerdings nicht auf dem mathematischen Teil,
sondern auf den Untersuchungen, die systematisch *vor* der Angabe der
Axiome liegen. Es handelt sich in diesem philosophischen Teil vor
allem um die Ausarbeitung und Fortführung von Gedanken *C.F. von
Weizsäckers*, die auf einer jetzt über ein Jahrzehnt dauernden Zusammenarbeit beruht. Dahinter steht, in der wissenschaftlich vorhergehenden Generation, *Niels Bohr* und die "Kopenhagener Schule". Wenn
auch sicher die hier vorgelegten Überlegungen nicht "orthodox Kopenhagen" sind, so ist doch Bohrs Einfluß zu erkennen, am deutlichsten
vielleicht bei der Diskussion der traditionellen Interpretationsfragen (Kap. VII). - Schließlich liegt ein expliziter Bezug auf die
kantische Tradition im Programm einer "Naturwissenschaft a priori",
wie es in II2 entwickelt wird. Unser Programm unterscheidet sich von
dem kantischen insbesondere wegen des ganz anderen Standes der Naturwissenschaft heute: wir sehen heute bessere Möglichkeiten für die
transzendentale Begründung der Physik, weil diese einerseits einen
viel weiteren Bereich umfaßt, andererseits viel stärker vereinheitlicht
ist in sehr allgemeinen und umfassenden Grundstrukturen, wie etwa der
Hilbertraumstruktur der Quantenmechanik, von der hier die Rede ist.
Mit Kant verbindet uns das Ziel einer transzendentalen Begründung von
Physik: Wir stellen den Gedanken zur Diskussion, daß die Quantenmechanik, obschon auf Grund von empirischen Befunden entwickelt, nicht
aus der Erfahrung *gerechtfertigt* ist, sondern daß ihre Struktur allein
durch die Forderung festgelegt ist, sie solle Theorie von Erfahrung
sein.

Der allgemeinen Frage nach *Begründung*, im Zusammenhang mit einer mathematisch formulierten Theorie, ist das erste Kapitel über Logik und
Naturwissenschaft gewidmet. Das zweite Kapitel erörtert die Möglichkeit von transzendentalen Argumenten angesichts der *Einheit* und Allgemeinheit der Physik, wie oben angedeutet. Im dritten Kapitel schließlich wird der Punkt aufgegriffen, durch den sich die vorliegende Analyse hauptsächlich von anderen unterscheiden dürfte: Die Vorrangstellung der Zeitlichkeit. Jede Theorie der Erfahrung besteht, so behaupten wir, aus Gesetzen zur *Voraussage* über empirisch eindeutig entscheidbare Alternativen. Die Voraussagemöglichkeit ist nicht nur zufällige Beigabe, sondern konstituierender Bestandteil jeder objektiven
Theorie von Wirklichkeit, und wir machen sie hier zum Fundament unserer
Erörterung. - Kapitel IV bringt eine Analyse des Begriffs der *Wahr-*

scheinlichkeit in ihrer "Anwendung" in der Physik, nämlich als vorausgesagte Häufigkeit: Wahrscheinlichkeit ist die allgemeinste empirisch prüfbare Voraussage überhaupt (IV 6). - Die Zeitlichkeit ist der Schlüssel auch zum Verständnis des physikalischen *Objektbegriffs* (Kap. V): abstrakt gesehen ist das Objekt in einer physikalischen Theorie eine Zusammenfassung von meßbaren Größen so, daß Voraussagen gerade für diese Größen möglich sind. Das ist prinzipiell nur als Näherung möglich. - Kapitel VI enthält eine Analyse der *quantenmechanischen Axiome* im Detail, unter den bis dahin erörterten Voraussetzungen. Die hier vorgelegten Formulierungen zeigen die Möglichkeit einer kohärenten Begründung der Axiome, wenn man auch nicht behaupten kann, daß damit eine Begründung a priori der Quantenmechanik schon *vorgelegt* sei - insbesondere das Projektionspostulat (VI 13) scheint noch nicht voll verstanden. Aber der ungewohnte Gedanke einer transzendentalen Begründung von Physik könnte hier doch plausibel werden. - Im VII. Kapitel werden die traditionellen *Interpretationsprobleme* der Quantenmechanik aufgenommen, als Anwendung und Erprobung der Erörterung in den vorangehenden Kapiteln. Themen sind, neben den eher trivialen der Unschärferelation und der "Dualität" von Wellen und Teilchen, das seltsame "Paradox" von Einstein, Podolsky und Rosen (zusammen mit neueren Interpretationen), sowie die Probleme des Meßprozesses und der klassischen Begriffe. - Kapitel VIII gibt Hinweise zur möglichen Weiterführung der dargestellten Gedanken im Anschluß an Arbeiten der Starnberger Gruppe zur *"Ur-Theorie"* C.F. von Weizsäckers: Die Ur-Theorie ist ein Versuch, insbesondere durch Symmetriebetrachtungen an einfachsten quantenmechanischen Objekten ("Uren") die Struktur der Wechselwirkung und damit des *Raums* zu ermitteln. - Im letzten Kapitel wird schließlich ein philosophisches Motiv der Arbeit aufgenommen: Die Frage nach einer Begründung a priori - also danach, was Physik leisten soll - fragt zugleich, was sie allenfalls leisten kann[1]. Ist die beherrschende Rolle der Physik in ihrer Struktur angelegt? Können wir die ganze Wirklichkeit, *reduktionistisch*, in "nichts als Physik" auflösen?

Das vorliegende Buch wendet sich an philosophisch und naturwissenschaftlich interessierte Leser. Es wird sich zwar zum größten Teil auch als

---

[1] G. Böhme (1972) faßt eine Besprechung von Weizsäcker 1971 unter den Titel: "Die Physik zu Ende denken".

Einführung in die Probleme lesen lassen, aber die Argumentation ist doch vor allem für Leser gedacht, denen die Materie wenigstens in Sektoren vertraut ist. "Technische", insbesondere mathematische Ausführungen habe ich weitgehend in den Anhang verschoben, so daß, wie ich hoffe, der Hauptteil einigermaßen flüssig lesbar ist. Dazu ist aber eine Warnung angebracht: Im Prinzip muß eine Abhandlung wie die vorliegende, welche nicht innerhalb eines speziellen Wissenschaftszweiges angesiedelt ist, ohne spezielle Terminologie auskommen; Philosophie muß in der Umgangssprache darstellbar sein. Soweit das hier gelungen ist, könnte dadurch andererseits ein Eindruck von Leichtfaßlichkeit entstehen, der zu Enttäuschungen führen muß; denn die behandelten Probleme stehen in einer breiten Tradition von Argumenten, auf die der vorliegende Beitrag sich beziehen muß, wenn er nicht oberflächlich sein soll.

Die hiermit vorgelegte Veröffentlichung in den "Lecture Notes in Physics" verbinde ich mit der Bitte an die Leser um Kommentare, Kritik und Korrekturen, die in einer geplanten englischen Übersetzung berücksichtigt werden sollen. - Ich danke der Deutschen Forschungsgemeinschaft, die 1970 - 72 ein Habilitandenstipendium zur Verfügung gestellt hat, und dem Max-Planck-Institut zur Erforschung der Lebensbedingungen der wissenschaftlich-technischen Welt für die Ermöglichung dieser Arbeit. Den Kollegen in Starnberg und München danke ich für viele anregende Diskussionen und für die technische Hilfe; besonders danke ich meinem verehrten Lehrer C.F. von Weizsäcker, auf dessen Gedanken dieses Buch aufbaut.

Max-Planck-Institut
Postfach 1529
8130 Starnberg,
den 15. 4. 78

Inhaltsverzeichnis

I: LOGIK UND NATURWISSENSCHAFT

1. Wahrheit der Logik..2
2. Formalisierung der Logik...6
3. Die Paradoxien der Mengenlehre.....................................8
4. Exkurs über Gödel...12
5. Dialogspiele..15
6. Quantenlogik...19

II: EINHEIT DER PHYSIK

1. Die heutige Physik...27
2. Physik a priori..34

III: VORAUSSAGEN

1. Erklärung - Beschreibung - Voraussage............................43
2. Zeitmodi und Zweiter Hauptsatz...................................47
   a. Das Ehrenfest'sche Kugelspiel.................................48
   b. Der Zweite Hauptsatz der Thermodynamik........................49
   c. Aussagen über Vergangenes.....................................52

IV: WAHRSCHEINLICHKEIT

1. Klassische Wahrscheinlichkeitsdefinition.........................60
2. Relative Häufigkeit..64
   a. Objektive Wahrscheinlichkeit..................................64
   b. Gesetze der großen Zahl.......................................66
   c. Ensemble..69
3. Subjektive Wahrscheinlichkeit....................................70
4. Fragen...72
5. Vorausgesagte Häufigkeit...75
   a. Kolmogoroff...75
   b. Summenregel...77
   c. Bedingte relative Häufigkeit..................................77
   d. Totale relative Häufigkeit....................................78
   e. Unabhängigkeit..79
   f. Häufigkeit von Häufigkeit.....................................81

```
   6. Die allgemeinste Voraussage..................................85
   7. Quellen von Wahrscheinlichkeitswerten........................88
      a. Empirische Ermittlung....................................89
      b. Symmetrie................................................90
```

V: OBJEKTE

```
   1. Planetentheorie.............................................93
   2. Idealisierung...............................................94
   3. Die Näherungen des Objektbegriffes..........................96
      a. Freies Objekt............................................96
      b. Objekt im äußeren Feld...................................96
      c. Objekte in Wechselwirkung................................97
   4. Verschiedene Objekte........................................98
      a. Körper...................................................98
      b. Felder..................................................100
      c. Geometrodynamik.........................................102
   5. Ultraviolett-Katastrophe...................................105
   6. Vollständige Beschreibung..................................106
   7. Teilobjekte................................................110
   8. Definition des Objekts.....................................111
   9. Notwendigkeit einer atomaren Aussage.......................115
```

VI: AXIOMATIK DER QUANTENMECHANIK

```
   1. Axiomatik..................................................119
   2. Voraussagen................................................121
   3. Implikation................................................123
   4. Wiederholbarkeit...........................................126
   5. Objektivität...............................................127
   6. Wahrscheinlichkeitsfunktion................................128
   7. Negation...................................................128
   8. Konjunktion................................................131
   9. Disjunktion................................................132
  10. Aussagenverband............................................133
  11. Orthomodularität...........................................134
  12. Verknüpfung von Boole'schen Verbänden......................135
  13. Projektionspostulat........................................135
  14. Indeterminismus............................................138
```

15. Dimension..139
16. Hilbertraum..141
17. Zusammensetzung von Objekten.....................................142
18. Statistik..144
19. Dynamik..146
    a. Vollständige Beschreibung....................................146
    b. Negation..147
    c. Automorphismen..148

VII: INTERPRETATION DER QUANTENMECHANIK

1. Vorfragen..149
    a. Unschärferelation..150
    b. Komplementarität...152
    c. Welle-Teilchen-Dualismus.....................................153
2. Voraussagen..153
3. Meßprozeß..156
    a. Klassische Begriffe..156
    b. Die Forderungen der Quantenmechanik an den Meßprozeß........157
    c. Die quantenmechanische Beschreibung des Meßprozesses........160
4. Semantische Konsistenz...161
5. Reversibilität...163
6. Was ist wirklich?..164
    a. Verborgene Parameter...165
    b. Viele Welten...166
    c. EPR..167
    d. Wigners Freund - revisited...................................171

VIII: UROBJEKT UND RAUM

1. Symmetrie..175
    a. Phasenfaktoren...176
    b. "Wirkliche" Transformationen.................................178
2. Raum...180
3. Ur-Objekte...182
    a. Ur-Hypothese...182
    b. Raum, nichtrelativistisch....................................184
    c. Relativistische Betrachtung..................................186
    d. Statistik..187

IX: REDUKTIONISMUS

1. Mechanismus..189
2. Aspekte..193
3. Einheit..195

ANHANG

Zu I: Logik und Naturwissenschaft

AI 1. Formalismus der klassischen Aussagenlogik....................205
       a. Wahrheitswerttafeln.......................................205
       b. Dualgruppe...207
       c. Verband..208
AI 2. Dialogspiel...211
AI 3. Drei Wahrheiten und drei Implikationen......................213

Zu III: Voraussagen

AIII 1. Vergangenheit und Zukunft im Ehrenfest'schen Kugelspiel...215
AIII 2. Aus Boltzmanns Vorlesung über Thermodynamik...............220

Zu IV: Wahrscheinlichkeit

AIV 1. Wahrscheinlichkeiten und Erwartungswerte...................222
AIV 2. Starkes Gesetz der großen Zahlen...........................226
AIV 3. Bayes'sche Regel..227

Zu V: Objekte

AV 1. Die Newton'schen Gesetze...................................233
AV 2. Maxwell-Verteilung...235
AV 3. Elektromagnetische Hohlraumstrahlung.......................239
       a. klassisch..239
       b. quantenmechanisch..241
       c. Quadratische Energie.....................................244

Zu VI: Axiomatik der Quantenmechanik

AVI 1. Einige Begriffe der abstrakten Quantenmechanik.............245
AVI 2. Definitionen zur Verbandstheorie..........................247
AVI 3. Symmetrie der Ausschließung...............................249

AVI 4. Der Quantenmechanische Aussagenverband....................250
       a. Verband der Untermengen von Ω: Sätze 1 bis 9............250
       b. Kriterien der Orthomodularität.........................253
       c. Die aus Boole'schen Verbänden zusammengesetzte
          orthomodulare Menge $\mathcal{P}$, Sätze 10 bis 12.................254
       d. Formulierung des Projektionspostulats..................259

<u>Zu VII: Interpretation der Quantenmechanik</u>

AVII EPR-Formalismus...262

<u>Zu VIII: Urobjekt und Raum</u> (**Symmetriegruppe**)......................264

LITERATUR..266

REGISTER...287

— Logik und Naturwissenschaft — § I o

Logik und Naturwissenschaft

Wir beginnen eine Abhandlung über die Struktur empirischer Wissenschaft mit einem Kapitel über Logik – nach landläufiger Meinung also gerade mit demjenigen, das nicht zur Empirie gehört. Wir halten eine, wenngleich kurze Betrachtung der Logik im Rahmen dieser Analyse für unentbehrlich, vor allem aus drei Gründen.

1.) Die Diskussion in diesem Buch soll *logisch* geführt werden. Aus aufgestellten Hypothesen wird gefolgert, es werden *logische* Voraussetzungen zu akzeptierten Behauptungen aufgesucht, schließlich soll die Struktur der Quantenmechanik axiomatisch dargestellt werden, d.h. aus Axiomen sollen Sätze *logisch* abgeleitet werden. In einer Diskussion, die so fundamental ansetzt wie diese, kann man nicht einfach "die Logik" als gegeben voraussetzen, sondern man muß versuchen, sie zugleich mit den übrigen Voraussetzungen der Naturwissenschaft in ihren Grenzen zu sehen, also nach ihrer *Begründung* zu fragen. Anlaß zu solchen Betrachtungen geben insbesondere die unter 2. und 3. genannten Probleme.

2.) Mit 'Logik' ist hier nur die Deduktions-Logik gemeint. Der Begründung von Naturgesetzen, häufig als Induktions-Logik beschrieben, ist der Rest dieses Buchs gewidmet. Die Logik – im Gegensatz zur Naturwissenschaft – wird beschrieben als rein formal, vom Inhalt der betrachteten Sätze unabhängig, sie tue auch dem "Inhalt" von Sätzen nichts hinzu, sondern gebe nur Taulogien oder Abschwächungen der Aussagen (**Salmon** 1963). Diese Gegenüberstellung beschreibt richtig den großen Unterschied in Evidenz und Allgemeinheit zwischen empirischen und logischen Aussagen. Wir behaupten aber einen Zusammenhang in der *Begründung* beider Typen von Aussagen; wir behaupten, vergröbert ausgedrückt, daß die Prinzipien der Logik, wenn auch viel allgemeiner und evidenter als die Prinzipien der Naturwissenschaft, in ihrer ersten Begründung ebenso oder ebensowenig "empirisch" sind wie die letzteren.

3.) Schließlich wird Inhalt dieser Abhandlung u.a. ein Formalismus sein, der auch unter dem Namen *Quantenlogik* bekannt ist. Wir wollen untersuchen, inwiefern dieser Formalismus so etwas wie Logik ist – nämlich ein Aussagenverband (Birkhoff & Neumann 1936) – , und inwiefern er nicht *die* Logik ist, sondern speziell die physikalische Theorie Quantenmechanik darstellt, und, im Gegensatz zur klassischen Logik, **ein nicht-boolescher Verband ist.**

§ I 1   - Logik und Naturwissenschaft -

Wir wollen uns in diesem Kapitel vor allem mit der zweiten Frage beschäftigen, warum man so sicher sein kann, daß mit Hilfe der Logik abgeleitete Sätze sich in der Wirklichkeit auch bestätigen werden; also mit der Wahrheit der Logik.

1.) Wahrheit der Logik

Die Regeln der Logik, sind sie einmal formuliert, scheinen so evident, daß Zweifel kaum möglich sind. Der Eindruck ist der, daß sie gar nichts Neues sagen, wie wir oben schon erwähnt haben. Nun hat aber offenbar die genauere Untersuchung der Logik dazu geführt, daß mehrere Arten von Logik exsistieren können, neben der klassischen z.B. die intuitionistische und die Quantenlogik. Diese Tatsache allein macht die Notwendigkeit einer *Begründung* von Logik deutlich: Ist eine Logik besser (wahrer?) als die andere? Oder wie können die *Logiken* nebeneinander bestehen und warum?

Um zu sehen, was eine Begründung von Logik sein kann, wollen wir zunächst die Grundregel jeder Logik betrachten, den Satz vom Widerspruch: "Keine Aussage kann zugleich wahr und falsch sein." Kann man diesen Satz begründen? Ist er wahr? Kann er überhaupt falsch sein? Betrachten wir als Beispiel einen Satz aus der Physik: "Zwei Ereignisse, die in einem Inertialsystem gleichzeitig sind, sind in allen Inertialsystemen gleichzeitig." - Der Satz ist in der üblichen Interpretation nach der Newton'schen Theorie wahr, nach der speziellen Relativitätstheorie falsch. Der Satz vom Widerspruch besagt, daß in diesem Punkt nur eine von beiden Theorien recht haben kann, und wir geben der speziellen Relativitätstheorie recht. Aber *genähert* ist ja auch die Newton'sche Theorie z.T. wahr, und wenn wir "gleichzeitig" in der Relativitätstheorie mit "raumartig" gleichsetzen - was im Newton'schen Grenzfall dasselbe bedeutet - , dann ist der Satz auch in der Relativitätstheorie wahr: Die Wahrheit oder Falschheit einer Aussage hängt natürlich davon ab, wie die verwendeten Begriffe zu verstehen sind; wir können einen Begriff dadurch definieren, daß wir die Wahrheit einer Aussage fordern, die ihn enthält.

Betrachten wir nun als Aussage den Satz vom Widerspruch selbst. Seine Wahrheit oder Falschheit wird auch vom Sinn der verwendeten Begriffe - hier "wahr" und "falsch" - abhängen. Wir würden den Ausschluß von Widersprüchen sogar unter die definierenden Bedingungen der Begriffe

wahr und falsch rechnen, entsprechen der allgemeinen Beschreibung oben.
- Diese reflexive Verwendung ist eine Besonderheit der Logik, auf die wir unten zurückkommen wollen: Die Logik gilt universell, auch für Aussagen der Logik; in der Tarski'schen Unterscheidung gesagt: prinzipiell muß jede Metaaussage auch Objektaussage der Logik sein können. Wir werden unten die Regeln der Logik als Regeln des Argumentierens interpretieren; wenn wir also für die Regeln der Logik argumentieren, bewegen wir uns schon innerhalb der Logik.

Wir benutzen diese Struktur zu einem Argument für die logische Grundregel, den Satz vom Widerspruch: Wer nach seiner Wahrheit fragt, setzt ihn offenbar schon voraus. Das traditionelle Argument für den Satz vom Widerspruch lautet demgemäß: "Angenommen, jemand bestreitet den Satz vom Widerspruch, d.h. er behauptet, er sei falsch; dann muß er damit meinen, er sei nicht wahr. Wer sich also auch nur auf ein Streitgespräch mit Argument und Gegenargument einläßt, setzt schon voraus, daß Widersprüche ausgeschlossen werden." Der Satz vom Widerspruch präzisiert also nur, was mit den Begriffen wahr und falsch gemeint ist. Er formuliert dabei keine willkürliche Definition, sondern er präzisiert erstens, was man umgangssprachlich schon immer meint, und zweitens setzt das Argument für die Geltung des Satzes die Universalität der Logik explizit voraus. Der Satz vom Widerspruch ist also nicht schon deswegen wahr, weil er reine Konvention wäre, andererseits kann er sich aber auch nicht irgendwann - empirisch - als falsch herausstellen. Seine Geltung beruht vielmehr auf einer Struktur analog der Struktur von Urteilen a priori bei Kant (vgl. das nächste Kapitel): Ein Argumentieren wäre gar nicht möglich, könnte man nicht den Satz vom Widerspruch voraussetzen; er ist die Bedingung der Möglichkeit von Diskursen.

Der Satz vom Widerspruch gilt in jeder Logik, wir haben also keine Vorstellung davon, daß er falsch sein könnte. Betrachten wir, als Gegenbeispiel, den Satz vom ausgeschlossenen Dritten: "Jede Aussage ist wahr oder falsch; tertium non datur." Dieses Grundgesetz gilt in der klassischen Logik, aber z.B. weder in der intuitionistischen noch in einigen Formulierungen der Quantenlogik. Wie kann das sein? Es sieht doch so aus, als ob auch dies Gesetz nur eine Präzisierung des Gebrauchs der Begriffe wahr und falsch sei. Anders als beim Satz vom Widerspruch bekommt man aber auch ohne das Tertium non datur immer noch etwas, das man Logik nennen kann.

Z.B. wird in der intuitionistischen Logik nicht als selbstverständlich vorausgesetzt, daß jede Aussage *an sich* wahr oder falsch ist, sondern die Wahrheit kann nur von bewiesenen Aussagen zurecht behauptet werden, die Falschheit nur von widerlegten. Es kann aber sehr wohl sein, daß eine Aussage weder bewiesen noch widerlegt werden kann; nach der intuitionistischen Logik ist sie dann weder wahr noch falsch. - Die Quantenmechanik hat mit Aussagen zu tun, die mit Wahrscheinlichkeiten zwischen 0 und 1 belegt sind. Von diesen Wahrscheinlichkeiten läßt sich allenfalls 1 mit wahr identifizieren, 0 mit falsch - alle anderen sind weder wahr noch falsch. Wir werden in den folgenden Kapiteln unsere Interpretation darstellen, nach der die Quantenmechanik von *Voraussagen* handelt, die überhaupt nicht wahr oder falsch sind (solange sie *voraus*gesagt werden), sondern allenfalls notwendig oder unmöglich. Dieses zweite Beispiel verdeutlicht also, wie verschiedene Strukturen von Logik jeweils ihre Berechtigung haben können, für verschiedene Interpretationen der Grundbegriffe. Was kann es also heißen, daß Logik (oder *eine* Logik) wahr ist? Wenn wir die Wahrheit einer Aussage daran messen, ob sich die in ihr behauptete Tatsache in der Wirklichkeit bestätigen läßt[1], dann müßten sich also die logisch wahren Aussagen immer auch an den Tatsachen belegen lassen. Das trifft nun offensichtlich mit Sicherheit immer zu. Wir sind der Wahrheit der logisch wahren Sätze deswegen ganz gewiß, weil ein logisch wahrer Satz oder eine logische Folgerung nicht von einer bestimmten empirischen Feststellung widerlegt werden kann[2]. Das ist gleichbedeutend damit, daß die Wahrheit einer logisch wahren Aussage nicht von der empirischen Feststellung inhaltlich abhängt, daß also die Aussage bei einem beliebigen Ergebnis der betrachteten "Messung" wahr bleibt. Wir können das explizit nachprüfen mit Hilfe der Wahrheitswerttafeln (s.u. § 2.): Wenn man für jedes Auftreten eines Terms *denselben* Wahrheitswert einsetzt, dann hat der gesamte (logisch wahre) Ausdruck den Wert wahr, unabhängig davon, welchen Wert die einzelnen Terme haben. Die Beziehung zum empirischen

---

[1] Das wäre eine vorsichtige Formulierung der Korrespondenztheorie der Wahrheit, der "adequatio rei et intellectus". Vgl. dazu ausführlichere Erörterungen z.B. in Kamlah/Lorenzen 1967; Weizsäcker 1971,III.4; Habermas 1973; Tugendhat 1976.
- Die Wahrheit eines mathematischen Satzes wird, in scheinbarem Gegensatz dazu, nicht an seiner empirischen Bewährung gemessen, sondern an der korrekten Ableitung innerhalb der Theorie. Als wahr behauptet wird hier aber die *Implikation* : "Wenn die Axiome der Theorie wahr sind, dann ist der Satz wahr" - , und die kann empirisch geprüft werden wie andere Sätze auch. Vgl. unten und § VI 1, Axiomatik.

[2] Unsere Behauptung einer gleichartigen Begründung von Logik und Physik impliziert dann natürlich, daß auch die Physik nicht in diesem Sinn empirisch ist - vgl. Kap.II.

Befund läßt sich noch besser an der logischen Folgerung verdeutlichen: Die Konklusion ist wahr, wenn die Prämisse wahr ist, und zwar unabhängig vom empirischen Befund, weil der Folgesatz sich auf *dieselben* Tatsachen bezieht wie die Prämisse. Wir sind deshalb sicher, daß wir jederzeit die Konklusion als Tatsache vorfinden werden, weil die Prämisse nur wahr sein kann, wenn eben diese Tatsache vorliegt. Ein einfaches Beispiel: " 'Es regnet und ist kalt' impliziert 'es regnet' " - das Beispiel wirkt wegen seiner Formalität ganz lächerlich.

Die Logik ist also in diesem Sinne formal; sie behauptet nichts über eventuelle neue Tatsachen. Die Frage, wie man *verstehen* kann, daß verschiedene Sätze sich auf dieselben Tatsachen beziehen, ist nicht Gegenstand dieser Untersuchung. - Wir werden später diesen Grundzug der Logik, nämlich daß sich die verschiedenen Ausdrücke auf *dieselben* empirischen Daten beziehen, zur Begründung der Wahrscheinlichkeitsrechnung heranziehen.

Es bleibt die Frage, welche Voraussetzungen "in der Natur" die Logik doch machen muß; dieser Frage werden wir in den weiteren Abschnitten dieses Kapitels nachgehen. Um das einigermaßen handfest tun zu können, müssen wir uns zunächst des formalen Charakters der Logik in einer *Formalisierung* versichern. Wir werden zugleich sehen, wie in dieser Formalisierung Schwierigkeiten mit der Wahrheit der Logik auftreten.

2.) Formalisierung der Logik

Der formale Charakter der Logik tritt schon bei Aristoteles darin zutage, daß er einzelne Aussagen (oder auch Subjekt, Prädikat, Modus etc.) durch Buchstaben symbolisiert: Die in der Logik interessante Form ist unabhängig davon, was konkret ausgesagt wird, sie gilt für beliebige Aussagen A, B, etc. Der weitere Schritt, auch die logische Folgerung nach Art der Algebra "auszurechnen", ist zunächst von Leibniz als "characteristica universalis" vorgeschlagen worden[1]. Dieser Schritt ist entscheidend für die moderne Logik, wie sie vor allem von Frege (1897) und Russell und Whitehead (1910) entwickelt worden ist. Wir können auf diese Entwicklung hier nicht eingehen und verweisen auf die schier unübersehbare Literatur zu dem Thema[2]. Ich will nur G. Boole (1847, 1854) erwähnen, dessen *Boole'sche Algebra* uns noch beschäftigen wird. Boole bildet eine Mathematik des Schließens, indem er die logischen Operationen wie Operationen mit Zahlen schreibt: $A \cdot B$ für "A und B", $A + B$ für "A oder B" (bei Boole das *ausschließende* oder). Man bekommt mit dieser Schreibweise für die Logik ähnliche Rechenregeln wie für Zahlen, wenn man für "wahr" 1 setzt und für "falsch" 0: $0 \cdot 0 = 0 \cdot 1 = 1 \cdot 0 = 0$; $1 \cdot 1 = 1$; $0 + 1 = 1 + 0 = 1$; $0 + 0 = 0$; auch das Distributivgesetz gilt: $A \cdot (B + C) = A \cdot B + A \cdot C$. Es gelten aber auch abweichende Regeln, z.B. $1 + 1 = 0$[3] ("symetrische Differenz"), $A + (B \cdot C) = (A + B) \cdot (A + C)$ (das duale Distributivgesetz), etc.

Es läßt sich zeigen, daß eine solche Boole'sche Algebra isomorph ist einem "Klassenkalkül", d.h. einem Verband von Untermengen einer Menge ("Mengenkörper"). Man hat damit zwei isomorphe Formalisierungen der klassischen Logik: Einerseits die Boole'sche Algebra oder Dualgruppe

---

[1] Leibniz 1890, 1903 (geschrieben um 1675); vgl. die Textzitate in Bochenski 1956, Nr. 38.08 - 38.13

[2] Neben der historischen Übersicht Bochenski 1956 insbesondere die klassischen Lehrbücher Quine 1940 und Church 1956, und die **empfehlenswerten Salmon 1963**, Essler 1969, neben vielen anderen.

[3] Nach moderner Konvention benutzt man das "oder" nicht ausschließend, also $1 + 1 = 1$; aber auch das ist anders als bei Zahlen!

mit den Verknüpfungen + und · , die explizit durch Wahrheitswerttafeln definiert sind; andererseits die geordnete Menge der möglichen Aussagen, geordnet durch die Relation → , Implikation, von der die untere und die obere Grenze, "und" und "oder", abgeleitet werden (vgl. Anhang § A I 1).

Was ist an diesem Formalismus nun "rein formal"? Was ist Konvention, was ist nachprüfbare Behauptung? Zunächst kann man die logischen Verknüpfungen beliebig definieren, als *Wahrheitswertfunktionen*: Die Aussagen werden insofern formal behandelt, als nur ihr Wahrheitswert, 0 oder 1 (nach Bocle), betrachtet wird. Man kann nun beliebige Funktionen von ein oder zwei Argumenten definieren; heute üblich sind die im Anhang § A I 1a, als "Wahrheitswerttafeln" angegeben. Die Tafel für "a und b" (a∧b, bei Boole a · b) lautet z.B. so:

a∧b

a \ b	1	0
1	1	0
0	0	0

Dabei bedeutet z.B. die letzte 0 in der mittleren Zeile: "a∧b = 0, wenn a = 1 und b = 0".

Unten werden wir die Funktion ⇁ ,"Subjunktion", benutzen, mit der Wahrheitswerttafel

a ⇁ b

a \ b	1	0
1	1	0
0	1	1

welche die Verknüpfung "wenn a, dann b" abbildet. Sie hat dieselbe Wahrheitswerttafel wie die Funktion ¬a ∨ b (vgl. § A I 1).

Soweit sind diese Wahrheitswertfunktionen eine willkürlich definierte mathematische Struktur[1], reine Konvention. Es zeigt sich aber, daß sich diese Funktionen zum "Ausrechnen" von logischen Schlüssen verwenden lassen, wenn man "0" als "falsch", "1" als "wahr" interpretiert,

---

[1] Vgl. Kap. VI, 1. "Axiomatik"

§ I 3

und "∧" als "und", "∨" als "oder" etc. Das ist nun eine nachprüfbare und evtl. widerlegbare Behauptung, denn "falsch", "wahr", "und", "oder" haben eine gut definierte Bedeutung, und es ist erst zu zeigen, daß die Wahrheitswerttafeln diese Bedeutung wiedergeben. Auf eine Bedingung möchte ich auch aufmerksam machen, der wir später wieder begegnen werden, und die hier stillschweigend als erfüllt angenommen wird, nämlich, daß jede Aussage "an sich" wahr oder falsch ist. Das ist nicht selbstverständlich; was ist z.B. mit Aussagen, die - wie fast alle - einmal wahr, einmal falsch sind; was ist mit solchen, deren Wahrheit oder Falschheit sich nicht feststellen läßt?

Solche Zweifel wirken recht kleinlich angesichts des wunderbaren Erfolgs, den diese einfachen Wahrheitswerttafeln in der Disziplinierung des logischen Denkens haben; mit ihrer Hilfe kann man die kompliziertesten Ausdrücke auf ihre Wahrheit oder Falschheit reduzieren. Zweifel an der Selbstverständlichkeit, und in ihrem Gefolge Untersuchungen über die Grundlagen der Logik sind auch erst auf breiteres Interesse gestoßen, als sich in der Logik selbst Widersprüche zeigten, die Russell'schen Paradoxien der Mengenlehre.

3.) <u>Die Paradoxien der Mengenlehre</u>

Jeder Boole'sche Verband ist einem Mengenverband isomorph. Das ist an Beispielen leicht zu illustrieren. Was Erstkläßler in der Schule als "Mengenlehre" beigebracht bekommen, ist zugleich Elementarunterricht in Logik: Der Durchschnitt der Menge der runden Plättchen mit der Menge der roten Plättchen - das sind eben die Plättchen, die rund *und* rot sind, die Vereinigung der beiden Mengen besteht aus den Plättchen, die rund *oder* rot sind, etc. Gewöhnlich bereitet den Kindern - und Lehrern - nur die ungewohnte Ausdrucksweise Schwierigkeiten, die logische Struktur ist evident, für endliche Mengen (wie etwa Logema-Plättchen) eigentlich trivial. Für die Logik interessant wird das Verfahren erst dadurch, daß man 1. unendliche Mengen einführt und 2. die Logik auf sich selbst anwendet.

Zu 1: Ein Begriff ist allgemein u.a. dadurch, daß sein Anwendungsbereich nicht von vornherein auf eine endliche Menge festgelegt ist, sondern daß er weitere, insbesondere auch zukünftige, noch nicht faktische Fälle einschließt. Man wird also beim Anwendungsbereich eines Begriffs auch *unendliche* Mengen betrachten müssen. Neben die *Junktoren* ∧ und ∨

treten dann, für unendliche Mengen von Aussagen, die *Quantoren* $\bigvee$ und $\bigwedge$ (umgangssprachlich "es gibt" bzw. "für alle"), die ganz analog definiert sind: $\bigvee M$ ist wahr, wenn die Menge M wenigstens eine wahre Aussage enthält, sonst falsch; $\bigwedge M$ ist falsch, wenn M wenigstens eine falsche Aussage enthält, sonst wahr.

Zu 2.) Entscheidendes Merkmal der Logik ist ihre *Universalität*: Sie gilt für alle Aussagen. Das sind zunächst die elementaren Aussagen, für welche die Exsistenz eines Beweisverfahrens vorausgesetzt wird, etwa mathematische Elementaraussagen oder Aussagen über Tatsachen, die durch phänomenalen Aufweis bewiesen werden. Weitere Aussagen sind aus diesen Elementaraussagen mit logischen Operationen $\neg, \wedge, \vee$ zusammengesetzt; ihr Wahrheitswert wird z.B. mit Hilfe der Wahrheitswerttafeln aus dem der Elementaraussagen abgeleitet. (Hierher gehören auch die Quantoren $\bigvee$ und $\bigwedge$ als Verallgemeinerung von $\vee$ und $\wedge$ für unendliche Mengen.)

Außerdem kommen Aussagen über Aussagen vor, vor allem in der Logik selbst. Die Logik muß auch für diese Aussagen gelten, also in diesem Sinn *reflexiv* sein:
Zunächst kann *über* (Objekt-)Aussagen gesagt werden, daß sie wahr oder falsch sind. Diese *Meta*aussagen sind in der klassischen Logik den einfachen (*Objekt-*)Aussagen bzw. ihrer Negation äquivalent und werden deshalb nicht gesondert betrachtet. Für Voraussagen wird es aber wichtig, diese Unterscheidung festzuhalten; im Kapitel über Wahrscheinlichkeit wird davon ausführlich zu reden sein.

Eine besonders wichtige Metaaussage ist die *Implikation*, umgangssprachlich wiedergegeben mit "Wenn A, dann B", (In Zeichen: $A \Rightarrow B$), z.B. "Wenn x eine gerade Zahl ist, dann ist 3x eine gerade Zahl", oder "Wenn es regnet, dann wird die Straße naß". – Kommen A und B als Objektaussagen im logischen Formalismus vor, dann kann man die Implikation präzisieren durch die Relation
$A \succ B$: "Wenn A den Wert 1 hat, dann hat auch B den Wert 1"

Aus den Wahrheitswerttafeln kann diese Relation für einige Fälle als **formal gültig** entnommen werden. Z.B. ist

$$A \wedge B \succ B$$

immer erfüllt, unabhängig vom Wahrheitswert von A und B[1].

---
1) vgl. § A I 1 c

§ I 3 — Logik und Naturwissenschaft —

Die Aussage, daß eine Relation $A \succ B$ gültig sei, ist eine *Meta*aussage der Logik, in der A und B Objektaussagen sind. Da *die Logik* für alle Aussagen gelten soll, liegt es nahe, eine *Objektaussage* zu suchen, ein Element des Verbandes, das den Sinn der Metaaussage $A \succ B$ möglichst genau wiedergibt. **Nennen wir dieses Verbandselement (wie üblich)** $A \neg B$, die "Subjunktion"! Man wird fordern, daß die Subjunktion $A \neg B$ genau dann wahr ist, wenn A und B in der Relation $A \succ B$ stehen.

$$A \neg B = 1 \iff A \succ B$$

In der Boole'schen Algebra gilt:

$$\neg A \lor B = 1 \iff A \succ B$$

bzw. im isomorphen Mengenverband:

$$\overline{A} \cup B = 1 \iff A \subset B$$

Wir betrachten also die Aussage: "Nicht-A oder B" als diejenige Aussage im Verband, welche das Vorliegen der Relation $A \succ B$ aussagt[1]. Diese Interpretation ist allgemein akzeptiert und gewohnt. Wir haben sie oben bei den Wahrheitswerttafeln ohne Kommentar übernommen, es lohnt sich aber wohl, auf einige Schwierigkeiten hinzuweisen:

1.) Daß die Implikation im Rahmen des Verbandes verstanden wird, hat das "ex falso quodlibet" zur Folge: Aus der immerfalschen Aussage folgt jede beliebige Aussage. Z.B.: "Wenn $2 \times 2 = 5$ ist, dann kommt morgen meine Tante zu Besuch" ist eine wahre Aussage. Das Unverständnis, auf das eine solche Behauptung bei Laien regelmäßig stößt, zeigt an, daß sie nicht dem üblichen Verständnis der Implikation entspricht(2). - Inhaltlich bedeutender ist die Festlegung:

2.) "Die Aussage X ist wahr" wird übersetzt als: "Das Verbandselement X ist gleich dem "immerwahren" (der Verbands-Eins)". Damit wird eine "kontingente" Wahrheit ausgeschlossen. Das Verfahren ist wohl für mathematische Aussagen richtig. Wir werden uns im Folgenden aber vor allem mit kontingenten Aussagen beschäftigen, also mit Aussagen, die wahr sein können, aber nicht immer-wahr sind. Für solche Aussagen muß *die Logik* auch Raum haben.

---

[1] vgl. § A I 1c

(2) Für eine operationale Begründung siehe Lorenzen 1955

Wir kommen auf die Probleme der Implikation im Zusammenhang mit der
Quantenlogik zurück (§I,6). Wiederholen wir hier nur den Grundsatz
der Reflexivität der Logik: Auch die (Meta-)Aussagen der Logik fallen
in ihren Objektbereich, könnte man paradox formulieren. Die Unterscheidung zwischen Objektsprache und Metasprache, die sich seit
Tarski (1935) als so fruchtbar erwiesen hat, sollte man wohl in der
Anwendung der Logik nicht strikt durchhalten. "Die wahre Logik ist
die Metalogik." (Bochenski).

Diese beiden Erweiterungen der "trivialen" klassischen Logik, nämlich
auf unendliche und reflexive Aussagen, führen, in der Sprache der Mengen, auf die *Paradoxien der Mengenlehre* B. Russells (1903). Es lohnt
sich, das einfache Argument in aller Naivität vorzuführen: Betrachten
wir z.B. *eine Menge, die sich selbst nicht als Element enthält*[1];
Bilden wir die Menge W aller solcher Mengen. In Formelschreibweise:

$$W = \{M \mid M \notin M\}$$

Die Mengen, die man gewöhnlich betrachtet, sind Elemente von W. Wie
ist es aber mit W selber? Angenommen, W ist Element von W; das bedeutet, daß W sich selbst nicht als Element enthält,

$$W \in W \Rightarrow W \notin W,$$

also ein Widerspruch. Dann enthält also W sich nicht als Element; daraus folgt, daß W Element von W ist

$$W \notin W \Rightarrow W \in W.$$

Diese Annahme führt auch zum Widerspruch. Der Begriff einer Menge aller
Mengen, die sich selbst nicht als Element enthalten, ist selbstwider-
sprüchlich.

In den gut 70 Jahren, die seit dieser Entdeckung Russells vergangen
sind, wurden alle Logiker so konditioniert, daß sie solche Konstruk-
tionen mit Mißtrauen betrachten. Aber es kommen doch nur einfache Begriffe darin vor; man sieht das vielleicht deutlicher, wenn man wieder

---

[1] Eine gewöhnliche Menge wird sich selbst nicht als Element enthalten; es gibt
auch Mengen, die das tun, z.B. die Menge E aller Mengen, die die "1" als Element
oder als Element eines Elements enthalten. Element von E ist sicher die Menge $\{1\}$,
die nur aus der "1" besteht; also ist die "1" Element eines Elements von E, d.h.
E ist Element von E. -

von Eigenschaften statt von Mengen redet: Eigenschaften können selbst
Eigenschaften haben (z.B. kann eine Eigenschaft hervorstechend sein),
das war das Grundpostulat der Reflexivität für die Logik. Nennen wir
eine Eigenschaft, die auf sich selbst zutrifft, reflexiv, alle anderen
irreflexiv. Was ist "irreflexiv" selber? Wenn die Eigenschaft "irreflexiv" irreflexiv ist, dann ist sie reflexiv; wenn sie reflexiv ist, dann
ist sie irreflexiv: Die Eigenschaft "irreflexiv" ist, obwohl nach einfacher Logik gebildet, selbst widersprüchlich. Ist an der Logik etwas
nicht in Ordnung? Mindestens ist es jetzt nicht mehr möglich, sich einfach auf die Evidenz der Logik zu berufen.

Solange die Evidenz der Logik allgemein akzeptiert ist, trägt der Zweifler die Beweislast. Nach der Entdeckung des "Russell'schen Paradox"
wird bewußt, daß auch Logik eine *Begründung* braucht. Die axiomatische
formale Logik befreit sich zunächst von den Russellschen Paradoxien, indem sie die Eigenschaft, Element einer Menge zu sein, ausdrücklich einführt, und damit zuläßt, daß es "Gegenstände" gibt, die diese Eigenschaft nicht haben (vgl. Quine 1940, S.128-131). Man konstruiert die
Menge W' aller Mengen, die *Element einer Menge sind* und sich nicht
selbst als Elemente enthalten. Anstelle der Russell'schen Paradoxie erhält man dann nur als Konsequenz, daß W' nicht Element einer Menge ist.
- Es ist dies eine elegante Art, die Russell'schen Paradoxien zu *verbieten*; denn warum sollte irgendetwas nicht Element einer Menge sein
können, also *ohne Eigenschaften* sein? Das ist allenfalls möglich bei
Objekten wie der Menge W, deren Konstruktion einen Widerspruch einschließt.

4.) <u>Exkurs über Gödel</u>

Am Russell'schen Paradox ist die Evidenz und Unantastbarkeit der formalen Logik zweifelhaft geworden. Kurt Gödel (1930/31) zeigt, daß keine
formalisierte Theorie frei ist von entsprechenden Schwierigkeiten: Sein
Satz besagt, ganz grob formuliert, daß es in jedem Formalismus (der
nicht ganz trivial ist) Sätze gibt, geben muß, deren Wahrheit oder
Falschheit man in dem Formalismus nicht entscheiden kann. Zur genauen
Formulierung des Satzes, und erst recht für seinen Beweis, würde man
zu viele Definitionen brauchen, als daß ich hier darauf eingehen könnte.
Ich will Gödels Vorgehen an dem Beispiel erläutern, auf das er selbst
seine Argumentation stützt[1].

---
[1] Ich folge in der Darstellung im wesentlichen Lorenzen (1962)

Betrachten wir einen Formalismus der Arithmetik. Das ist ein System von formalen Vorschriften, nach denen man Formeln mit Zahlen erzeugen kann, also Gebilde aus, u.a., den Zeichen $1,2,3,\ldots,+,-,=$, etc. Wie die Formeln genau aussehen, brauchen wir nicht zu wissen. Bezeichne nun $A(\xi)$ die Formeln, die dadurch entstehen, daß man für ξ eine der Zahlen $1,2,3,\ldots$ einsetzt; ξ ist also eine Variable für Zahlen; $A(\xi)$ eine "allgemeine Formel". Von den verschiedenen Formeln $A(m)$ - m sei eine eingesetzte Zahl - können einige im Formalismus ableitbar sein, andere nicht. Jede allgemeine Formel $A(\xi)$ definiert damit eine Menge von Zahlen, nämlich diejenigen Zahlen m, für die $A(m)$ ableitbar ist. In Zeichen $\{m \mid \vdash A(m)\}$; dabei heißt ein vorgestelltes "$\vdash$" : "die folgende Formel ist ableitbar". Umgekehrt kann man zu einer irgendwie vorgegebenen Menge von Zahlen eine allgemeine Formel $B(\xi)$ suchen so, daß diese Menge bezeichnet wird durch:

$$\{m \mid \quad \vdash B(m)\} \;.$$

Eine Zahlenmenge, für die es eine allgemeine Formel $B(\xi)$ gibt, die das leistet, heißt (im Formalismus) *vertretbar*. Nehmen wir als Beispiel die Menge der geraden Zahlen. Die zugehörige Formel müßte in jedem vernünftigen Formalismus ableitbar sein, etwa:

$$B(\xi) = \bigvee_{x \in \mathbb{Z}} : \xi = 2x$$

(Es gibt eine ganze Zahl x, für die gilt : $\xi = 2x$). Die Menge der geraden Zahlen ist also

$$\{m \mid \bigvee_{x \in \mathbb{Z}} m = 2x\}.$$

Nun könnte man vermuten, daß jede Zahlenmenge vertretbar ist: Sie muß ja irgendwie definiert sein, entweder durch Aufzählung oder durch eine Regel; und diese Aufzählung oder Regel kann man als allgemeine Formel benutzen, wie es eben für die geraden Zahlen geschehen ist. Das geht aber in Wirklichkeit nicht immer, wie das folgende Gegenbeispiel zeigt.

Denken wir uns alle allgemeinen Formeln durchnummeriert: $A_1(\xi), A_2(\xi), \ldots$. Das ist in einem Formalismus immer möglich, da jede Formel durch Nacheinander-Anwenden von Vorschriften entsteht. Betrachten wir nun die Menge $\mathcal{H}$ aller Zahlen m, für welche die Formel $A_m(m)$ (also die Formel Nr. m, mit derselben Zahl m eingesetzt) *nicht* ableitbar ist; in Zeichen:

§ I 4 — Logik und Naturwissenschaft —

$$\mathcal{N} = \{ m \mid \nvdash A_m(m) \} \quad {}^{1)}$$

Diese Menge ist nicht vertretbar. Denn angenommen sie wäre vertretbar, d.h. es gäbe eine Formel $A_n(\xi)$, welche genau für die Zahlen dieser Menge ableitbar wäre; angenommen also, die Menge

$$\{ m \mid \vdash A_n(m) \}$$

würde dieselbe Menge darstellen! Dann müßte die Äquivalenz

$$\vdash A_n(m) \longleftrightarrow \nvdash A_m(m)$$

für alle m gelten, insbesondere für $m = n$:

$$\vdash A_n(n) \longleftrightarrow \nvdash A_n(n) : \text{ ein Widerspruch.}$$

Die Annahme, die obengenannte Menge sei vertretbar, ist also falsch.

Etwas lockerer ausgedrückt bedeutet dieses Ergebnis: Es gibt Mengen, die einerseits ordentlich definiert sind, die aber andererseits nach keinem formalen Verfahren konstruiert werden können. Woran liegt das? Das Beispiel geht von den Konstruktionsvorschriften für Formeln aus: Die danach konstruierbaren Formeln kann man angeben, man kann sie sogar numerieren: Sie sind aufzählbar, d.h. eine nach der anderen nach den angegebenen Regeln konstruierbar. Damit kann man aber noch nicht von einer vorgelegten Formel entscheiden, ob sie so ableitbar ist oder nicht: Wenn man eine Weile versucht hat, die Formel abzuleiten, und es ist nicht gelungen, dann kann das daher rühren, daß man zu früh aufgehört hat, oder daher, daß die Formel nicht ableitbar ist; man kann also nie sicher sein, ob eine gegebene Formel zu den nicht-ableitbaren gehört. – Eine solche Überlegung kann man natürlich anstellen ohne auf die Gödelsche Ableitung zu verweisen. Unser Beispiel zeigt aber dazu eine Formel, von der man *beweisen* kann, daß sie im Formalismus nicht "entscheidbar" ist, obwohl sie umgangssprachlich eindeutig und klar definiert ist.

---

[1] Diese Menge – oder der zugehörige Begriff – ist ganz analog dem Russellschen konstruiert: Die Reflexivität steckt in der Einsetzung der Formel*nummer* für die Variable; sie ist die Menge der Formeln, die *nicht* in diesem Sinne reflexiv sind.

Die Bedeutung des Gödelschen Satzes für die Naturwissenschaft ist nicht so offensichtlich wie für die Mathematik. Wir können hier die Lehre ziehen, daß wir von einer Protologik oder einer Logik zeitlicher Aussagen nicht erwarten sollten, daß sie in einem Vollformalismus alle möglichen Sätze der Logik und der Physik liefert. Der Gödelsche **Satz** setzt allen Erwartungen, es müßte sich eine Behauptung oder ein System von Behauptungen ganz zweifelsfrei rein formal beweisen lassen, einen Dämpfer auf. - Dieser Dämpfer mag als Rechtfertigung dafür dienen, daß in diesem Buch zwar logisch streng argumentiert wird - diesen Anspruch bin ich bereit zu verteidigen - aber sehr wenig logischer Formalismus vorkommt. Vorsicht ist dabei natürlich geboten: Die Formalisierung eines Satzes oder eines Beweises kann eine sehr gesunde Kontrolle sein, ob man nicht stillschweigend Konnotationen von Begriffen mitverwendet hat, die ursprünglich nicht mitgedacht waren; deswegen werden mathematische Beweise notwendig eine gewisse Formalisierung brauchen. Das Formalisieren kann andererseits aber auch zur Manie werden - und diese Gefahr ist bei modernen analytischen Philosophen größer: Einerseits werden Zeit und Mühe durch einen Formalismus unvergleichlich vergrößert, und diesen Aufwand könnte man vielleicht woanders brauchen; andererseits ist "heuristisch", also außerhalb einer Argumentationskette, gerade die Vieldeutigkeit der Begriffe fruchtbar, sind die Nebenbedeutungen und Hinweise wesentlich, die man bei der Formalisierung - mit voller Absicht - abschneidet.

5.) Dialogspiele

Kehren wir, nach diesen Bemerkungen über die Formalisierung, zu unserer Ausgangsfrage nach der Wahrheit der Logik zurück. Nach unserer "vorsichtigen Formulierung" der Korrespondenztheorie sind Aussagen (auch logisch wahre) genau dann wahr, wenn sich die ausgesagten Tatsachen in der Wirklichkeit bestätigen lassen. So problematisch eine solche Formulierung bei näherem Hinschauen sein mag, sie gibt doch zunächst einen wichtigen Zug wieder[1]. Diese Korrespondenztheorie wollen wir näher untersuchen an einer Explikation der Logik, die dafür besonders geeignet ist, nämlich an ihrer *dialogischen* Begründung nach P. Lorenzen[2].

---

[1] Im Zusammenhang mit Voraussagen werden wir die Wahrheit naturwissenschaftlicher Aussagen noch näher analysieren.
[2] Lorenzen 1958-1962; Lorenz 1968. Vgl. auch Fröbel 1974

§ I 5 — Logik und Naturwissenschaft —

Logik ist offensichtlich aus Dialogregeln entstanden: In den Streitgesprächen der platonischen Akademie entstand das Bedürfnis, Regeln zu formalisieren, nach denen man solche Streitgespräche zu führen hat (vgl. Kapp 1965): Nachdem sich an vielen Beispielen gezeigt hatte, daß immer wieder "dieselben" Schlüsse sich widerlegen lassen, und andere unwiderlegbar sind, konnte man aus den Beispielen allgemeine Regeln für "zulässige" Schlüsse abstrahieren, nämlich für solche Schlußformen, mit denen man in jedem Beispiel den Dialoggegner überzeugen oder besiegen konnte. Bei P. Lorenzen (1962) sind Regeln für ein formalisiertes Streitgespräch angegeben und zur Ableitung von Logik benutzt (vgl. Anhang § A I 2): Ein "Proponent" (P) behauptet etwas, das der "Oponent" (O) zu widerlegen versucht. Die logischen Operationen werden durch Diskussionsregeln eingeführt, die den allgemein üblichen umgangssprachlichen Gebrauch der Operation widerspiegeln. Wenn z.B. P behauptet "A *und* B", dann darf der Opponent sich heraussuchen, ob er A oder B angreifen will; wenn dagegen P behauptet "A *oder* B", dann darf er selbst wählen, ob er A oder B zum Angriff anbietet. -

Es kann vorkommen, daß der Proponent für eine Formel mit allgemeinen Variablen eine sichere Gewinnstrategie hat - daß also einsehbar ist, daß er bei beliebiger Einsetzung von Aussagen für die Variablen die entstandene Behauptung verteidigen kann. Eine solche Formel heißt dann "logisch wahr". Betrachten wir kurz ein einziges Beispiel (auf die logischen Operationen kommen wir in einem eigenem Abschnitt in Kap. 6 zurück): P behauptet "A ∨ ¬A", also "A oder nicht-A (für beliebige Aussagen A)". O setzt eine bestimmte Aussage ein, sie hieße a [1]. P muß dann 'a ∨ ¬a' beweisen, d.h., er darf sich aussuchen, ob er a oder ¬a behaupten will. Kann P nun entweder a oder ¬a beweisen oder belegen, dann tut er das und hat gewonnen. Wenn aber O seine Einsetzung a so gewählt hat, daß P nicht weiß, ob a oder ¬a, dann kann P nur raten, und evtl. kann O ihn widerlegen. Der Ausgang des

---

[1] In unserem Text sind A und a gleich allgemeine Zeichen für irgendwelche Aussagen. Um den Unterschied zwischen den beiden herauszuarbeiten, müßten wir "Objektsprache" und "Metasprache" unterscheiden: P behauptet - als *Inhalt* seiner Aussage - daß "A ∨ ¬A" für beliebige Aussagen A gilt ("Objektsprache"); O dagegen setzt eine bestimmte Aussage (z.B. "5 ist eine Primzahl", oder "es schneit") für A ein, die wir durch das allgemeine Zeichen a *wiedergeben* (Metasprache), weil unsere Behauptungen von der speziellen Aussage unabhängig sind. Die Benutzung der Anführungszeichen soll dieses Verhältnis andeuten.

Spiels hängt dann davon ab, ob man "hart" oder "weich" spielt: Die "weiche" Spelweise würde ein Zurücknehmen der Behauptung gestatten, etwa so: P wählt a; O widerlegt a, d.h. er beweist oder belegt ¬a; P nimmt a zurück und wählt stattdessen ¬a (da er a ∨ ¬a behauptet hat), wofür er den Beweis von O übernehmen kann; O ist geschlagen. Bei weicher Spielweise hat also P eine Gewinnstrategie für beliebige Behauptungen 'a ∨ ¬a'; bei weicher Spielweise ist "A ∨ ¬A" ein Satz der Logik. - Anders bei "harter" Spielweise, die Zurücknehmen verbietet: Wenn P Pech hat, kann O die angebotene Aussage widerlegen, und P verliert den Dialog; P hat keine Gewinnstrategie, "A ∨ ¬A" ist nicht logisch wahr.

Kuno Lorenz (1968) hat gezeigt, daß man ganz allgemein die Unterschiede **zwischen verschiedenen Logiken abbilden kann auf die Unterschiede in** den Spielregeln des Dialogspiels. Im Beispiel oben ("Satz vom ausgeschlossenen Dritten") würden die Intuitionisten ("effektive", "konstruktive" Logik) auf der harten Spielweise bestehen, also den Satz von ausgeschlossenen Dritten verwerfen (Lorenzen 1962), die klassische Logik würde die weiche Spielweise zulassen, d.h. den Satz vom ausgeschlossenen Dritten als logisch wahr akzeptieren.

Lorenzen und Lorenz beziehen sich vor allem auf *mathematische* Beweise für die elementaren Aussagen. Wir sind hier nicht primär an der Grundlegung der Mathematik interessiert, sondern an der Naturwissenschaft; entsprechend unserer vorsichtig formulierten Korrespondenztheorie der Wahrheit würden wir uns also auf Beweise der elementaren Aussagen durch phänomenalen Aufweis, durch "Messung", beziehen. Hieran kann man einigermaßen konkret zeigen, welche Bedingungen erfüllt sein müssen, damit Logik wahr sein kann. In jedem Regelsystem für Dialoge war es entscheidend, daß ein Gesprächspartner auf frühere Beweise zurückkommen kann, daß er z.B. einen vom Gegner gegebenen Beweis übernehmen kann. Besteht der Beweis in einem phänomenalen Aufweis, dann muß er entweder diesen Aufweis wiederholen können oder - wenn das Phänomen sich inzwischen geändert hat - an das Gedächtnis des Gegners oder ein Protokoll appellieren können. Die Existenz von Dokumenten - entweder als Protokoll oder als Gedächtnisinhalt - ist in jedem Fall (auch bei mathematischen Beweisen) vorausgesetzt, denn wenigstens die Behauptung des Proponenten muß immer "gegenwärtig" sein, und die Schritte, die schon zum Beweis getan sind. Die Logik setzt eine *Ständigkeit der Natur* voraus, die überhaupt erst Dialoge mit Beweisen ermöglicht - logisch symbolisiert im Identitätssatz A→A.

§ I 5 — Logik und Naturwissenschaft —

Der Dialog über diesen einfachsten Satz würde etwa so lauten:

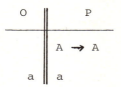

Hier besteht der *einzige* Dialogschritt darin, daß der Proponent den Beweis des Opponenten übernimmt. Wir treffen hier auch die *Formalität* der Logik wieder, wie wir sie oben ausgedrückt haben: Die Logik ist deswegen, gerade in Bezug auf empirisch aufweisbare Tatsachen, (formal) wahr, weil sich Prämisse und Folgesatz auf *dieselben* Tatsachen beziehen. Für den Dialog formuliert: der Proponent übernimmt den Aufweis *desselben* Phänomens, das der Opponent aufgewiesen hat. Ebenfalls Lorenzen (1955) hat ein Verfahren zur Begründung von Logik angegeben, an dem die Voraussetzungen "in der Natur" vielleicht noch deutlicher abzulesen sind: Er betrachtet vollformalisierte Kalküle, also Systeme von Regeln, in denen formal festgelegt ist, welche Operationen zur Erzeugung von "Wörtern" oder "Sätzen" zulässig sind. Die Regeln der Logik sind dann diejenigen Regeln, die in allen solchen Kalkülen gelten, also die Regeln des schematischen Operierens überhaupt. Nach Lorenzen sind diese Regeln von Sprache oder anderen kulturellen Voraussetzungen unabhängig, da man das schematische Operieren ohne Erklärung einfach durch Nachahmen lernen könne. Diese Behauptung ist vielleicht schwer zu beweisen, aber der Ansatz leuchtet ein: Jeder Kalkül setzt schematisches Operieren voraus, sei es mit Steinchen oder mit Zeichen auf Papier. Ein gewisses Minimum an Voraussetzungen ist dafür notwendig, daß schematisches Operieren überhaupt möglich ist: Auf Seiten des Operators die Fähigkeit, Typen von Steinen oder Zeichen wiederzuerkennen, oder durch andere zu ersetzen, etc., auf Seiten der "Natur" z.B. die Voraussetzung, daß ein einmal erzeugtes Gebilde (Wort, Satz, Formel) erhalten bleibt, sich wiederholen läßt, oder daß sich für ein Zeichen ein anderes einsetzen läßt.

Solche "Voraussetzungen von Logik" haben zweifellos Ähnlichkeit mit den Bedingungen der Möglichkeit von Erfahrung überhaupt bei Kant - die Ständigkeit der Natur insbesondere mit der Ersten Analogie der Erfahrung[1] - ; wir kommen darauf im nächsten Kapitel.

---
[1] Grundsatz der Beharrlichkeit der Substanz, Kr.d.r.V. B 224 (Kant 1787); vgl. Weizsäcker 1971.

C.F. von Weizsäcker[1] postuliert wegen dieser Ähnlichkeit eine *Logik zeitlicher Aussagen*, welche die Bedingungen der Möglichkeit von Logik und Naturwissenschaft zugleich formulieren müßte. Die Logik würde sich daraus als Spezialisierung für zeitüberbrückende Aussagen ergeben - also für solche wie die mathematischen, die immer wahr oder immer falsch sind; die Naturwissenschaft wäre die Spezialisierung der Logik zeitlicher Aussagen auf Gesetze für Voraussagen - damit beschäftigt sich der Rest dieses Buchs[2].

Zu einer solchen Logik zeitlicher Aussagen würde das Grundpostulat der "Ständigkeit der Natur" gehören, außerdem der modus ponens als "Einsetz-Regel" (Quine 1940) und vielleicht weitere Postulate, die für jede beliebige Logik gelten. Außerdem würde man an solchen Bedingungen der Möglichkeit von Logik (bzw. von Dialogen) auch die Berechtigung von Dialogregeln für verschiedene Arten von Logik ablesen können: Ob die oben erwähnte "weiche" Spielweise mit Zurücknehmen angemessen ist, oder eher die "harte", das wird sicher auch davon abhängen, ob dieses Zurücknehmen ohne weiteres möglich ist - ob sich nicht vielleicht die behauptete Tatsache durch einen Beweisversuch ändert; das wäre z.B. vorstellbar, wenn **der Beweis darin besteht, daß man jemanden befragt.**

Für eine Formalisierung ist die andere oben genannte Unterscheidung relevant geworden, nämlich ob man als Beweis den Hinweis auf frühere Beweise zuläßt, oder ob nur der unmittelbare Aufweis, die unmittelbare Messung gelten soll: Mittelstaedt[3] leitet mit Dialogen, in denen nur die unmittelbare Messung zugelassen ist, die Quantenlogik ab.

6.) <u>Quantenlogik</u>

Die formale Logik hat neuerdings ein - vielleicht illegitimes - Kind bekommen: Die Quantenlogik. Ganz jung ist es nicht mehr: Als seine Geburt kann man die Arbeit von G. Birkhoff und J.v. Neumann (1936) ansehen, die den Titel trägt: "The Logic of Quantum Mechanics". Das ist eigentlich eine Arbeit über Quantenmechanik, also über eine damals

---

[1] 1965; 1971, S. 241. Vgl. Fröbel 1974

[2] Vgl. auch Drieschner 1977 b

[3] 1963, vgl. Stachow 1975 und das ganze Heft Journ. of Philos. Logic 6 (1977) 369-498

§ I 6 — Logik und Naturwissenschaft —

noch junge *physikalische* Theorie. J. v. Neumann hat einen besonderen
Anteil an der Aufklärung der mathematischen Struktur dieser Theorie,
der in seinem berühmten Buch (v. Neumann 1932) niedergelegt ist. Das
Besondere an der Arbeit mit G. Birkhoff ist die andere Sprechweise:
Die physikalische Theorie wird hier dargeboten als "Propositional calculus", also als abstrakte Ordungsstruktur in der Art einer Aussagenlogik. Eine solche abstrakte Ordungsstruktur ist ein *Verband*. Eine
Boole'sche Algebra (vgl. § 2) ist ein Verband, und auch die Gesamtheit
der Eigenschaften eines quantenmechanischen Objekts bildet einen Verband[1]. Die Zusammenarbeit mit dem Verbandstheoretiker G. Birkhoff hat
diesen Aspekt der Quantenmechanik besonders herausgestellt (vgl. Birkhoff 1940).

Wie unterscheidet sich diese Quantenlogik von der "gewöhnlichen" Logik?
Kann sie sich überhaupt unterscheiden, wenn es doch Logik sein soll?

Wir wollen zunächst die erste Frage beantworten, durch eine Beschreibung der formalen Struktur, analog Birkhoff & v. Neumann 1936, und
uns dann der zweiten Frage zuwenden.

Sowohl die klassische wie die Quantenlogik haben die Struktur orthokomplementärer Verbände[2], d.h. es kommt die Implikation ($\rightarrow$) als
Ordnungsrelation vor (also zunächst nur als *Meta* - Aussage), und die
logischen Operationen $\wedge, \vee, \neg$ ("und", "oder", "nicht"). Beiden "Logiken" sind viele Regeln gemeinsam, z.B.

a) Wenn $A \rightarrow B$ und $B \rightarrow C$, dann $A \rightarrow C$ (Transitivität)

b) $A \wedge B \rightarrow A$ (Infimum-Eigenschaft der Konjunktion, "conjunctive
　　　　　　　　　　elimination rule")

c) Wenn $A \rightarrow B$, dann $\neg B \rightarrow \neg A$ (Komplement-Eigenschaft, Inversion,
　　　　　　　　　　"rule of transposition")

Es gibt allerdings Regeln der klassischen Logik, die in der Quanten-

---

[1] Für genaue Definitionen vgl. Anhang I und VI
[2] Für genaue Definitionen vgl. Anhang, § A I 1

logik nicht gelten, z.B. das Distributivgesetz, das wir als Beispiel für die Boole'sche Algebra betrachtet haben (§ 2); in "logischer" Schreibweise:

$$A \wedge (B \vee C) \leftrightarrow (A \wedge B) \vee (A \wedge C).$$

(Die Äquivalenz " $\leftrightarrow$ " bedeutet hier Gleichheit im Sinn der Verbandstheorie).

Daß dies Gesetz für Aussagen der Quantenmechanik nicht ohne weiteres gilt, zeigt folgendes Beispiel:
Die Aussage (1): "Das Elektron hat Impulskomponente $p_x > 0$, und Ort innerhalb oder außerhalb dieser Schachtel", ist *nicht* äquivalent der Aussage (2): "Das Elektron hat Impulskomponente $p_x > 0$, und Ort innerhalb der Schachtel, oder es hat Impulskomponente $p_x > 0$, und Ort außerhalb der Schachtel". Die erste Aussage ist nämlich äquivalent der Aussage: "Das Elektron hat Impuls $p_x > 0$", denn die Aussage: "Der Ort ist innerhalb oder außerhalb dieser Schachtel" ist immer wahr. (Jedenfalls interpretiert man sie im Rahmen des Kalküls als *logisch* wahr). Die zweite Aussage dagegen ist nach der Quantenmechanik immer falsch, denn wenn das Elektron einen bestimmten Impulsbereich hat, dann ist der Ort völlig unbestimmt, und die gleichzeitige Angabe "in der Schachtel" kann niemals zutreffen, ebensowenig die Angabe "außerhalb der Schachtel".
Das Beispiel illustriert die Tatsache, daß nach der Quantenmechanik das Distributiv-Gesetz nicht gilt, aber es macht nicht durchschaubar, warum. P. Mittelstaedt (1963) zeigt mit Hilfe einer dialogischen Begründung der Logik, wie man aus den Bedingungen des Messens Logik begründet, wie man also aus (entsprechend der Quantenmechanik) veränderten Bedingungen des Messens eine geänderte Logik begründen kann. Sein Beispiel ist die in der klassischen Logik logisch wahre Formel ("Prämissenvorschaltung"):

$$A \rightarrow (B \rightarrow A).$$

Sie ist nicht allgemein richtig, wenn als Beweismittel im Dialog quantenmechanische Messungen verwendet werden.

Ein Dialog zum Beweis dieser Regel würde etwa so verlaufen:

§ I 6 — Logik und Naturwissenschaft —

Der Proponent behauptet "A → (B → A)". Der Opponent setzt für A die Aussage x ein: "Das Teilchen hat den Ort x" und beweist die Aussage durch Messung; P muß dann beweisen "B → x", d.h. er muß, wenn O irgendein B beweist, x beweisen. Gewöhnlich kann er das, denn er braucht nur auf den Beweis von x zurückzugreifen, den O vorher gegeben hat. Wenn dieser Beweis aber eine Messung war, braucht er nicht noch einmal verfügbar zu sein: Mittelstaedt (1963) argumentiert so: B könnte eine Aussage P sein: "Das Teilchen hat den Impuls p"; wenn eine solche Aussage durch Messungen bewiesen ist, dann ist dadurch der vorige Ortszustand zerstört, d.h. eine nochmalige Messung des Ortes würde i.a. x' ≠ x ergeben. Wenn man also im Dialog physikalische Aussagen durch Messungen beweist, ist die sonst logisch wahre Aussage "A → (B → A)" nicht mehr wahr (vgl. Stachow 1975).

Es gibt gegen diese Darstellung verschiedene Einwände, etwa daß es in Wirklichkeit unmöglich ist, im Lauf eines Dialogs, der ja einige Zeit braucht, an einem individuellen Elektron zunächst den Ort, dann den Impuls, und dann wieder den Ort zu messen. Immerhin kann hier Mittelstaedt, wie jeder Theoretiker, die Möglichkeit der Idealisierung in Anspruch nehmen: Er zeigt an einem *Gedankenexperiment*, wie man die nicht-boolesche Struktur des Aussagenverbandes mit Bedingungen quantenmechanischer Experimente über den Dialog verknüpfen kann. – Die entscheidende Frage scheint mir zu sein, ob man hier zurecht von Logik spricht. Es handelt sich ja zunächst um Beschränkungen in der Beschreibung des Zustands eines Elektrons. Man kann das darstellen als gegenseitige Abhängigkeit von Orts- und Impulsangaben für ein Elektron, aber: 1. Muß man denn überhaupt ein Elektron so beschreiben, sind solche Aussagen über so etwas abstraktes wie ein Elektron zulässig? 2. Muß man denn in einem Dialog als Beweisverfahren ausgerechnet physikalische Messungen verwenden?

1.) Wenn man Ort und Impuls als Eigenschaften auffaßt, die ein Elektron einfach hat, dann entstehen die vieldiskutierten "Interpretationsprobleme" der Quantenmechanik. Die folgenden Kapitel dieses Buchs entwickeln eine Theorie, in der diese Probleme nicht entstehen, insbesondere weil die theoretischen Einzelaussagen konsequent als *Voraussagen* interpretiert werden und nicht als Beschreibung von "vorliegenden" Eigenschaften (vgl. III). Interessant ist dazu auch das Buch von Scheibe (1964), in dem formal quantenmechanische Messungen allein mit klassischer Logik beschrieben werden, sofern man den "epistemischen" Aspekt wählt, also nur beschreibt, was man mißt und feststellt. Probleme mit der klassischen Logik bereitet also allein der "ontische" Aspekt, der dem Elektron (oder einem anderen "Mikro-Objekt") Eigenschaften als "vorhanden" zuschreibt (vgl. Mittelstaedt 1972).

2.) Die dialogische Begründung der Logik ist von Lorenzen für bweisdefinite Aussagen oder aus beweisdefiniten zusammengesetzte Aussagen gemacht, und Lorenzen denkt dabei offenbar vor allem an mathematische Aussagen. Prinzipiell kann aber ein Beweis auch in einem Hinweisen auf ein Phänomen bestehen - je nach der Aussage, die in Zweifel steht. Für Aussagen über den Zustand eine physikalischen Objekts müßte also eine physikalische Messung der angemessene Beweis sein. Das spricht für eine Fraktionierung der Logik: Für jeden Typ von Beweisen kann eine eigene Logik gelten, die sich von anderen Logiken unterscheidet; die Dialogregeln richten sich nach den Bedingungen, unter denen für die gerade diskutierten Fragen Beweise möglich sind. Dieser Vorschlag kann aber unser Problem nicht lösen, denn wir fragen ja nach *der* Logik und ihrer Begründung, also insbesondere nach derjenigen Logik, die (reflexiv) auch für Aussagen über Aussagen gilt.

Es hat sich nun gezeigt, historisch, daß die Quantenmechanik die richtige physikalische Fundamentaltheorie ist. Das legt den Versuch nahe, die Quantenlogik als *die Logik* zu betrachten. Man wird dann, analog zum klassischen Fall (3), ein Verbandselement, $A \frown B$, suchen, das als Objektaussage die Metaaussage Implikation abbildet:

$$A \frown B = 1 \iff A \rightarrow B$$

Allerdings eignet sich hier nicht die klassische Subjunktion $\neg A \vee B$; es ist zwar $\neg A \vee B = 1$, wenn $A \rightarrow B$, aber nicht umgekehrt. Kotas (1963) und Kunsemüller (1964) diskutieren die Frage der Subjunktion ausführlich. Kotas gibt vier verschiedene Ausdrücke für die Subjunktion an, welche die Bedingung (1) erfüllen, und wählt wegen anderer Vorzüge zwei aus, von denen eine die auch von Kunsemüller behandelte ist:

$$A \frown B = \neg A \vee (A \wedge B).$$

§ I 6 — Logik und Naturwissenschaft

Es gilt:

$$A \curvearrowright B = 1 \iff A \leq B$$

wobei " $\leq$ " die Ordnungsrelation im Verband ist; sie gibt die Implikation wieder.

Im Boole'schen Verband ist diese Subjunktion der oben angegebenen äquivalent, denn wegen des Distributivgesetzes ist

$$\neg A \vee (A \wedge B) = (\neg A \vee A) \wedge (\neg A \vee B) = \neg A \vee B.$$

P. Mittelstaedt (1970) gibt daneben einen Ausdruck an, der die "Verträglichkeit" von zwei Aussagen als Verbandselement darstellt: Zwei Aussagen sind *verträglich*, wenn man sie im Prinzip zugleich messen kann, oder (äquivalent), wenn die entsprechenden Eigenschaften einem Objekt zugleich zukommen können. Jauch (1968) und Piron (1964, 1976) fassen die Verträglichkeit mathematisch so: A und B sind verträglich ($A \longleftrightarrow B$) genau dann, wenn A und B mit den Operationen $\neg, \vee, \wedge$ einen Boole'schen Verband aufspannen. Das ist eine Meta-Aussage über die Relation $\longleftrightarrow$ im Verband. Mittelstaedt gibt einen Ausdruck an:

$$A \odot B = (A \wedge B) \vee (\neg A \wedge B) \vee (A \wedge \neg B) \vee (\neg A \wedge \neg B),$$

für den gilt:

$$A \longleftrightarrow B \iff A \odot B = 1 \quad \text{(Beweis in Piron 1964)}.$$

Damit wird auch die "Verträglichkeit" - ursprünglich Relation zwischen Verbandselementen - eine Aussage des Verbandes selbt, analog zur Implikation.

Was können wir aus diesen Überlegungen lernen?

Offenbar ist es in gewissem Umfang möglich, Aussagen, die ursprünglich "Meta-" sind, in der Logik selbst abzubilden - wir haben es an den Beispielen "Implikation" und "Verträglickeit" gesehen. In den Arbeiten von Kotas (1963) und Kunsemüller (1964) wird aber auch deutlich, daß trotz dieser Übersetzung die Quantenlogik allein noch nicht "die Logik" ist: Wenn man etwas kompliziertere Zusammenhänge beschreiben will, muß man doch zusätzlich auf die übliche, "klassische" Logik zurückgreifen.

Es leuchtet durchaus ein, daß die Quantenlogik allein noch nicht *die Logik* ist: Ihre Aussagen behandeln physikalische Eigenschaften oder Messungen an einem pyhsikalischen System. Diese Aussagen sind kontingent (Scheibe 1969), d.h. sie können bald wahr sein, bald falsch, je nachdem, wann man sie nachprüft[1]. Die kontingenten Aussagen sind prinzipiell verschieden von den zugehörigen Meta-Aussagen, welche die *Struktur* des (quantenlogischen) Verbandes beschreiben. An dieser Tatsache ändert auch die oben beschriebene Konstruktion nichts; die Metaaussage A ⟶ B wird nur ersetzt durch die andere Metaaussage $\mathbf{1} = \neg A \vee (A \wedge B)$. Kunsemüller (1964) möchte das Zeichen $\mathbf{1} =$ als Präfix für eine *immer wahre* Aussage verstehen, analog dem Ableitsbarkeit-Symbol: Die Metaaussage A ⟶ B ist also äquivalent der Verbandsaussage $\neg A \vee (A \wedge B)$, versehen mit dem "Immer-Wahrheits-Präfix". Kunsemüller diskutiert daneben auch den kontingenten Wahrheitsbegriff[2]: Eine Aussage ist zu einer bestimmten Zeit wahr, gemäß der Quantenmechanik, wenn der zu dieser Zeit vorliegende Zustand v die Aussage A impliziert. "A ist kontingent wahr" würde also bedeuten

$$v \leq A$$

oder, mit ausdrücklicher Erwähnung der Zeit t

$$v(t) \leq A.$$

---

[1] Selbstverständlich kann man diese Kontingenz beseitigen, indem man zu jeder solchen Aussage Ort und Zeit spezifiziert (vgl. Frege 1904). Jede so spezifizierte Aussage ist immer-wahr oder immer-falsch. Dann geht aber gerade das Interessante an der Physik verloren, ihre Allgemeinheit. Die Naturgesetze gelten zu allen Zeiten, unabhängig davon, ob die einzelne (kontingente) Aussage gerade wahr ist oder falsch. Diese Tatsache kann man nur formulieren, wenn man von *derselben* Aussage behaupten kann, daß sie bald wahr, bald falsch ist. Die "Gesetzesartigkeit" von Aussagen genau zu formulieren ist nicht ganz einfach, wie die bekannten Beispiele "künstlicher" Prädikate zeigen: "grot" soll die Farbe sein, die man bis zum 31.12.74 üblicherweise mit grün bezeichnet hat und die man seit 1.1.75 üblicherweise mit rot bezeichnet. Mit einem solchen Prädikat bekommt man keine ordentlichen Naturgesetze, aber es ist schwierig, exakt und formal den Unterschied zu "ordentlichen" Prädikaten festzulegen. Immerhin zeigt sich an dieser Diskussion, daß man die entscheidende Frage verliert, wenn man die Kontingenz der Prädikate beseitigt.

[2] Vgl. Anhang AI3

Mit Kunsemüller kann man hier das Zeichen " $v \leq$ " wiederum als Präfix, für kontingente Wahrheit, ansehen. - Verbandsaussagen, die mit solchen Präfixen versehen sind, sind aber nichtsdestoweniger Metaaussagen über den Verband, immer wahr oder immer falsch. Man kann vernünftigerweise gar nicht verlangen, daß solche Aussagen im quantenmechanischen Verband selbt vorkommen. Mittelstaedt (1963) z.B. benutzt ausdrücklich "quantenmechanische" Messungen als Beweismittel in dem Dialog, der die Quantenlogik begründet (s.o.); es wäre absurd zu erwarten, daß solche Beweismittel - also Messungen - auch Aussagen über die *Struktur* von Verbänden beweisen können.

Bei den neueren Arbeiten zur Mittelstaedtschen Quantenlogik ist dieser Unterschied sehr wichtig: Es werden *Struktur*aussagen über den Aussagenverband (Metaaussagen) bewiesen mit Mitteln des Dialogs, die nur *kontingente* Wahrheit kennen, also z.B. eine kontingente Implikation und eine kontingente Vorträglichkeit. Außerdem wird gerade mit diesen Mitteln bewiesen, daß die Logik für Aussagen über die Struktur des Verbandes (also nichtkontingente Aussagen) die klassische Logik ist. (vgl. Mittelstaedt 1978).

"Quantenlogik", d.h. der Verband der quantenmechanischen Aussagen, ist also nicht *die Logik*. Sie kann bestenfalls als ein Teil zur Logik gehören; im Lichte der späteren Erörterungen können wir sie als *Logik futurischer Aussagen* einordnen.

II. Die Einheit der Physik

1. Die heutige Physik

Es gibt neben der Gemeinschaft der anerkannten Wissenschaftler eine Subkultur von "Privatgelehrten", die auf ganz neue Art die Welträtsel wissenschaftlich zu lösen versuchen, und die meistens die Schulwissenschaft auf das heftigste befehden. Da gibt es z.B. eine Arbeit, welche die Relativitätstheorie widerlegt, Vorschläge zur beliebigen Vermehrung der knappen Energie, oder eine Lösung aller nach Meinung des Autors bisher ungelösten Probleme der Naturwissenschaft. Meist fußen diese Theorien auf anschaulichen Modellen, denen man ansieht, daß ihr Autor ungeheuer viel Arbeit hineingesteckt hat; manchmal zeigen die Berechnungen eine verblüffende Übereinstimmung mit veröffentlichten Meßwerten, z.B. mit Partikelmassen auf 6 Stellen genau.

Oft ist es nicht möglich, den Finger auf einen bestimmten Fehler zu legen, sei es, weil die Argumentation allgemein zu undurchsichtig ist, sei es, weil die Voraussetzungen axiomatisch eingeführt werden, mit einer unverständlichen Begründung oder ganz ohne Begründung. Trotzdem gibt es gewöhnlich kaum einen Zweifel, daß solche Theorien unbrauchbar oder falsch sind. Sind das die berühmten Vorurteile der Schulwissenschaft, oder was ist es sonst? Wie ist ein solches Urteil begründet?[1]

1.) Gewöhnlich kommt in den Theorien der Privatgelehrten keine Quantenmechanik vor, sie würde i.a. diesen Theorien widersprechen. Nun kann natürlich jemand der Meinung sein, die Quantenmechanik sei falsch oder überflüssig. Das ist eine starke Behauptung angesichts der Bedeutung der Quantenmechanik als fundamentale Theorie der heutigen Physik; eine solche Behauptung müßte man mindestens andeutungsweise begründen. Aber solche Begründungen kommen selten vor, wohl weil die Quantenmechanik für Laien zu voraussetzungsvoll und zu wenig anschaulich ist[2].

2.) Das Fehlen der Quantenmechanik scheint mir nur ein Symptom für das entscheidende Manko aller Theorien von "Privatgelehrten": Sie lassen die

---

[1] vgl. Sexl 1974

[2] Vorwerfen kann man das niemandem, besteht doch auch unter Fachleuten nach wie vor ein intensiver Streit über Bedeutung und Interpretation der Quantenmechanik, wie u.a. dieses Buch beweist.

§ II 1 — Einheit der Physik —

schon vorhandene Einheit der Physik ausser acht. Jede Erklärung eines einzelnen Phänomens - und in diesem Zusammenhang sind auch die Massen der Elementarteilchen, so grundlegend ihre Bedeutung ist, ein einzelnes Phänomen - jede solche Erklärung steht im Zusammenhang einer umfassenden Theorie. Gewöhnlich ist sich der Physiker dieser Einheit nicht bewußt, er benutzt sie so, wie sie in den Begriffen und Einzelergebnissen angelegt ist. Erst wenn jemand einzelne Ergebnisse herausgreift und sie in einem speziellen Modell anders herleitet als üblich, erst dann sieht man die vielen offenen Enden, die vielen möglichen Verbindungen, die in dem neuen Modell nicht mehr passen. Oft kann man eine Theorie für einzelne Phänomene nicht unmittelbar widerlegen durch Hinweis auf widersprechende Messungen; erst eine Ausdehnung der Theorie auf benachbarte Phänomene, oder der scheiternde Versuch der Einordnung in andere Theorien, zeigt, daß eine solche Teil-Theorie nicht stimmen kann. Das eigentlich starke Argument für oder gegen Theorien ist also der Hinweis auf die Einheit der gesamten Physik[1].

Andererseits halten diesem Kriterium auch anerkannte Theorien nicht ohne weiteres stand: Relativitätstheorie und Quantenmechanik lassen sich, genau genommen, nicht vereinbaren. Nur, da jede dieser Theorien schon eine unübersehbare Fülle von Phänomenen einheitlich erklärt, tröstet man sich mit der Hoffnung, daß man eines Tages schon eine Theorie finden werde, die beide Theorien genähert so vereinigt, daß man an ihrer gegenwärtigen Gestalt nur wenig ändern muß.

Historisch entwickelt sich die Physik in zwei Richtungen: Einerseits werden immer neue Sachgebiete wissenschaftlich erforscht, jede Disziplin teilt sich in immer feinere Verästelungen auf. Anthony et al. (1969) geben ein exponentielles Wachstum der Zahl der naturwissenschaftlich-technischen Zeitschriften an, von ca. 10 im Jahr 1750 bis an die 100.000

---

[1] Vgl. den Hinweis Heisenbergs (1976) auf Waldemar Voigts Theorie der Na-D-Linie. Ich widerspreche hier der landläufigen Meinung, daß eine Theorie empirisch bestätigt oder widerlegt werde, und auch der Popperschen Präzisierung, daß man in Strenge keine Theorie empirisch bstätigen kann, sondern nur widerlegen. Ich spreche hier allerdings vor allem von neuen Theorien über einen bekannten empirischen Bereich. Über die "Stützung" - neutral gesagt - von physikalischen Theorien vgl. § IV, 7 und A IV, 3.

heute, mit einer Verdopplungszeit von 10-15 Jahren, und das Wachstum
scheint weiterzugehen. In "Mathematical Reviews" sind in den 25 Jahren
1939-1964 156.000 Arbeiten referiert worden, in den folgenden 8 Jahren
1965-1972 aber schon 127.000. Kaum ein produktiver Forscher versteht davon mehr als sein engstes Fachgebiet. Dafür gibt C.F. von Weizsäcker
(1967) die folgende - mehr gefühlsmäßige - Schätzung: Vor 100 Jahren
konnte wohl noch ein Physiker sein ganzes Fachgebiet überblicken; in
demselben Sinn hätte man wohl vor 40 Jahren 5 Fachleute gebraucht, deren
gemeinsames Wissen die ganze Physik überdeckt, und heute brauchte man
sicher "eine nicht ganz kleine zweistellige Zahl".

Dieser "Diversifikation" der Wissenschaft steht ein schneller Zuwachs
an Einheit gegenüber: Von immer weiteren Spezialitäten erkennt man, daß
sie "im Prinzip" aus einer umfassenden, allgemeinen Theorie ableitbar
sind. Neuere Beispiele dazu sind die Festkörperphysik, welche die Materialeigenschaften quantenmechanisch ableitet, oder die Quantenchemie,
welche Eigenschaften chemischer Verbindungen quantenmechanisch erklärt:
"Im Prinzip" sind alle Materialkonstanten und alle chemischen Eigenschaften der Stoffe aus der umfassenden Quantenmechanik ableitbar, in einigen
Fällen ist das auch wirklich recht gut gelungen[1].

Diese Beschreibung des Weges zur Einheit ist zu glatt, um ganz wahr zu
sein. Die "normale Wissenschaft", nach Thomas S. Kuhn (1967), wird Vereinheitlichungen zustandebringen, indem sie bekannte Phänomene oder
Spezialtheorien auf bekannte allgemeine Theorien zurückführt. Bei den

---

[1] "Recht gut" heißt hier, in einer Näherung, die nicht allzuviel größer ist als die Meßfehler. - Es befremdet zunächst, daß man in Aussagen über "exakte Wissenschaft" so vage zu sprechen genötigt ist: Eigentlich sollte doch eine Rechnung erst dann akzeptiert werden, wenn sie exakt, also ohne Näherung, dem Meßergebnis entspricht. Daß das nicht möglich ist, kann man leicht sehen, denn kein Meßergebnis ist in dem Sinn exakt, daß es genau eine Zahl liefert. In Wirklichkeit ist jedes Meßergebnis nur eine "ungefähr" - Angabe, und zur ordentlichen Angabe eines Meßergebnisses gehört die Schätzung des Messenden, welche Abweichungen er für wahrscheinlich hält. Wir kommen darauf wieder im Kapitel über Wahrscheinlichkeit zurück. - Den "richtigen" Wert, von dem die wirkliche Messung mehr oder weniger abweicht, sollte die richtige Theorie liefern. Aber auch diese Hoffnung ist nicht erfüllbar, wie man sich klar machen kann: Keine theoretische Überlegung kann *alle* Einflüsse einbeziehen, die auf einen Gegenstand wirken. Auch eine vollkommene, wahre Theorie wird daher keine Beschreibung einer einzelnen Messung abzuleiten gestatten, sondern nur die Beschreibung eines "Idealfalles", der dem betrachteten Einzelfall nahekommt. Im Kapitel V über Objekte werden wir sehen, daß schon der *Begriff* des Objekts eine Idealisierung, also eine Näherung, enthält.

§ II 1 — Einheit der Physik —

großen Fortschritten zur Einheit der Physik sind aber auch ganz neue übergreifende Theorien entstanden:

Optik und Elektromagnetismus z.B. wurden in der neuen Maxwell'schen Elektrodynamik vereinigt. Damit die Elektrodynamik mit der klassischen Mechanik zusammenpaßt, mußte diese zur neuen relativistischen Mechanik umgebaut werden. In der "Allgemeinen Relativitätstheorie" wurde außerdem die Gravitation als geometrische Wirkung eingebaut - wieder ein Umbau der Mechanik - , und am Versuch, die Elektrodynamik in ähnlicher Weise zu geometrisieren, ist Einstein gescheitert.

Die Quantenmechanik ist ebenfalls durch einen Umbau der klassischen Mechanik entstanden, allerdings durch einen radikalen. Wir werden auf den Unterschied zwischen den beiden "Mechaniken" im Kapitel über Quantenmechanik ausführlich zu sprechen kommen. Als nächster Schritt wäre nun eine relativistische Quantentheorie notwendig, also eine einheitliche Theorie, welche die Quantenmechanik und die allgemeine Relativitätstheorie "enthält". Aus einer solchen Theorie, so hofft man, müßte dann auch die Art der möglichen Wechselwirkung folgen, und damit zugleich, welche Objekte überhaupt möglich sind - also die Elementarteilchen mit Masse, Zerfallszeit, Ladung, Hyperladung, Charm, Spin, Parität, ect. (vgl. Kap. VIII).

Soweit die historische Entwicklung aus der Sicht heutiger Physiker. Uns interessieren hier aber noch stärker die systematischen Aspekte: Wie könnte *die* einheitliche Theorie aussehen, wie sieht bisher die Einheit aus, in der eine Theorie andere Theorien "enthält"?

Eine Theorie kann so in einer anderen enthalten sein, daß die spezielle aus der allgemeinen folgt, wenn man spezielle Bedingungen festsetzt: z.B. folgt die Elektrostatik aus der Elektrodynamik, wenn man zeitliche Änderung und Ströme nicht zuläßt. Das wäre der triviale Fall. - In Wirlichkeit ist sogar das eine Simplifizierung: Der Fall (im Beispiel), daß sich nichts ändert und überall der Strom null ist, tritt in Strenge nie ein, wäre auch uninteressant. In Wirklichkeit behandelt die Elektrostatik den Grenzfall, in dem elektrischer Strom und Ladungsänderung vernachlässigt werden, weil sie für die gestellte Frage nur eine geringe Rolle spielen.

Die spezielle Theorie kann aus der allgemeinen durch Festlegung bestimmter Werte hervorgehen, die in der allgemeinen Theorie beliebig sind, oder die in der allgemeinen Theorie nur als Grenzfall (im mathematischen Sinn) vorkommen. L. Tisza (1963) beschreibt ausführlich den Zusammenhang einer übergreifenden Theorie mit einer abgeleiteten und stellt dabei ein sehr differenziertes System von Grenzprozessen fest[1]. - In Wirklichkeit ist auch diese Beschreibung noch zu eng, denn meistens ist die "alte" Theorie in der neueren nur mit dem *Teil* als Grenzfall enthalten, der sich empirisch schon gut bewährt hat, und sie hat daneben andere Möglichkeiten, welche der neuen Theorie kraß widersprechen. Z.B. wäre nach der Newtonschen Theorie auch ein Zweikörpersystem möglich, bei dem ein Körper mit der Geschwindigkeit 2 c umläuft. Das ist sicher *kein* Grenzfall der Einsteinschen Theorie[2].

Der Übergang von der Quantenmechanik zur klassischen Mechanik wird bei Tisza - wie auch sonst häufig - dargestellt als Grenzübergang für $\hbar \to 0$, d.h. als Grenzfall, in dem das Wirkungsquantum als beliebig klein behandelt werden kann. Dieser Grenzübergang gibt für einige Fälle richtige Zahlen, geht aber am Wesen der Quantenmechanik vorbei. Das Verhältnis von Quantenmechanik zu klassischer Physik ist prinzipiell anders als das der klassischen Theorien untereinander und wird ein wichtiges Thema im weiteren Verlauf des Buches sein. Hier soll jetzt nur das Problem angedeutet werden:

Einerseits ist tatsächlich die klassische Physik als Grenzfall einer quantenmechanischen Beschreibung denkbar, nämlich für sehr viele oder sehr große Objekte, für die man die quantenmechanischen Spezialitäten wie Indeterminismus und Kohärenz vernachlässigen kann. Genau genommen ist aber immer die klassische Physik *falsch*, indem sie z.B. behauptet, ein Objekt hätte einfach Ort und Impuls zugleich. Klassische und Quanten-Mechanik widersprechen sich.

Andererseits sind für die Quantenmechanik aber die klassischen Begriffe unentbehrlich. Niels Bohr (1927) schreibt:

---

[1] Interessant ist Tiszas Bemerkung, daß eine abgeleitete Theorie oft eine höhere Symetrie hat als die übergreifende: Sie ist ein Spezial-(bzw. Grenz-)fall der übergreifenden Theorie, aber nicht ein beliebiger, sondern einer mit hoher Symetrie. Nur so kann der Spezialfall selbst eine *Theorie* sein, als Vorläufer der übergreifenden Theorie eine *abgeschlossene* Theorie (vgl. Heisenbergs Aufsatz von 1948 in Heisenberg, 1971, S. 87), die durch kleine Änderungen nicht verbessert werden kann - denn sonst wäre die besondere Symetrie zerstört.

[2] Mit diesen Fragen befaßt sich das Programm "Intertheoretische Relationen", z.B. Scheibe 1973 b.

§ II 1   - Einheit der Physik -

"The quantum theory is characterized by the acknowledgement of a fundamental limitation in the classical physical ideas when applied to atomic phenomena. The situation thus created is of a peculiar nature, since our interpretation of the experimental material rests essentially upon the classical concepts."

Die Quantenmechanik ist unvollständig, sie ist ein leerer Formalismus ohne die klassischen Begriffe, denn sie macht nur Voraussagen für Messungen, für "vorliegende" Meßergebnisse. Streng genommen gibt es aber nach der Quantentheorie vorliegende Meßergebnisse[1] nicht, sie ist nur eine Theorie von Möglichkeiten. In gewissem Sinn setzt also die Quantenmechanik die klassische Physik voraus und schließt sie zugleich aus.

Man kann m.E. durchaus einen vernünftigen Weg angeben, wie man diesen scheinbaren Widerspruch auflöst. Denn *genähert* sind Quantenmechanik und klassische Mechanik vereinbar, wenn man genügend große Systeme beschreibt. Eine solche genäherte Beschreibung bedeutet Anwendung von Thermodynamik. (Tisza (1963) räumt der Thermodynamik breiten Raum ein, vor allem als Theorie der Messungen und der Ereignisse.) Für den Zusammenhang von klassischer und Quanten-Mechanik ist vor allem die *statistische* Thermodynamik wichtig, die einen Weg angibt, wie man die quantenmechanischen Details bei großen Systemen "verschmieren" kann, um zu einer "klassischen" Beschreibung zu kommen. Wir kommen zu diesen Fragen in größerem Detail nach Einführung der Quantenmechanik; besonders der begriffliche Zusammenhang bedarf einer ausführlichen Behandlung[2].

Stellen wir uns die Naturwissenschaft als einen Baum vor, dessen Hauptäste die großen Wissensgebiete sind, und dessen einheitlicher Stamm die Forschungsphantasie so vieler Physiker anregt. Der ganze "Betrieb" der Naturwissenschaft würde sich hauptsächlich in der Krone dieses Baumes abspielen, mit so feinen Ästchen wie Kraftwerkstechnologie, Atmungsphysiologie oder radioaktiver Altersbestimmung. Ein großer Hauptast, ausgehend von der Quantenmechanik, ist die Chemie: Im Prinzip müßte sich die Möglichkeit jeder chemischen Verbindung und jedes Kristalls, auch jeder Spektrallinie, aus der Quantenmechanik berechnen lassen. Praktisch

---

[1] Wir kommen auf dieses zentrale Problem der Interpretation der Quantenmechanik in § VII 3 zurück.

[2] Vgl. Kap. VII

durchgeführt ist das nur für das Wasserstoffatom, für das Heliumatom ist
es schon wesentlich aufwendiger, und z.B. das ganze Eisenspektrum zu berechnen
würde astronomische Summen für Mannjahre und Rechenzeit erfordern.
Trotzdem zweifelt kaum jemand daran, daß jede einzelne Zahl im
Prinzip, d.h. bei genügendem Aufwand, quantenmechanisch ableitbar ist.

Die Zweifel werden schon größer bei der Behauptung, daß sich dieser Ast
einfach in die Biologie fortsetzen läßt, bis zur Biologie des Menschen:
Die Biochemie kann zwar vieles erklären, u.a. den Mechanismus der Konstanz
der Art - aber ob geistige Phänomene wie Liebe, Wahrheit, Unsterblichkeit
nichts als "Physik" sind, das scheint doch sehr fraglich. Wir
kommen auf diese Frage im Schlußkapitel zurück.

Unser Interesse in dieser Abhandlung geht hauptsächlich auf die Wurzeln
des Baums, aus denen der Stamm entspringen mußte. Gelegentlich ist der
Eindruck entstanden, der Stamm, nämlich die fertige Naturwissenschaft,
müßte aus einem einzigen Punkt entspringen, etwa der Grundgleichung von
Heisenbergs nichtlinearer Spinorfeldtheorie - die unter diesem Gesichtspunkt
von eifrigen Anhängern "Weltformel" genannt worden ist. Bei näherem
Zusehen wird man aber ein recht breites Fundament entdecken, das für
das Gedeihen unseres Baumes notwendig ist: Die Bereitschaft, naturwissenschaftlich
zu forschen, griechische Rationalität und christliche Sicht
der Geschichte, die Handwerkskunst für die Experimente und das Interesse
des beginnenden Kapitalismus an verwertbarer Technik[1]: Das mag der
Humus sein, in dem unser Baum nur wachsen konnte. Mögen selbst Logik und
Mathematik noch zu diesem Humus zählen, die sich erst zusammen mit der
Naturwissenschaft so entwickeln konnten, wie sie sich entwickelt haben:
Auch ein wirklicher Baum verbessert seinen Humus jährlich durch eine von
ihm selbst abgeworfene Laubdecke. Die Anhänger der Weltformel werden
natürlich auch diese "Voraussetzungen" anerkennen, innerhalb deren der
Gedanke eines deduktiven Systems erst möglich geworden ist. Aber auch
zur Deduktion selbst wird eine einzige Gleichung nicht genügen, sondern
man wird in diesem Sinn als Wurzeln des Baums sicher die fünf Teilgebiete
rechnen können, die Weizsäcker[2] aufzählt ("Theorie von Objekten" schließt
dabei die Wechselwirkung ein, vgl. § V 3):

---

[1] vgl. Krohn 1977

[2] C.F. von Weizsäcker 1971, II,5; Kapitel 2 und 5

§ II 2   - Einheit der Physik -

1.) Quantentheorie: Eine allgemeine Theorie beliebiger Objekte.
2.) Thermodynamik: Beschreibung realer Objekte unter Bedingungen der
                         der Näherung.
3.) Relativitätstheorie: Theorie von Raum und Zeit.
4.) Elementarteilchentheorie: Theorie der möglichen Arten von Objekten.
5.) Kosmologie: Beschreibung der Gesamtheit der wirklichen Objekte.

Weizsäcker gibt eine sehr lesenswerte Analyse der verschiedenen Bedeutung dieser Wurzeln und ihres Zusammenhangs. Unser Thema ist hier vor allem die Quantentheorie und - in Verbindung mit der Wahrscheinlichkeitstheorie - die Thermodynamik. Mögliche Konsequenzen für die drei anderen Gebiete werden in Kapitel VIII angesprochen.

Wenn wir auf die Logik hier vertrauen (vgl. Kap. I), dann können wir uns auf die Erörterung dieser "Wurzel"-Theorien beschränken; alles Übrige muß aus ihnen, im Prinzip, folgen. An den Fundamentaltheorien finden wir aber Züge, die wir uns kaum anders vorstellen können, z.B. wird jede Physik eine Theorie von Objekten mit bestimmten meßbaren Eigenschaften sein müssen; das liegt in der Definition von Physik und kann empirisch weder widerlegt noch bestätigt werden.

Können wir die Fundamentaltheorien aufteilen in einen Teil, der durch Definition festgelegt ist, oder durch unser Verständnis von Physik, und einen anderen Teil, der erst empirisch gefunden wird? So stellt *Kant* (1781, 1786) die Naturwissenschaft dar: Ein Teil sei bloß empirisch, ein anderer Teil aber "a priori".

2.   <u>Physik a priori</u>

Betrachten wir den Gedanken einer Physik a priori näher: Kann es das überhaupt geben? Wie man diese Frage beantwortet, hängt natürlich, wie bei jeder so kurzen Formulierung, von einer genaueren Interpretation ab. In physikalischen Abhandlungen wird "a priori" oft negativ gebraucht, etwa: "Das kann man nicht a priori wissen, sondern das muß man messen, ausrechnen, nachschlagen"; wobei "a priori" meistens synonym mit "aus der Luft gegriffen", "vom Himmel gefallen" gemeint ist.

In diesem Sinne a priori kann man selbstverständlich gar nichts wissen, wenn man es wirklich *wissen* will. Man kann sich allenfalls etwas ausdenken - dazu muß man nicht messen, rechnen oder lesen.

Die Physik ist aber eine empirische Wissenschaft. Dabei bedeutet "empirisch" wenigstens, daß sie nicht nur ausgedacht ist. Näher kann man den Sinn von "empirischer" Wissenschaft unter drei Aspekten erläutern:

1.) Ihr Gegenstand ist die Wirklichkeit.
2.) Sie ist durch Beobachtung und Experiment gefunden worden.
3.) Sie muß sich in der Erfahrung bestätigen.

Den dritten Aspekt, die dritte Art des Empirischseins der Physik will ich hier zunächst betrachten: Eine Theorie muß sich in der Erfahrung bewähren, sie muß richtige Voraussagen erlauben (vgl. Kap. III), sonst ist sie falsch. *Popper* (1935) formuliert daraus ein Kriterium für physikalische Theorien insgesamt: Eine Theorie kann überhaupt nur empirisch genannt werden, wenn sie angibt, durch welche Evidenz sie als widerlegt zu gelten hätte; und eine Theorie ist umso besser bestätigt, je öfter sie einen Falsifikationsversuch überstanden hat.

Popper versucht erst gar nicht, anzugeben, wie man eine Theorie *beweist*; aber er setzt voraus - wenn er auch selbst schon Zweifel formuliert - daß man Experimente definieren kann, die eine Theorie *widerlegen* können - was wohl in Strenge nicht möglich ist, denn zu jedem Experiment muß man die entsprechende Theorie voraussetzen, d.h. damit eine Theorie streng falsifiziert werden kann, müßten andere Theorien streng verifiziert sein.

Wie kann man sich überhaupt überzeugen, daß eine physikalische Theorie wahr ist? Nur eine beliebige Konstruktion darf sie nicht sein, sonst wäre sie nicht empirisch; durch logisches Schließen kann man sie allenfalls dann beweisen, wenn man andere Theorien oder Axiome schon als wahr voraussetzt; also ein empirischer Beweis? Popper geht davon aus, daß ein empirischer Beweis unmöglich ist, sonst wäre seine Forderung der Falsifizierbarkeit unnötig. Lassen Sie mich das aussprechen als das *Hume'sche Problem*[1], "Humean challenge".

Hume (1777) sagt folgendes:
Ein "matter of fact", also z.B. ein Naturgesetz, könne man logisch nicht beweisen, denn daß die Sonne morgen nicht aufgehen werde, sei ebenso

---

[1] v. Weizsäcker 1965, Stegmüller 1971.

§ II 2 — Einheit der Physik —

denkbar wie, daß sie aufgehen werde (wobei "denkbar" wohl heute als "rein logisch nicht widerlegbar" ausgedrückt würde). Aber - und das ist der Punkt, der uns hier interessiert - ein Satz wie "Jeden Morgen geht die Sonne auf" sei auch aus Erfahrung, also empirisch, nicht beweisbar. Denn daß er bisher jeder Nachprüfung standgehalten hat, läßt auf keine Weise den Schluß zu, daß er das auch in Zukunft tun wird. Man könnte das allenfalls schließen mit Hilfe eines *Induktionsprinzips*, das besagt, daß alles, was in der Vergangenheit immer eingetreten ist, auch in Zukunft immer eintreten wird. Ein solches Induktionsprinzip hat sich ja gut bewährt. Was besagt es aber, daß es sich bewährt hat? Es hat sich doch offenbar nur in der Vergangenheit bewährt, und wenn man es auch auf die Zukunft anwenden will, dann muß man gerade dieses Induktionsprinzip voraussetzen: das wäre eine petitio principii. Für Schlüsse auf die Zukunft ist das Induktionsprinzip also wertlos. Hume erklärt, wir glaubten nur aus Gewohnheit an eine Weiter-Geltung, und daß wir damit durchkommen, liege an einer prästabilierten Harmonie. Auch Hume wird wohl bewußt gewesen sein, daß der Hinweis auf eine "prästabilierte Harmonie" keine Erklärung ist.

Die Hume'sche Erkenntnis läßt sich aber nicht bestreiten: Naturgesetze sind weder einfach vom Himmel gefallen ("a priori" im gebräuchlichen Sinn), noch logisch beweisbar, noch rein empirisch. Aber wie sind sie dann begründet?

Kant[1] sagt, die Erinnerung des David Hume sei eben dasjenige gewesen, was ihm den dogmatischen Schlummer zuerst unterbrach. Aber es ist Kant wohl, abgesehen von der Unterbrechung des Schlummers, bei Humes Schluß ebenso unbehaglich gewesen wie es jedem vermutlich ist, wie es mir jedenfalls bei derselben Unterbrechung meines dogmatischen Schlummers war. Denn die Naturgesetze stimmen ja doch offenbar, man stellt eine Theorie vielleicht an 5 Fällen auf, und dann funktioniert sie bei 5000 oder 5 Millionen weiteren Fällen. Dieses Phänomen ist doch erklärungsbedürftig!

Kant spricht von der *Notwendigkeit* und *Allgemeinheit* der Prinzipien der Natur. Nehmen wir zunächst die Allgemeinheit: Ein Naturgesetz hat die Form: "Immer, wenn diese und jene Situation besteht, wird dies und das

---

[1] Polygomena A 13

eintreten" - und das gilt allgemein, jedenfalls auch für künftige Situationen. Es ist ein viel diskutiertes Problem, wie man solche "gesetzesartige" Aussagen von anderen formallogisch unterscheiden kann, denn man will ja nicht irgendeinen "Fit" an zufällig in der Vergangenheit beobachtete Ereignisse als Gesetze bezeichnen, sondern nur etwas, das wenigstens *möglicherweise* allgemein gilt. Die allgemeine Geltung der Gesetze kann man andererseits nur wirklich einsehen, wenn man ihre Notwendigkeit einsieht, denn anders weiß man nicht, ob sie auch in Zukunft gelten werden.

Um dies, nämlich die Möglichkeit empirischer Natur*gesetze*, einzusehen, vollzieht Kant eine Revolution der Denkungsart, eine kopernikanische Wende[1], wie er es nennt: Kopernikus findet als selbstverständliche Auffassung vor, daß wir die Bewegung des Himmels in unserem eigenen Ruhsystem, dem der Erde, betrachten; seine "Revolution" besteht darin, daß er den Standpunkt wechselt, daß er die Erde und damit uns selbst auch als bewegt in einem allgemeineren System betrachtet. Ähnlich versteht Kant seine eigene Revolution: Er findet als selbstverständliche Auffassung vor, daß die Naturwissenschaft wenigstens stückweise die Natur erkennt, so wie es die Natur eben gibt. Dem setzt er entgegen, daß man ja nur Antworten bekommt auf Fragen, die man stellen kann. Er wechselt den Standpunkt und betrachtet auch unser eigenes Erkenntnisvermögen: Wir können die Dinge nur so erkennen, wie sie uns erscheinen (eine Trivialität); wie die Dinge an sich selbst auch immer sein mögen, wir erkennen nur Erscheinungen. In vielen Fassungen versucht Kant seinen Gedanken klar zu machen, so etwa in der Vorrede zur zweiten Ausgabe der Kritik der Reinen Vernunft (Kr.d.r.V. B XIII): "Die Vernunft muß ..... an die Natur gehen, zwar um von ihr belehrt zu werden, aber nicht in der Qualität eines Schülers, der sich alles vorsagen läßt, was der Lehrer will, sondern eines bestallten Richters, der die Zeugen nötigt, auf die Fragen zu antworten, die er ihnen vorlegt."

Um es noch einmal tautologisch zu formulieren: wir können Erfahrung nur so machen, wie *wir* Erfahrung machen können. Kant verschärft also die Hume'sche Erklärung aus Gewohnheit und Glauben, indem er sagt: wir könnten gar nicht leben - nämlich Erfahrung machen - , wenn nicht bestimmte Bedingungen für Erfahrung erfüllt wären. Diese Bedingungen sind notwendig und allgemein erfüllt, weil ohne sie keine Erfahrung möglich wäre; und Erfahrung ist doch offenbar möglich, sonst könnten wir nach

---

[1] Kr.d.r.V. B XVI, XVII

§ II 2 — Einheit der Physik —

Notwendigkeit und Allgemeinheit nicht einmal fragen.

Darin besteht also Kants Revolution, daß er nicht "metaphysisch" abzuleiten versucht, daß Erfahrung immer möglich sein muß. Hume überzeugt ihn ja davon, daß widerspruchslos behauptet werden kann, in Zukunft würde alles plötzlich ganz anders — nur wäre dann vielleicht nicht einmal mehr Zukunft möglich. Kant argumentiert von der anderen Seite: *Da* Erfahrung möglich ist, sind gewisse Bedingungen notwendigerweise erfüllt. Lassen Sie mich das an einem Argument illustrieren: Zur Erfahrung gehört sicher Begriffsbildung. Ich behaupte nun die Notwendigkeit von Begriffen. Jeder, der gegen mich argumentiert oder auch nur das Gegenteil behauptet, verwendet Begriffe und gibt damit implizit meine Behauptung schon zu.

Nach diesem Muster müßte nach Kant jedes transzendentale Argument laufen, also jedes Argument, das zur Begründung die *Bedingungen der Möglichkeit von Erfahrung überhaupt* heranzieht. Prinzipien, deren Notwendigkeit auf diese Weise begründet werden kann, sind nach Kant *synthetische Urteile a priori*. Hier ist also "a priori" ein denkbar strenger Anspruch; es wird nicht leicht jemand irgendeinen Satz a priori wirklich begründen können. Andererseits ist, soweit wir bisher gesehen haben, der Nachweis der Geltung a priori die einzige Möglichkeit, die (nicht logische) Notwendigkeit eines Prinzips einzusehen.

Ich hoffe, daß es mir gelungen ist, die Härte des kantischen Arguments zu zeigen. Ich will diese Härte noch einmal betonen, indem ich sie gegen zwei — m.E. — Fehlinterpretationen absetze:

Erstens wird "a priori" gelegentlich übersetzt mit "angeboren". Daran ist sicher richtig, daß dem Menschen die Fähigkeit zu Erfahrung und Begriffsbildung angeboren ist. Aber die Notwendigkeit der Urteile a priori ist nach Kant schon mit der Tatsache der Erfahrung allein gegeben, nicht erst mit irgendwelchen *besonderen* Erfahrungen oder auch angeborenen Fähigkeiten. Die Interpretation ist zu weich, indem sie suggeriert, es könnten andere Wesen vielleicht andere Prinzipien a priori haben. Nein, ein Prinzip a priori muß heißen: Wenn es überhaupt Erfahrung gibt (und ohne die gäbe es auch keine Prinzipien, aber Erfahrung gibt es ja), dann gilt dieses Prinzip.

Eine andere Version ist das 'sprachliche Apriori", oder etwas dergleichen, so etwa das "Sprachspiel-apriori" bei Apel (1973), oder auch die Interpretation von Essler (1971 a), der unseren Ansatz im Sinne einer Deduktion aus dem Gebrauch der Begriffe versteht: Wenn ich diese Begriffe von a priori im Sinne der Autoren richtig verstehe, sind auch sie weicher als der kantische, indem sie zulassen, daß ein anderes Sprachspiel vielleicht andere Sätze "a priori" hätte, oder andere Begriffe vielleicht andere Regeln ihres Gebrauchs. Dabei muß gar nicht daran gedacht sein, daß man die sprachliche Situation nach Belieben heute ändern könnte; auch ein Sprachspiel-Apriori, das in unserer historischen Situation fest verankert ist, wäre ein weicherer Begriff als der kantische, indem er immerhin zuließe, daß eine andere historische Situation ihre eigenen, von unseren verschiedenen apriorischen Bedingungen haben könnte.

Die Aufweichung des kantischen a priori hängt sicher mit dem Mißtrauen der Autoren dagegen zusammen, daß man überhaupt von etwas wie "ewigen Wahrheiten" spricht; denn gerade die als solche konzipierten Behauptungen erweisen sich leicht als besonders kurzlebig[1]. Das kann man aber trennen: Man kann den harten Begriff von a priori fassen, ohne ein einziges Urteil a priori wirklich aufzuweisen. Es wäre eine interessante Aufgabe für eine Theorie geschichtlicher Wahrheit, wenn sie die Unmöglichkeit schon eines solchen nicht-geschichtlichen *Begriffs* nachweisen wollte. – Dagegen wird jeder, der ein *bestimmtes* Urteil a priori behauptet, darauf gefaßt sein müssen, daß er widerlegt wird. Wir philosophieren jetzt (Weizsäcker 1977), und wir können ziemlich sicher sein, daß eine künftige Philosophie unsere Behauptungen in einer Weise modifizieren wird, die wir nicht voraussehen können – sonst wäre sie nicht zukünftig.

Insbesondere können auch neue Erfahrungen zu einer Revision oder Einschränkung der zunächst als a priori gültig betrachteten Fundamente führen. Das bedeutet nicht, daß Urteile a priori doch (systematisch) auf Erfahrung beruhen, sondern daß man (sozusagen heuristisch) neue Argumente erst sieht auf Grund von neuen Erfahrungen. Hierin unterscheiden wir uns von der Auffassung der Erlanger Schule um P. Lorenzen, in der eher ein "Hierarchismus" vorherrscht[2]: Nach Lorenzen muß zunächst die Logik, dann die Mathematik, dann die "Protophysik" etc. fest als Fundament stehen, und erst darauf kann die weitere Theorie als Spezialisierung aufbauen; insbesondere würde die Protophysik die Normen des Messens

---

[1] Vgl. Essler 1971 a

[2] Weizsäcker 1974; vgl. Böhme 1976

(und damit z.B. die euklidische Geometrie) unerschütterlich festlegen. Dagegen stellt sich, scheint mir, heraus, daß in einer umfassenden Theorie die ursprüngliche nur als Grenzfall, näherungsweise enthalten zu sein braucht (vgl. § V 3). Für die Theorie des Messens muß schließlich die *semantische Konsistenz* der Gesamt-Theorie gefordert werden[1].

Kant hat von dem geschilderten Grundgedanken aus ein großartiges Gebäude der Philosophie entworfen und manche Teile davon auch im Einzelnen ausgeführt. Darin stecken viele Erkenntnisse, die immer neue Interpretation lohnen; an manchen Stellen ist das Gebäude auch nicht so tragfähig, wie es Kant selbst gerne gesehen hätte.

Einen Hauptteil im kantischen Gebäude macht seine Theorie der Naturwissenschaft aus. Er teilt die ganze Naturwissenschaft auf[2] in eine *empirische Naturlehre*, zu der etwa die "Chymie" gehört, und die er nicht eigentlich Wissenschaft nennen will, und einen *reinen Teil*, der auf Prinzipien a priori beruht[3], und der anscheinend nur aus der Newtonschen Mechanik besteht. Deren Prinzipien versucht er in den "Metaphysischen Anfangsgründen der Naturwissenschaft" abzuleiten. Diese Schrift ist faszinierend als Illustration zu seiner theoretischen Philosophie; sie zeigt, wie er sich eine Ableitung a priori vorstellen würde, aber als Begründung der klassischen Mechanik kann sie uns heute nicht mehr überzeugen. Daß Kant hier mit seinen Überlegungen gescheitert ist, kann man ihm nicht vorwerfen: Die Newton'sche Mechanik ist wohl ein allzu kleiner Ausschnitt, um an ihr die Struktur der ganzen Physik abzulesen - Kant wußte nichts von Elektrodynamik, geschweige denn von Relativitätstheorie oder Quantenmechanik.

Wir haben es in dieser Beziehung besser. Dafür müssen wir einen höheren Anspruch stellen: Die gesamte Naturwissenschaft (wohl einschließlich der Biologie) entwickelt sich so deutlich auf eine einzige umfassende Theorie hin, daß wir vernünftigerweise nicht erst bei einer Teiltheorie wie der Mechanik anfangen würden.

---

[1] Vgl. § VII 4 und Weizsäcker 1971 (pp 190, 231 ff, 489 ff)

[2] Metaphysische Anfangsgründe A X;

[3] Kr.d.r.V. B 165

Betrachten wir doch noch einmal die *Notwendigkeit* theoretischer Aussagen: Wir haben oben festgestellt, daß die Notwendigkeit der abgeleiteten Theorien an der Notwendigkeit der fundamentalen Prinzipien hängt - sofern man die Logik, die man für die Ableitung verwendet, voraussetzt. Die fundamentalen Prinzipien können dann keine speziellen Informationen mehr enthalten, denn sie sollen ja Grundlage *aller* Naturwissenschaft sein. Man könnte also die Vermutung wagen, daß sie nichts weiter wären, als die Bedingungen der Möglichkeit der Naturwissenschaft überhaupt. Das heißt also: Wenn wirklich die gesamte Naturwissenschaft aus wenigen Prinzipien ableitbar ist, dann müssen diese Prinzipien so umfassend sein, daß sie nicht mehr enthalten können als nur die allgemeinen Regeln, denen jede Naturwissenschaft gehorchen muß, wenn sie überhaupt Naturwissenschaft sein soll. In dieser Formulierung klingt es schon fast trivial.

Wie könnte so etwas aussehen? Man muß dazu fragen, wie etwas aussehen muß, wenn es eine naturwissenschaftliche, oder sagen wir allgemeiner "objektivierende" Theorie sein soll. Ich bin nicht sicher, ob diese Frage den Allgemeinheitsgrad der ursprünglichen kantischen Frage hat, d.h. ob Erfahrung überhaupt nicht möglich wäre, wenn es keine objektivierende Theorie geben könnte. Aber man kann ja, auch ohne dieses Problem zu lösen, einmal mit objektivierender Theorie anfangen: Man muß analysieren, was man unter objektivierender Theorie versteht, und wenn unsere Hypothese richtig ist, dann ergeben sich aus dieser Analyse Prinzipien objektivierender Theorie, aus denen schließlich die Naturwissenschaft, jede Teiltheorie bis in die letzte Verästelung, ableitbar ist. Neben diesen Prinzipien a priori gäbe es als "empirischen" Teil nur noch den augenblicklichen Zustand der Welt. Jedenfalls würde dieser Zustand als nicht ableitbar übrig bleiben, wenn man nicht einen "metaphysischen" Determinismus annehmen will, nach dem vom Urzustand der Welt ab alles nach Regeln aufeinander folgt, einschließlich aller Details wie etwa dem, daß Sie, der Leser, jetzt in diesem Buch lesen, daß ich diesen metaphysischen Determinusmus bestreite[1]. Ich würde also zusätzlich zu den allgemeinen Gesetzen den kontingenten Zustand des gerade betrachteten Objekts einführen.

Im Gegensatz zu Kant würden wir nach diesen Überlegungen praktisch alle Naturwissenschaft zum "reinen Teil" rechnen, und damit für sie eine Begründung a priori fordern. Außerhalb dieses reinen Teils könnten allen-

---

[1] Vgl. Das Eudemos-Zitat bei van der Waerden 1952

falls "kontingente Naturkonstanten" bleiben, etwa solche, die vom Alter der Welt, von ihrer Ausdehnung u.ä. abhängen, und die uns nur konstant erscheinen, weil sie sich langsam verändern im Vergleich zur menschlichen Geschichte.

III. Voraussagen

Wir haben im letzten Kapitel die Vermutung ausgesprochen, daß die Forderung an eine Theorie, sie solle Physik sein, diese Theorie schon in wesentlichen Zügen festlegt. Wir wollen jetzt versuchen, die Vorstellungen, die man mit einer physikalischen Theorie verbindet, so zu formulieren, daß wir die Tragweite unserer Vermutung prüfen können.

Physik soll dabei Naturwissenschaft überhaupt bedeuten, also Chemie, Astronomie, Mineralogie u.ä. einschließen, ebenso wohl auch den größten Teil der Biologie und sogar Psychologie und Soziologie, soweit sie "naturwissenschaftlich" arbeiten; was "naturwissenschaftlich" hier heißt, soll im Folgenden erst präzisiert werden. Welchen logischen Status kann eine solche Präzisierung haben? Es kann wohl kaum darum gehen, zu beweisen, daß unter Naturwissenschaft oder Physik das Folgende verstanden werden *muß*, denn es liegt ja im Belieben eines jeden, seine Termini so zu definieren, wie er will. Andererseits gibt es einen üblichen Sprachgebrauch und ganz bestimmte Hoffnungen und Befürchtungen, die allgemein mit einem Begriff verknüpft werden. Ich werde versuchen, diesen Sprachgebrauch möglichst treu zu präzisieren - aber natürlich muß ich Raum lassen für Diskussionen mit jemandem, der die Begriffe anders versteht.

1. Erklärung - Beschreibung - Voraussage

Physik - im weitesten Sinn - soll Natur beschreiben, soll die Wirklichkeit verstehen lehren, soll die Dinge wiedergeben wie sie sind: Drei Forderungen, die man an Physik stellen muß, und die wir näher betrachten wollen.

Physik soll die Natur *beschreiben*, wie sie ist, unabhängig von "subjektiven" Elementen; und sie soll außerdem *erklären*, so daß wir etwas verstehen können. Was mit "Erklärung" gemeint ist, wird in der Tradition der analytischen Philosophie ausführlich behandelt[1]. Stegmüller (1969) gibt eine Liste möglicher Bedeutungen (S. 72), aus der sich zwei Arten als wissenschaftlich relevant herausheben lassen: Erklärung einer Tatsache durch Ableitung aus einem Gesetz und bestimmten Anfangsbedingungen (z.B. "Wie kann man Ebbe und Flut erklären?") (deduktiv-nomologische oder statistische Erklärung), oder Erklärung eines Gesetzes durch "Ein-

---

[1] Vgl. Ströker (1973)

bettung" in eine allgemeine Theorie (z.B. "Wie kann man die Wärmeleitungsgleichung erklären?"). Davon war im letzten Kapitel die Rede.

Die Forderung einer Erklärung weist also auf Naturgesetze, d.h. auf allgemeine Sätze, aus denen sich die einzelnen Phänomene ableiten und so erklären lassen. - Es ist hier absichtlich nur vage von "Sätzen" die Rede, da auf der "Allgemeinheit" der Ton liegt.

Die andere Forderung geht auf eine *Beschreibung* der Natur. Damit ist weniger ein Lexikon oder Atlas gemeint - obwohl auch das Datensammeln zur Naturwissenschaft gehört - , sondern wiederum eine *allgemeine* Strukturbeschreibung, etwa eine "Beschreibung des Atomkerns".

Ich behaupte, jede allgemeine objektive Beschreibung der Wirklichkeit läßt sich reduzieren auf Regeln für die Voraussage von Meßergebnissen, und nur darin liegt auch die wissenschaftliche Erklärung.

Das scheint zunächst paradox: Wirklichkeit, das ist mein Schreibpapier, der Baum vor meinem Fenster, geliebte und verhaßte Zeitgenossen, ich selber. Diese Wirklichkeit wollen wir verstehen - und sehen uns reduziert auf Regeln für Messungen, also für eine Wirklichkeit, die allenfalls wenigen Spezialisten überhaupt zugänglich ist; wir suchen eine objektive Beschreibung der Wirklichkeitsstruktur - und geboten wird uns etwas so "subjektives" wie Voraussagen für Meßergebnisse.

Ich werde versuchen, dieses Paradox aufzulösen. Die Beschreibung einer Wirklichkeit "an sich", wie sie dem Denken der klassischen Physik selbstverständlich ist, wird hier als Spezialfall erscheinen: Wenn alle Voraussagen mit Sicherheit gemacht werden können, also wenn jedes Meßergebnis entweder notwendig oder unmöglich ist, dann kann man die entsprechende Eigenschaft auch dem betrachteten Gegenstand "an sich" zuschreiben oder absprechen. "A hat die Eigenschaft x" gilt dann als zulässige Kurzfassung von "Wenn jemand die Eigenschaft x an A sucht, wird er x finden." Andere Fälle, in denen Meßergebnisse vorkommen, die weder notwendig noch unmöglich sind, werden in der Beschreibung aber nicht ausgeschlossen. Die Quantenmechanik beschäftigt sich z.B. mit nicht-determinierten Voraussagen.

Über diese Auffassung der Naturwissenschaft, speziell der Quantenmechanik, gibt es die klassische Kontroverse zwischen Einstein und Bohr (P.A. Schilpp 1949): Einstein verlangte eine vollständige Beschreibung der

Natur und nannte die quantenmechanische Beschreibung unvollständig, weil
sie keine Beschreibung einer Natur "an sich" liefert; wir kommen darauf
unter dem Titel EPR[1] zurück. Bohr dagegen war relativ zufrieden mit der
quantenmechanischen Beschreibung, da seines Erachtens die Einheit der
gesamten Experiment-Situation ohnehin nicht in Beschreibung "an sich"
vorhandener Objekte aufgelöst werden sollte. - Da dies keine Arbeit über
Bohr oder Einstein ist, wollen wir nur festhalten: es gibt offenbar vom
Beginn des Verständnisses der Quantenmechanik an eine Tradition von guten
Physikern, die mit der Quantenmechanik unzufrieden sind und eine "vollständige" Theorie fordern. Außer Einstein gehören zu dieser Gruppe u.a.
E. Schrödinger, M. v. Laue, L. de Broglie und D. Bohm - um nur die Pro-
minentesten zu nennen (vgl. Belinfante 1973). Sie finden, eine Beschreibung der Wirklichkeit, wie sie an sich selbst ist, sollte Grundlage
jeder Physik sein - und nicht ein *Spezialfall* wie es hier vorgeschlagen
wird. - Die Diskussion über so fundamentale Fragen kann wohl nur dadurch
vorangetrieben werden, daß jede Seite versucht, ihre Begriffe weiter
zu klären und ihre Theorie zu entwickeln, und das Urteil schließlich den
Lesern überläßt.

Nun aber zur Entwicklung der Physik aus Voraussagen (vgl. Drieschner
1974): Physik soll die Wirklichkeit in allgemeinen Gesetzen objektiv
beschreiben. Objektiv bedeutet dabei, daß die Aussagen jederzeit von
jedermann empirisch prüfbar sein sollen, jedenfalls im Prinzip. Diese
Forderung erlegt den Aussagen der Physik schon bestimmte Bedingungen
auf: Sie müssen eindeutig empirisch prüfbar sein und, damit sie es sind,
Voraussagen enthalten: Die Prüfung kann erst *nach* der Aussage sein, also
kann sie nur eine Voraussage prüfen. Das Naturgesetz enthält in seiner
Allgemeinheit zugleich die Zeitstruktur und den "zeitlosen" Charakter:
Als *Gesetz* soll es immer gelten, unabhängig von der bestimmten Zeit; es
soll aber insbesondere auch in Zukunft gelten, wir verbinden mit der Behauptung der Allgemeinheit einer Aussage über die Wirklichkeit immer
eine *Prognose*. In der Form des einzelnen Naturgesetzes kommt dieser
Charakter noch besonders zum Ausdruck. Jedes Gesetz kann auf die Form
gebracht werden: "Immer, wenn man die Bedingungen X herstellt, wird das
Ereignis Y eintreten". Dabei wird Y i.a. die Anzeige eines Meßgerätes
sein und X die Beschreibung einer experimentellen Situation. Gewöhn-

---

[1] Einstein, Podolsky, Rosen 1935, vgl. VII 6c.

§ III 1   - Voraussagen -

lich wird dann von der speziellen Situation und dem speziellen Meßgerät abstrahiert und auf einen "Effekt" unter bestimmten allgemeinen Bedingungen. Von dem Naturgesetz ist dann nur noch eine allgemeine Strukturbeschreibung zu sehen - man denke etwa an die Behauptung der Poincaré-Invarianz. Da es sich aber letzten Endes um die Beschreibung von Wirklichkeit handelt, muß sich jede Aussage als eine nachprüfbare Voraussage (unter bestimmten Bedingungen) "operationalisieren" lassen[1].

Es ist wohl unbestritten, daß eine objektive Beschreibung *auch* diese Form muß annehmen können. Das Besondere des vorliegenden Ansatzes ist es, in diesem Zug das Entscheidende zu sehen: Hier soll jede objektive Beschreibung reduziert werden auf *allgemeine Voraussagen über empirisch eindeutig entscheidbare Fragen*[2].

Die Entscheidung für eine solche Reduktion wird sehr erleichtert durch die Einheit der Physik, die teils erreicht ist, teils erhofft werden kann. Denn "Regeln für Voraussagen" kann auch bedeuten: Eine Sammlung von Rezepten, die zwar eine erfolgreiche Technik gestattet, aber keine befriedigende Erklärung ergibt[3].

In einer einheitlichen Physik wird dagegen fast jedes dieser Rezepte erklärt durch eine Ableitung aus einem allgemeineren Gesetz (das auch ein solches "Rezept" ist). Nur wenige Gesetze bleiben übrig, welche nicht auf andere Gesetze zurückgeführt werden - so abstrakt und allgemein, daß sie kaum noch Rezepte sind, sondern eher Regeln für Rezepte - , und diese allgemeinen Gesetze brauchen eine andere Erklärung, etwa als Regeln jeder möglichen Physik, wie es in diesem Buch versucht wird. Was das heißen kann, wird sich an der konkreten Begründung der Quantenmechanik zeigen; weitere allgemeine Erörterungen werden wohl besser bis danach verschoben.

---

[1] Vgl. § VI 3, Materiale Implikation (irrealer Konditionalsatz)

[2] Vgl. dazu Ludwig 1974, Bd.I, S. 18

[3] Heisenberg (1975) bringt als Beispiel das Tabellenwerk "Review of Particle Properties" (z.B. Particle Data Group 1976), das alle Eigenschaften aller bekannten "Elementarteilchen" aufführt: Das sei aber nur Rohmaterial zu einer Theorie, deren Möglichkeit Heisenberg optimistisch beurteilt.

– Voraussagen – § III 2

Die Reduktion der physikalischen Gesetze auf Voraussagen bedeutet nicht, daß der Schluß auf Vergangenes ausgeschlossen wird. Wir stoßen damit auf Probleme, die sehr viel Kopfzerbrechen bereitet haben, deshalb sei hier ein kurzer Exkurs über die Rolle der Zeitmodi in der Physik gestattet (C.F. v. Weizsäcker 1971, Böhme 1964, Davies 1974).

2. Zeitmodi und Zweiter Hauptsatz

Zunächst: Die Unterscheidung von Vergangenheit, Gegenwart und Zukunft geht der Physik nicht nur historisch, sondern auch systematisch voraus. Die Versuche, zeitliche Phänomene (den "Zeitpfeil") nachträglich aus der Physik abzuleiten, können systematisch nur den Status einer Konsistenzprüfung haben: Der zeitliche Charakter der Wirklichkeit muß auch in einer objektiven Beschreibung und Erklärung dieser Wirklichkeit seinen Platz haben; soweit also physikalisch zeitliche Phänomene überhaupt ableitbar sind, müssen sie natürlich mit der schon vorausgesetzten Zeitstruktur übereinstimmen. Die Zeitstruktur wird aber schon vorausgesetzt, wenn man auch nur von Physik redet: Die Physik ist eine Erfahrungswissenschaft, und Erfahrung machen heißt, aus Vergangenem für die Zukunft lernen. Man kann die Tatsache, daß Physik die Zeitstruktur voraussetzt, auch in mehr Detail zeigen (C.F. v. Weizsäcker 1939): Der zweite Hauptsatz der Thermodynamik ist das physikalische Grundgesetz, aus dem sich alle Fälle von Irreversibilität ableiten lassen. Nach dem zweiten Hauptsatz kann die Größe Entropie nicht abnehmen; ein Vorgang, bei dem die Entropie zunimmt – und das tut sie in praktisch allen Prozessen – kann also auch nach der Theorie nicht umgekehrt ablaufen, d.h. er ist irreversibel. Der berühmte Ziegel, der "von selber" vom Dach fällt, wird nicht nur in Wirklichkeit, sondern auch nach der Theorie nicht "von selber" wieder auf das Dach zurückfliegen – und zwar gemäß dem 2. Hauptsatz. Der 2. Hauptsatz kann also dazu dienen, den Unterschied von Vergangenheit und Zukunft (die "Zeitrichtung", den "Zeitpfeil") physikalisch abzuleiten.

Auf der anderen Seite läßt sich der 2. Hauptsatz mit Hilfe von statistischen Überlegungen ableiten, z.B. aus einer reversiblen Mechanik der Moleküle (Boltzmann 1898). Das Argument ist etwa folgendes: Ein System kann bestimmte *Makrozustände* annehmen, die charakterisiert sind durch thermodynamische Variable wie Temperatur, Druck, Energiedichte u.ä. Prinzipiell kann man das System aber auch *vollständig* beschreiben, etwa ein ("klassisches") Gas durch die Angabe von Ort und Impuls jedes Moleküls; damit ist sein *Mikrozustand* beschrieben. Im allgemeinen kann ein

§ III 2 a   - Voraussagen -

Makrozustand sehr viele verschiedene Mikrozustände beschreiben. Wenn, wie gewöhnlich, die Mikrozustände gleichwahrscheinlich gewählt sind, ist die Zahl der Mikrozustände in einem Makrozustand proportional zur (thermodynamischen) Wahrscheinlichkeit W. Die Entropie H ist definiert als

$$H = k \cdot \log W + \text{const.}$$

Da das System die möglichen Mikrozustände alle mit gleicher Wahrscheinlichkeit annimmt, wird es mit größerer Wahrscheinlichkeit einen Makrozustand mit höherer Entropie annehmen.

In der Thermodynamik ist es mathematisch relativ aufwendig, diese Ableitung an einem realistischen mechanischen Modell vorzuführen. Der Grundgedanke ist aber vom zugrundeliegenden Modell ziemlich unabhängig, und außerdem sind die Überlegungen für die Diskussion der Zeitstruktur so wichtig, daß ich sie an einem (unrealistischen) Modell erläutern will, nach einem Vorschlag von Paul und Tatjana Ehrenfest (Ehrenfest 1906 b, vgl. Anhang § A III 1 und Anhang AV):

2 a. <u>Das Ehrenfest'sche Kugelspiel</u>

Das Kugelspiel hat diskrete Zustände und diskrete Zeitschritte: Man hat N Kugeln, welche die Nummern 1 bis N tragen, auf 2 Urnen verteilt. (Urnen gibt es wohl überhaupt nur in der Wahrscheinlichkeitstheorie, bei Parlamentswahlen und Bestattungsunternehmen; wichtig ist, daß man die Gesamtheit der N Kugeln in zwei Teile geteilt hat). Dem thermodynamischen Mikrozustand entspricht die Angabe zu jeder Kugel, in welcher Urne sie sich befindet. Da jede Kugel sich unabhängig von allen anderen in einer von zwei Urnen befinden kann, gibt es insgesamt 2^N Mikrozustände. Einem Makrozustand entspricht die Angabe der *Anzahl* von Kugeln in jeder Urne. Da es zusammen immer N Kugeln sind, ist der Makrozustand vollständig gekennzeichnet durch die Zahl k der Kugeln in einer - z.B. mit "A" bezeichneten - Urne: Es gibt die N+1 Möglichkeiten k = 0, 1, 2,...,N.

Zur Dynamik des Systems gehört eine Art Zahlenlotto: Bei jedem Zug wird eine der Nummern 1 bis N gezogen (mit gleicher Wahrscheinlichkeit); die Kugel mit der gezogenen Nummer wechselt die Urne. Beim nächsten Zug wird wieder aus allen N Nummern gezogen, d.h. die eben gezogene Nummer wird vor dem nächsten Zug zurückgelegt.

— Voraussagen — § III 2 b

Es ergeben sich folgende Wahrscheinlichkeiten für die Zunahme oder Abnahme der Kugeln in Urne A. $\bigl[$ w(k + 1 | k) ist die Wahrscheinlichkeit des Zustands k + 1, wenn Zustand k vorliegt, u.ä. (bedingte Wahrscheinlichkeit), vgl. § A III 1 $\bigr]$

$$w(k+1 \mid k) = \frac{N-k}{N} \quad ; \quad w(k-1 \mid k) = \frac{k}{N}$$

Es ist also in jedem Fall das Wahrscheinlichere, daß sich der Makrozustand auf das "Gleichgewicht" $k = N/2$ zu bewegt; die Änderung der Makrozustände ist irreversibel. Dagegen ist die Änderung der Mikrozustände reversibel: Jeder Vorgang, daß eine bestimmte Kugel von Urne A in Urne B wechselt, kommt auch umgekehrt vor und hat dieselbe Wahrscheinlichkeit, nämlich (für jeden Schritt, in dem überhaupt die Kugel in Urne B ist) $1/N$. Diese Charakteristika sind dieselben wie in der statistischen Thermodynamik. — Allerdings ist hier auch die "Mikro-Dynamik" statistisch, im Gegensatz zur deterministischen Punktmechanik — aber das stört die Analogie hier nicht.

Eine Entropie H läßt sich definieren als Logarithmus der Zahl der Mikrozustände in einem Makrozustand: Es gibt $\binom{N}{k}$ verschiedene Arten, k Kugeln aus N vorhandenen auszuwählen, also

$$H_k = \log \binom{N}{k} .$$

Das Maximum der Entropie ist bei $k = N/2$.

2 b. Der 2. Hauptsatz der Thermodynamik

Wie sieht nun im Kugelspiel das Argument für den 2. Hauptsatz aus? Zunächst: Die Wahrscheinlichkeit, daß die Entropie zunimmt, ist größer

§ III 2 b — Voraussagen —

als daß sie abnimmt, und zwar bei genügend großem N, und k weit genug vom Gleichgewicht entfernt, so groß, daß die Zunahme von H praktisch sicher ist. Dieses Argument klingt, verglichen mit Bewegungsgleichungen, "subjektiv". Man kann versuchen, es "objektiver" so zu formulieren: Betrachten wir zwei Zeiten t_o und t_1, $t_1 > t_o$. Die Entropie zur Zeit t_o, $H(t_o)$, sei vorgegeben; dann gilt mit überwältigend großer Wahrscheinlichkeit $H(t_1) \geq H(t_o)$. Bei diesem Argument wird allerdings "objektiv" von der Voraussetzung $t_1 > t_o$ gar kein Gebrauch gemacht. Das Argument würde ebenso gelten für $t_1 < t_o$; d.h. nach demselben Argument ist auch für die Vergangenheit mit einer größeren Entropie zu rechnen. Dieser Schluß macht aber wiederum Schwierigkeiten, weil er die Gegenwart auszeichnet. Wie hängen also Zeitstruktur und Zweiter Hauptsatz zusammen?

Vor dem Hintergrund des Ehrenfest'schen Modells wollen wir zwei Theorien über das Verhältnis von "Zeitrichtung" und Entropiewachstum betrachten, die als repräsentativ gelten können, nämlich die von Ludwig Boltzmann und von Adolf Grünbaum.

Boltzmann (1898, § 90) möchte das ganze Argument umkehren, indem er den Unterschied von Vergangenheit und Zukunft *gründet* auf die Unterschiede der Entropie. Er meint, unser ganzes Universum könnte als eine thermodynamische Schwankung begriffen werden, bei der, nach dem Parameter t gerechnet, die Entropie entweder zu- oder abnimmt; ein Lebewesen würde aber in jedem Fall, gemäß seinen Lebensfunktionen, die "Zeitrichtung" in Richtung zunehmender Entropie wahrnehmen[1].

Die Vorstellung ist einigermaßen abenteuerlich, daß eine zunächst *zeitliche* Schwankung *eines* Systems so umgedeutet wird, daß daraus zwei Systeme werden, die sich im Bewußtsein ihrer Lebewesen zeitlich entgegengesetzt entwickeln ("objektiv" zugleich, oder nacheinander, oder raumartig getrennt? - Was geschieht dann im Minimum der Entropie?). Weizsäcker (1939) entkräftet diese Überlegung mit folgendem Argument: Angenommen, ein vom Gleichgewicht abweichender Zustand sei nicht anders zu verstehen, denn als Ergebnis einer Schwankung. Dann ist mit überwältigender Wahr-

---

[1] Der Text ist als Anhang, § A III 2 abgedruckt.

scheinlichkeit der gegenwärtige Zustand das *Extremum* einer Schwankung, und nicht ein Zwischenzustand in einer Folge mit ansteigender Entropie (wir demonstrieren das am Kugelspiel im Detail in § A III 1). Es ist also unter Boltzmanns Voraussetzungen bei weitem das Wahrscheinlichste, daß auch in der Vergangenheit die Entropie höher war; daß also die Welt eben jetzt, mit allen Fossilien und scheinbaren Dokumenten und Erinnerungen, als thermodynamische Schwankung entstanden ist.

A. Grünbaum (1967) nimmt die Überlegung Boltzmanns wieder auf. Er verwendet einige Mühe darauf, die Unsinnigkeit der Metapher einer fließenden Zeit oder eines Zeitpfeils zu zeigen - die wir hier mit der Beschränkung auf die Bezeichnung "Vergangenheit und Zukunft" lieber ganz vermeiden. Dann führt Grünbaum einen Unterschied ein zwischen der "psychologischen" Zeit, die Lebewesen erleben, und der "physikalischen" Zeit, in der es ein Jetzt nicht gibt. Eine solche Unterscheidung zwischen der erlebten Zeit mit Vergangenheit, Gegenwart und Zukunft, in der wir auch Physik machen, und dem reellen Parameter t, der in Bewegungsgleichungen auftaucht, scheint mir durchaus berechtigt. Grünbaum scheint aber die Tendenz zu haben, die "physikalische" Zeit als die eigentliche zu sehen und die "psychologische" als einen Schein (vgl. Boltzmann 1898, § 89). Ihm schwebt wohl - ich hoffe, ich interpretiere das richtig - eine Struktur vor, in der alle Ereignisse aller Zeiten objektiv eingebettet sind (schon jetzt? immer?), wie etwa in einem objektiv vorliegenden Minkowski-Raum. Es spielt hier vielleicht eine ähnliche Sicht herein wie bei D. Bohm und anderen, daß es eine objektive Struktur zu erforschen gilt, die irgendwo, wenn auch verborgen, einfach "vorhanden" ist. In unserer Sicht, nämlich daß Wissenschaft eine unter vielen Tätigkeiten im menschlichen Leben ist - gerade die, welche Fragen nach objektiven Naturgesetzen zu beantworten sucht -, sind viele Probleme, die sich aus jener Grundeinstellung ergeben, ganz unverständlich (vgl. Kap. IX).

Grünbaum führt die Anisotropie der physikalischen Zeit auf die Randbedingungen zurück. Er betrachtet nicht ein schon immer abgeschlossenes Gesamtsystem, sondern "Zweigsysteme", die sich von einem Gesamtsystem trennen mit relativ niedriger Entropie, und deren Entropie dann bis zu einem Gleichgewichtszustand zunimmt. Der Einwand liegt nahe, daß hier die Anisotropie hereinkommt durch die Unterscheidung von Anfangs- und Endbedingungen; dem begegnet Grünbaum mit dem Hinweis, daß der irreversible Prozeß so gut wie aus dem Anfangszustand auch aus dem Endzustand erschlossen werden kann, nämlich aus dem Mikrozustand. - Das ist sicher richtig,

§ III 2 c — *Voraussagen* —

wenn man unterstellt, daß der Mikrozustand festgestellt werden kann. Es kann aber nicht bedeuten, daß in die reversible Theorie sozusagen aus nichts eine Anisotropie hineinkommt. Grünbaum argumentiert, daß de facto eben gewöhnlich Anfangsbedingungen festgelegt werden, daher die Anisotropie. Ich würde ergänzen: de facto *können* eben nur Anfangsbedingungen festgelegt werden; schon der Gedanke scheint uns absurd, man könnte einen Prozeß dadurch einrichten, daß man willkürlich seinen Endzustand herstellt Das heißt, auch Grünbaum benutzt schon den Unterschied von Vergangenheit und Zukunft, wenn er eine Anisotropie in den Vorgängen theoretisch begründet. — Wer allerdings *empirisch* festgestellte Werte der Entropie von Zweigsystemen betrachtet, kann immer herauskriegen, in welcher Reihenfolge die Ereignisse abgelaufen sind — nämlich mit zunehmender Entropie; aber das ist trivial.

Die theoretischen Argumente werden vielleicht noch einmal etwas klarer bei der Betrachtung des Kugelspiels. Allerdings ist zu bedenken, daß beim Kugelspiel auch der gegenwärtige Mikrozustand *nicht* alle vergangenen und zukünftigen Mikrozustände festlegt; hier gibt es einen Unterschied zur klassischen statistischen Thermodynamik, der allerdings für unsere Argumente keine Rolle spielt.

2 c. Aussagen über Vergangenes

Wir haben bisher nur *Voraussagen* für das Kugelspiel betrachtet. Für die Zukunft läßt sich die Wahrscheinlichkeit jeder Entwicklung leicht daraus berechnen, daß der "Urnenwechsel" für jede der N Kugeln gleich wahrscheinlich ist. Was kann man aber über die Vergangenheit sagen?

Betrachten wir zunächst ein Spiel im "thermodynamischen Gleichgewicht", wie es Boltzmann voraussetzt: Alle Mikrozustände sind gleichwahrscheinlich. Insgesamt gibt es 2^N Mikrozustände; davon sind $\binom{N}{k}$ so, daß k Kugeln in Urne A sind. Die "thermodynamische" Wahrscheinlichkeit des Makrozustandes k (also unter der Annahme gleichwahrscheinlicher Mikrozustände) ist daher:

$$w_{th}(k) = 2^{-N} \cdot \binom{N}{k} \; .$$

Man kann leicht zeigen, daß diese Wahrscheinlichkeitsverteilung wirklich den *Gleichgewichts*zustand angibt: Sie ist die einzige, die für weitere Schritte im Kugelspiel immer gleich bleibt. (Anhang, § A III 1)

— Voraussagen — § III 2 c

Der wahrscheinlichste Zustand ist $k = N/2$, von jedem weniger wahrscheinlichen Zustand wird das System diesem Zustand "zustreben" (das gilt allgemein, nicht nur im thermodynamischen Gleichgewicht).

Die entsprechende Voraussage galt auch zu jeder vergangenen Zeit: Es *war* am wahrscheinlichsten, daß die Entropie zunehmen würde; oder genauer: Der Übergang von k auf $k+1$ *hatte* die Wahrscheinlichkeit $w(k+1 \mid k) = (N-k)/N$, der Übergang von k auf $k-1$ *hatte* die Wahrscheinlichkeit $w(k-1 \mid k) = k/N$.

In diesem Sinn ist es also richtig, daß die Zunahme der Entropie auch in der Vergangenheit das Wahrscheinlichste war. In einem anderen Sinn ist diese Behauptung i.a. falsch, nämlich wenn sie bedeuten soll: Es ist das Wahrscheinlichste, daß der gegenwärtige Zustand aus einem Zustand mit niedrigerer Entropie hervorgegangen ist. Hier zeigt sich der prinzipielle Unterschied von Vergangenheit und Zukunft: Welche Wahrscheinlichkeiten man vergangenen Ereignissen zusprechen kann, hängt von der noch ferner vergangenen Vorgeschichte ab (vgl. § A III 1). — "Wahrscheinlichkeit", hier von vergangenen Ereignissen, bezieht sich doch auf eine *Voraussage*, nämlich auf die Voraussage, welchen vergangenen Zustand man finden *wird*, wenn man nachträglich nachschaut; wir kommen darauf im Kapitel "Wahrscheinlichkeit" zurück.

Im "thermodynamischen" Fall, den wir hier betrachten, ist das System ausreichend bestimmt, so daß wir auch die Wahrscheinlichkeit der vergangenen Zustände berechnen können. Vor dem Zustand k kann nur Zustand $k+1$ oder $k-1$ gewesen sein, wir müssen also die bedingten Wahrscheinlichkeiten dieser Zustände bei Zug Nr. $x-1$ berechnen, unter der Bedingung, daß beim Zug x Zustand k vorliegt.

Die Berechnung ergibt (vgl. § A III 1)
(k ist die Nr. des *Zustands*, x ist die Nr. des *Zuges* im Spiel)

$$w_{th}(k-1, x-1 \mid k, x) = \frac{k}{N}$$

$$w_{th}(k+1, x-1 \mid k, x) = \frac{N-k}{N} \quad,$$

also dieselben Zahlen für die vergangenen wie für die künftigen Zustände: Im thermodynamischen Gleichgewicht besteht tatsächlich die Symetrie

§ III 2 c — Voraussagen —

zwischen Vergangenheit und Zukunft; hier ist (falls die Entropie nicht maximal) die *Abnahme* der Entropie in der Vergangenheit das Wahrscheinlichste - obwohl in jedem vergangenen Zustand in anderem Sinn ihre Zunahme das Wahrscheinlichste war (s.o.): Ist der *gegenwärtige* Zustand gegeben, ist das Wahrscheinlichste eine Entropieabnahme im eben vergangenen Spielschritt; ist ein beliebiger eben *vergangener* Zustand gegeben, so war das wahrscheinlichste die Zunahme in dem dann noch unmittelbar künftigen Schritt. Im thermodynamischen Gleichgewicht liegt also ein Zustand mit geringer Entropie am wahrscheinlichsten dann vor, wenn vorher etwas unwahrscheinliches geschehen ist: Ein Zustand mit kleiner Entropie ist am wahrscheinlichsten ein Minimum der Entropie, z.B. für $k \ll N/2$:

$$w_{th}(k\ \text{Min}) = \left(\frac{N-k}{N}\right)^2 \approx 1.$$

Ein Zustand aufsteigender oder absteigender Entropie ist dagegen unwahrscheinlich, und noch unwahrscheinlicher ist ein Entropiemaximum:

$$w_{th}(k\ \text{Max}) = \left(\frac{k}{N}\right)^2 \ll w_{th}(k\ \text{auf [ab]}) = \frac{k \cdot (N-k)}{N \cdot N} \ll 1$$

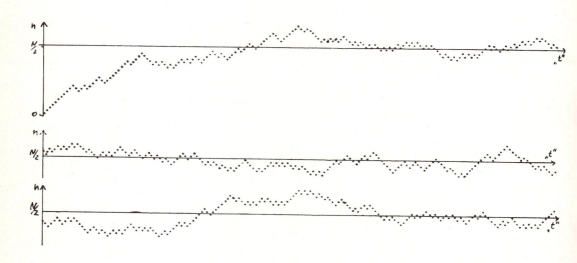

Abb 2: Anfang eines wirklichen Kugelspiels mit 49 Kugeln

– Voraussagen – § III 2 c

Schlüsse auf die Vergangenheit aus der thermodynamischen Wahrscheinlichkeitsverteilung sind gerechtfertigt, wenn das Spiel schon lang dauert, und wenn keine Information über Zwischenzustände vorliegt. Wenn man dagegen weiß, daß das Spiel erst vor kurzem bei $k = 0$ angefangen hat, sehen die Schlüsse auf die Vergangenheit ganz anders aus. Zum Beispiel ist es nach *einem* Zug (trivialerweise) sicher, daß der vorhergehende $k = 0$ war, nach zwei Zügen, daß vorher $k = 1$. Die weitere Berechnung ist hier umständlicher als im "thermodynamischen" Fall, weil die Wahrscheinlichkeit eines Zustands auch von der Zahl der vergangenen Züge abhängt. Man kann sich aber plausibel machen, daß zunächst kleine k größere Wahrscheinlichkeit haben, und daß schließlich die Verteilung sich dem thermodynamischen Gleichgewicht annähert. Daraus ergibt sich für die Vergangenheit (vgl. § A III 1): Nach kurzer Spieldauer hatte der jeweils vergangene Zustand wahrscheinlich niedrigere Entropie, aber mit der Spieldauer nimmt diese Wahrscheinlichkeit ab und wird schließlich klein, bis zum thermodynamischen Gleichgewicht, bei dem der jeweils vergangene Zustand wahrscheinlich *höhere* Entropie hatte.

Diese Beispiele zeigen, daß der Zweite Hauptsatz keine Schlüsse unmittelbar auf die Vergangenheit zuläßt. Insbesondere zeigt der "thermodynamische" Fall, daß es falsch wäre, zu schließen, der gegenwärtige Zustand sei wahrscheinlich dadurch entstanden, daß der vergangene die damals wahrscheinlichste Entwicklung nahm. Das gilt auch dann, wenn die Wahrscheinlichkeiten so nah bei 1 oder 0 sind, daß alle Voraussagen praktisch sicher sind; denn das Argument ist unabhängig vom Betrag der Wahrscheinlichkeit.

Denken Sie sich z.B. eine Kanne mit lauwarmem Tee auf dem Tisch. Es ist praktisch sicher, daß der Tee weiter abkühlen wird, wenn er dort stehen bleibt. Über die Vergangenheit des Tees kann man aus zwei verschiedenen Theorien verschieden gut schließen. Nimmt man das Gesetz der Entropiezunahme als gewöhnliches, nicht-statistisches Gesetz, hier z.B. in Form der Gesetze über Wärmeleitung und -strahlung und Konvektion, dann kann man recht gut die Vergangenheit des Tees rekonstruieren unter der Voraussetzung, daß dieselben Bedingungen schon längere Zeit geherrscht haben: Er wird vorher wärmer gewesen sein! Nimmt man aber den 2. Hauptsatz als *statistisches* Gesetz, wie in dem "Kugelspiel"-modell, so daß auch extreme Schwankungen prinzipiell möglich sind, dann läßt sich aus dem 2. Hauptsatz *allein* gar nichts über die Vergangenheit schließen. Hier ist anscheinend ein Sprung, eine "Unstetigkeitsstelle" zwischen

§ III 2 c — Voraussagen —

verschiedenen Argumentationen unvermeidlich. Betrachten wir das Problem etwas abstrakter:

Seien v_1 und v_2 zwei mögliche vergangene Zustände, die sich beide in den gegenwärtigen Zustand entwickeln konnten, und zwar mit Wahrscheinlichkeit p_1 bzw. p_2. Ist p_1 sehr klein gegen p_2, aber positiv, dann kann man allein daraus noch gar nichts darüber schließen ob v_1 oder v_2 wahrscheinlicher der faktisch vergangene Zustand war, denn v_1 könnte ja "a priori" so ungeheuer viel wahrscheinlicher als v_2 gewesen sein, daß dadurch die geringere Übergangswahrscheinlichkeit kompensiert wird. — Wenn aber die Übergangswahrscheinlichkeit $p_1 = 0$ ist (was doch *praktisch* dasselbe ist wie $p_1 \ll 1$), dann ist allein daraus klar, daß v_1 nicht der vergangene Zustand gewesen sein *kann*.

In praktischen Erwägungen werden solche Argumente natürlich nicht so heiß genossen, wie sie gekocht sind. In unserem Beispiel löst sich das Problem durch zusätzliche Informationsquellen: Man weiß, daß gewöhnlich Tee heiß auf den Tisch gestellt wird, so daß der lauwarme Tee wahrscheinlich vorher heißer gewesen ist. Man weiß außerdem, daß Tee gewöhnlich mit fast kochendem Wasser aufgegossen wird, das vorher von außen erwärmt worden ist. Gegen diese sehr wahrscheinliche Vergangenheit kann man die Möglichkeit einer Schwankung in jedem Fall vernachlässigen — sei sie nun in Strenge ausgeschlossen oder nur "praktisch" unmöglich.

Die bisherige Diskussion hat wohl deutlich gemacht, daß die zeitliche Struktur der Physik, also besonders des II. Hauptsatzes, nicht verständlich ist, wenn nicht der Unterschied von Gegenwart, Vergangenheit und Zukunft schon vorausgesetzt wird. Aus dem Formalismus der statistischen Thermodynamik kommt jedenfalls "der Zeitpfeil" nicht heraus! An dem Kugelspiel-Modell lassen sich die Verhältnisse besonders gut studieren, weil die verschiedenen Argumente ohne mathematische Komplikationen, wie z.B. Ergodentheorie oder Kontinuumsprobleme, klar hervortreten.

Die Funktion des ganzen Arguments im Zusammenhang dieses Buchs — abgesehen von dem unabhängigen Interesse an der Frage — ist die: Hier wird behauptet, die Funktion der Physik, vorherzusagen, sei fundamental. Ein gängiges Gegenargument lautet: "Voraussage ist eine *Anwendung* der Physik. In der Physik selber haben so subjektive Begriffe wie "Jetzt", "künftig" ect. nichts zu suchen. Physik beschreibt die Struktur der Welt objektiv (vgl. z.B. Ludwig 1974, S. 18 f.); die Physik sollte aber (nachträglich) eine Theorie dafür liefern können, wie es zugeht, daß Lebewesen Zeit in einer Richtung erleben". - Diese Hoffnung ist widerlegt, wenn gezeigt ist - wie ich es hier versucht habe - daß der physikalische Formalismus gar nicht verständlich ist, wenn man nicht die Struktur von Gegenwart, Vergangenheit und Zukunft schon voraussetzt, schon zum Fundament macht. - Das konnte wohl nur deswegen eine Streitfrage werden, weil die Zeitstruktur jede Formulierung, alles Leben so durchdringt, daß sie nicht leicht abgelöst bewußtgemacht werden kann.

IV. Wahrscheinlichkeit

Antoine Gombauld Chevalier de Méré, Sieur de Baussey, muß am Anfang einer Erörterung über Wahrscheinlichkeit stehen[1]: Der Glücksspieler Méré hat durch einen Angriff auf die Mathematik die Entwicklung der Wahrscheinlichkeitsrechnung angestoßen. Seinen Lebensunterhalt verdiente der Chevalier dadurch, daß er beim folgenden Glücksspiel die Bank hielt: Der Spieler würfelt viermal mit einem Würfel; wenn bei wenigstens einem Wurf eine 6 fällt, bekommt die Bank den Einsatz, sonst der Spieler. Die lange Erfahrung des Chevalier de Méré zeigte, daß die Bank gewöhnlich bei diesem Spiel verdient. Versuchsweise brachte er folgende Variante der Spielregeln ein: Man würfelt mit *zwei* Würfeln 24mal, und die Bank gewinnt, wenn bei wenigstens einem Wurf eine Doppel-Sechs fällt. Vorher gab es 4 Würfe, und ein für die Bank günstiges Ergebnis unter 6 möglichen; jetzt gibt es 24 Würfe, und ein für die Bank günstiges Ergebnis unter 36 möglichen: Das Verhältnis ist beide Male 2 : 3, also sollte der Gewinn - so wohl Mérés Überlegung - für die Bank beide Male gleich sein.

Der Chevalier spielte die zweite Variante oft genug, um festzustellen, daß die Bank dabei zusetzt. Seinem Freund Blaise Pascal, der gerade (1653) mit ihm reiste, berichtete er von dieser Enttäuschung mit der Mathematik[2]: Sie tauge nicht für das praktische Leben, denn die beiden mathematisch äquivalenten Regeln hätten praktisch, d.h. finanziell, durchaus entgegengesetzte Folgen. Pascal gelang es, die Mathematik von diesem Vorwurf zu reinigen: er erfand zusammen mit Fermat die Wahrscheinlichkeitsrechnung. Er könnte dem Chevalier etwa folgendes vorgerechnet haben:

Die 6 Seiten eines Würfels sind gleich zu behandeln. Jede Augenzahl, also auch die Sechs, wird in 1/6 der Würfe fallen; 1/6 der Würfe wird also für die Bank günstig fallen, die übrigen 5/6 der Würfe für den Spieler. Bei zwei Würfen sind 5·5 der 6·6 möglichen Fälle für den Spieler günstig (nämlich ohne Sechs), bei vier Würfen sind es 5^4 der 6^4 möglichen Fälle, also 625 von 1296; das sind weniger als die Hälfte. (Wollte man die für die Bank günstigen Fälle abzählen, müßte man ein-, zwei-, drei- oder viermaliges Werfen der Sechs berücksichtigen, und das wäre komplizierter). Beim Werfen von zwei Würfeln sind 35 von 36 Möglichkeiten günstig für den Spieler (nämlich keine Doppel-Sechs), bei 24 Würfen also

---

[1] Vgl. Meschkowski (1968)

[2] Renyi (1969)

§ IV 1 — Wahrscheinlichkeit

35^{24} von 36^{24}, d.h. ca. $1{,}142 \cdot 10^{37}$ von $2{,}245 \cdot 10^{37}$: Mehr als die Hälfte. Die *richtige* Berechnung ergibt also dieselben Gewinne, die Méré empirisch festgestellt hat.

Wieso war Pascals Rechnung *richtig*? Was hat sie mit "Wahrscheinlichkeit" zu tun?

1. Die klassische Definition der Wahrscheinlichkeit

Die "klassische" Wahrscheinlichkeitsdefinition lautet: "*Wahrscheinlichkeit ist das Verhältnis der Zahl der günstigen Fälle zur Zahl der möglichen Fälle*": Pascal hat also richtig die Wahrscheinlichkeit berechnet, indem er günstige und mögliche Fälle abzählte. Solche Wahrscheinlichkeitsaufgaben sind vor allem Übungen in Kombinatorik, bei denen man sich geschickt oder weniger geschickt anstellen kann. Aber was bedeutet es, daß die "richtige" Wahrscheinlichkeit berechnet ist? Was *bedeutet* überhaupt "Wahrscheinlichkeit"?

Daß Pascal die richtige Wahrscheinlichkeit berechnet hat, nicht nur nach der "klassischen Definition", konnte Méré empirisch bestätigen: Der Anteil der Fälle, in denen er gewann, war ungefähr gleich der von Pascal berechneten Zahl. Wir treffen hier auf eine zweite mögliche Interpretation der klassischen Definition: Betrachten wir nicht die Gesamtheit aller formal möglichen Ereignisse (je einmal), sondern eine real-mögliche Folge von Ergebnissen in einer beliebig langen Versuchsreihe. Die Wahrscheinlichkeit ist dann (ungefähr) das Verhältnis der Zahl der "günstigen" Fälle (in denen das gemeinte Ereignis eintritt) zur Zahl der "möglichen" Fälle (Zahl der Versuche, in denen das Ereignis eintreten könnte). Kürzer würde man heute formulieren: "Die Wahrscheinlichkeit eines Ereignisses ist (ungefähr) seine *relative Häufigkeit* in einer Versuchsreihe." Ich bin sicher, daß diese Bedeutung der klassischen Definition ursprünglich mit gemeint war. Sie hat bloß später keine Rolle gespielt wegen des "ungefähr", das unvermeidlich mit dieser Erklärung verbunden ist. Daß *eine* Zahl nicht *exakt die relative* Häufigkeit bei einer beliebigen Anzahl von Versuchen angeben kann, sieht man sofort: Bei einem Würfel sollte die relative Häufigkeit einer Fünf 1/6 sein. Bei 6 Würfen wäre das *ein* Wurf, bei 7 Würfen aber 7/6: Das *kann* nicht exakt erfüllt werden. Allgemein kann eine relative Häufigkeit empirisch nur dann exakt gelten, wenn sie 0 oder 1 ist. Wir werden sehen, daß die Wahrscheinlichkeitstheorie selbst zu berechnen gestattet, wie häufig jede mögliche relative

- Wahrscheinlichkeit -   § IV 1

Häufigkeit von "positiven" Ergebnissen in einer Versuchsreihe bei vieler Wiederholungen dieser Versuchs*reihe* (ungefähr!) auftreten wird.

Das Problem der empirischen Bestätigung hat die mathematische Wahrscheinlichkeitstheorie beiseitegelassen - in die "Anwendung" geschoben. Sie hat sich lieber an die erste Interpretation der klassischen Definition gehalten, mit der man etwas rechnen kann, nämlich die genannten kombinatorischen Abzählungen. Offenbar lassen sich die Ergebnisse dieser Berechnung empirisch bestätigen unter der Voraussetzung, daß die "möglichen" Ereignisse richtig gewählt wurden. Daß diese Wahl nicht trivial ist, sieht man am Problem des Chevalier de Méré, oder z.B. am folgenden "Bertrandschen Paradox" (Bertrand 1889)[1]: "In einem Kreis wird auf *zufällige Art* eine Sehne gezogen. Welche Wahrscheinlichkeit besteht, daß diese Sehne größer ist als die Seite des einbeschriebenen gleichseitigen Dreiecks?"

Es gibt u.a. folgende 2 Lösungen:

1.) Die *Richtung* der Sehne sei - ohne Einschränkung der Allgemeinheit - fest angenommen. Man betrachtet den Durchmesser $\overline{DD'}$ senkrecht zu dieser Richtung.

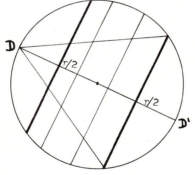

Diejenigen Sehnen, welche diesen Durchmesser innerhalb eines Abstands r/2 vom Mittelpunkt schneiden, sind "günstig" für die Frage; das ist die Hälfte aller möglichen Fälle, also ist die gesuchte Wahrscheinlichkeit 1/2.

---

[1] Jaynes 1973 gibt einen Überblick über die Diskussion unter seinem Aspekt der subjektiven Wahrscheinlichkeit.

§ IV 1 — Wahrscheinlichkeit —

2.) Ein Endpunkt der Sehne sei – ohne Einschränkung der Allgemeinheit – fest angenommen. Von den Sehnen durch diesen Punkt sind alle innerhalb eines Winkels von 60° günstig, während alle möglichen Sehnen über einen Winkel von 180° verteilt sind: Die gesuchte Wahrscheinlichkeit ist also 1/3.

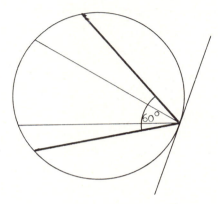

Das Paradox wird vielleicht dadurch etwas kompliziert, daß wir keine abzählbaren Fälle angeben, sondern kontinuierlich messen. Wir können aber auch mit diskreten Fällen verschiedene Abzählungen vornehmen, wie das physikalische Beispiel der verschiedenen "Statistiken" zeigt. Machen wir uns das an den folgenden Modellen klar:

a.) <u>Boltzmann-Statistik</u>:

Betrachten wir k Kugeln, die in N Kästen verteilt werden sollen. Eine Kugel hat N Möglichkeiten; wenn eine neue Kugel dazu kommt, gibt es für sie N neue Möglichkeiten, also insgesamt N-mal soviele wie vorher: Bei k Kugeln gibt es

$$N^k \text{ mögliche Fälle.}$$

b.) <u>Bose-Einstein-Statistik</u>:

Betrachten wir nun nicht Kugeln, sondern z.B. k Elektronen, also Objekte, die in Strenge ununterscheidbar sind (vgl. Kap. V, Objekte). Bei solchen Objekten gibt es weniger Fälle als bei Kugeln, denn zwei Fälle, die sich bei Kugeln dadurch unterscheiden, daß z.B. Kugel 1 und Kugel 2 vertauscht sind, sind für Elektronen derselbe Fall; die Fälle unterscheiden sich nur durch die *Zahl* der Elektronen in jedem der N Kästen. Wir können die Zahl der Fälle abzählen, indem wir uns N + k - 1 "Stellen" in einer Reihe vorstellen, von denen k Elektronen sind, und N - 1 "Trennwände" zwischen verschiedenen Kästen. Jeder Fall der Bose-Statistik entspricht genau einer Art, k "Stellen" zu Elektronen zuzuordnen (bzw. N - 1 Stellen zu Trennwänden, was auf dasselbe herauskommt). Die Gesamtzahl der Fälle ist demnach

$$\binom{N + k - 1}{k}$$

nämlich die Zahl der Möglichkeiten, k Elemente *unter* k + N - 1 Elementen auszuwählen.

c.) **Fermi-Dirac-Statistik**

Auch hier sind die Objekte nicht unterschieden; dazu kommt, daß jeder Kasten oder Zustand mit *einem* Objekt schon "besetzt" ist, also nicht mehr als ein Objekt aufnehmen kann (Pauli-Prinzip, W. Pauli 1925). Mehr Elektronen als Zustände sind daher gar nicht möglich, es muß $N \geq k$ sein. Es gibt $\binom{N}{k}$ mögliche Arten, von N Kästen k zu besetzen.

d.) **Beispiele:**

Kästen N	Objekte k	Zahl der möglichen Fälle bei		
		Boltzmann-	Bose-	Fermi-Statistik
N	1	N	N	N
5	3	125	35	10
1000	100	10^{300}	10^{250}	10^{200}
10^{23}	100	10^{2300}	10^{2100}	10^{2100}
10^{23}	$5 \cdot 10^{22}$	$10^{11 \cdot 10^{23}}$	$10^{5 \cdot 10^{22}}$	$10^{3 \cdot 10^{22}}$
10^{23}	$10^{23} - 100$	$10^{23 \cdot 10^{23}}$	$10^{6 \cdot 10^{22}}$	10^{2100}

Es leuchtet nach diesen Beispielen ein, daß die Wahrscheinlichkeit nach der klassischen Definition von der Art abhängt, wie man die möglichen Fälle abzählt, welche Fälle man als gleich betrachtet. In welcher Be-

§ IV 2   — Wahrscheinlichkeit —

ziehung betrachtet man sie als gleich? "Gleichmöglich" ist vorgeschlagen worden; eigentlich wäre "gleichwahrscheinlich" korrekt - aber das macht die Definition zirkelhaft.

Wir sehen also: Die "klassische Definition der Wahrscheinlichkeit" ist, in der üblichen Weise aufgefaßt, keine Definition, sondern eine Regel, wie man kompliziertere Wahrscheinlichkeiten berechnen kann, wenn man weiß, welche Fälle gleichwahrscheinlich sind (vgl. Rényi (1969)). Diese Erkenntnis ist alt. Aus den Versuchen, ihre Schwierigkeiten zu meistern, sind verschiedene Richtungen der Wahrscheinlichkeitstheorie hervorgegangen, verschiedene Antworten auf die Frage "Was ist Wahrscheinlichkeit?", die alle in der einen oder anderen Beziehung nicht befriedigen.

2.) <u>Relative Häufigkeit</u>

Halten wir uns zunächst an die - mögliche - zweite Bedeutung der klassischen Definition, die Wahrscheinlichkeit sei (ungefähr) die relative Häufigkeit. Man kann sie so auffassen wie eine ganz beliebige Größe, etwa Länge oder Masse: Beim Messen irgendeiner Größe wird man nicht immer den gleichen Wert erhalten, obwohl eine gute Theorie eine ganz bestimmte reelle Zahl für den Wert liefert. Um den "richtigen" Wert herum werden die Meßwerte streuen, wenn gut gemessen wird. Diesen Zug hat die Wahrscheinlichkeit mit jeder anderen physikalischen Größe gemeinsam[1].

2a.) <u>Objektive Wahrscheinlichkeit</u>

Die so eingeführte Wahrscheinlichkeit heißt "objektive Wahrscheinlichkeit", im Gegensatz zur unten erläuterten subjektiven, im Gegensatz auch zu einer dritten, in diesem Buch vertretenen Wahrscheinlichkeitsinterpretation, die weder die subjektive noch die objektive ist. - Objektive Wahrscheinlichkeit ist eine meßbare Eigenschaft, die irgendetwas zukommt, an dem sie gemessen wird. *Wovon* ist sie Eigenschaft? Daß die

---

[1] Allerdings hat die Wahrscheinlichkeit einen besonderen Charakter, der sie von allen anderen meßbaren Größen unterscheidet: Bei gewöhnlichen Messungen hängt der Meßfehler von Ablese-Ungenauigkeiten, nicht berechneten Schwankungen u.ä. ab. Bei einer Wahrscheinlichkeits-Messung ergibt sich eine rationale Zahl, im allgemeinen ohne Ableseunsicherheit. Die Streuung der Ergebnisse läßt sich aus der Theorie selbst berechnen; sie ist durch keine Verbesserung des Meßapparats mehr zu vermindern. Ludwig (1974, S.75) postuliert, daß bei der notwendigen Idealisierung Abweichungen nicht berücksichtigt werden, wenn sie von der Theorie unabhängig sind; danach dürfte man also Streuungen der relativen Häufigkeit nicht "wegidealisieren". - Unten werden wir diese Besonderheiten der Wahrscheinlichkeit ausführlich behandeln.

— Wahrscheinlichkeit — § IV 2 a

Wahrscheinlichkeit 1/6 dem Würfel als Gegenstand zukommt, oder einer seiner Seiten - das anzunehmen wäre wohl nicht vernünftig, denn die Wahrscheinlichkeit hängt auch davon ab, wie gewürfelt wird. Es ist also sicher angemessen, die Wahrscheinlichkeitsverteilung *dem Würfeln* insgesamt zuzuschreiben, also der experimentellen Situation bzw. einem Gegenstand (dem Würfel, einem Produkt der Massenfertigung, einem Elektron, u.ä.) in einer bestimmten Situation[1]. Eine andere Möglichkeit wäre, einem *Ereignis* eine Wahrscheinlichkeit zuzuschreiben; wenn diese Wahrscheinlichkeit empirisch prüfbar sein soll, muß das Ereignis begrifflich so bestimmt sein, daß es sinnvoll ist, *dieselbe* Prüfung, bei der dieses Ereignis eintreten kann, mehrmals zu wiederholen: Es gehört also wieder eine Beschreibung der experimentellen Situation dazu.

Damit ist ein vieldiskutiertes Problem dieser Interpretation angesprochen: Die Wahrscheinlichkeit ist nicht eine Eigenschaft, die man einem Ereignis oder einer experimentellen Situation einfach ansehen kann, so wie man einem Gegenstand eine Farbe oder Größe ansieht. Vielmehr tritt ein Ereignis in einer experimentellen Situation entweder ein oder es tritt nicht ein; damit ist über die Wahrscheinlichkeit nicht mehr ausgemacht, als daß sie $\neq 0$ bzw. $\neq 1$ ist. Genauer kann man die Wahrscheinlichkeit nur prüfen, wenn man mehrere Versuche in derselben experimentellen Situation macht und schaut, wie oft ein bestimmtes Ereignis eintritt.

Dieser Tatsache soll die Auffassung Rechnung tragen, die Wahrscheinlichkeit komme nicht dem einzelnen Ereignis zu, sondern einem *Ensemble*[2] von Ereignissen. Wenn mit Ensemble eine Menge von N Versuchen derselben Art gemeint ist, dann nützt eine solche Erweiterung nichts: N mögliche Ereignisse zusammengenommen haben keine andere Struktur als ein Einzelereignis; jedem Ergebnis des N-fachen Versuchs kommt eine Wahrscheinlichkeit zu, die man aus den Wahrscheinlichkeiten der Einzelereignisse berechnen kann, und die nicht prinzipiell anders beschaffen ist als die ursprüngliche (vgl. § 5 f unten und Anhang § A IV 1).

---

[1] So etwa Popper (1957, 1959, 1967) in seiner Erläuterung der Wahrscheinlichkeit als "propensity", als *Neigung* für das Eintreten eines Ereignisses.

[2] "Gesamtheit" z.B. bei Ludwig 1970, 1976.

§ IV 2 b — Wahrscheinlichkeit —

Allerdings kommt die festgestellte relative Häufigkeit eines Ereignisses mit größter Wahrscheinlichkeit einer festen Zahl (der Wahrscheinlichkeit) immer näher, je größer die Zahl der Versuche ist. Es liegt also nahe, ein idealisiertes Ensemble von *unendlich vielen* Versuchen zu betrachten, in dem die Wahrscheinlichkeit *genau* die relative Häufigkeit ist. Dieses Verfahren hat allerdings Schwierigkeiten: Zunächst läßt sich die Wahrscheinlichkeit nicht einfach als Limes der relativen Häufigkeit auffassen, wie es R. v. Mises (1928) versucht[1]; vielmehr kann es bei beliebig langen Versuchsreihen, nach der Wahrscheinlichkeitsrechnung selber, noch beliebig große Abweichungen der relativen Häufigkeit von der Wahrscheinlichkeit geben: Über die Entwicklung der relativen Häufigkeit in langen Versuchsreihen sind wiederum nur Wahrscheinlichkeits-Aussagen möglich. Mathematisch läßt sich aber doch recht viel beweisen, nämlich das *schwache* und das *starke Gesetz der großen Zahl*.

2b.) <u>Gesetze der großen Zahl</u>

Man betrachtet dazu die Abweichung δ der relativen Häufigkeit eines Ereignisses in einer Versuchsreihe von seiner Wahrscheinlichkeit. Man kann eine bestimmte Wahrscheinlichkeit dafür angeben, daß diese Abweichung größer ist als eine feste Zahl, nennen wir sie ε. Das *schwache* Gesetz der großen Zahl lautet:

"Im Grenzwert unendlich langer Versuchsreihen ist die Wahrscheinlichkeit Null dafür, daß die Abweichung δ größer ist als ε, bei beliebig kleinem $\varepsilon > 0$."

Das läßt sich leicht einsehen als Umformulierung der Formeln über die Streuung der relativen Häufigkeiten: Bei langen Versuchsreihen werden die wahrscheinlichen Abweichungen immer kleiner. (vgl. § 5 f und § A IV 1)

Das *starke* Gesetz der großen Zahl scheint zunächst dem bisher Gesagten zu widersprechen:

"Im Grenzwert unendlich langer Versuchsreihen ist die Wahrscheinlichkeit dafür, daß die relative Häufigkeit *gleich* der Wahrscheinlichkeit ist, Eins."

---

[1] Vgl. H. Richter (1972); B. L. v.d. Waerden (1965)

– Wahrscheinlichkeit – § IV 2b

(Zu genaueren Erläuterungen vgl. § A IV, 2 und H. Richter 1966).

Hier erscheint ein Problem: Wir wissen, daß die relative Häufigkeit nicht konvergiert, daß also nicht notwendigerweise der Grenzwert der relativen Häufigkeit gleich der Wahrscheinlichkeit ist. Wenn das starke Gesetz der großen Zahl richtig ist, bedeutet also anscheinend hier Wahrscheinlichkeit Eins nicht Notwendigkeit. Andererseits erscheint es als das einzig Vernünftige, Wahrscheinlichkeit Eins als Notwendigkeit zu verstehen, denn daß ein Ereignis die relative Häufigkeit Eins hat, bedeutet, daß es *immer* eintritt. Wir wollen im folgenden auch an dieser Interpretation von Wahrscheinlichkeit Eins festhalten, und müssen versuchen, den scheinbaren Widerspruch aufzuklären. Zunächst sei das Problem an einem physikalischen Beispiel erläutert:

In der klassischen Mechanik wird ein Zustand so exakt wie nur möglich beschrieben durch die Angabe eines Punktes im Phasenraum. Auf solche Zustände beziehen sich die mechanischen Bewegungsgleichungen, und die Interpretation der klassischen Mechanik ist zulässig, daß jedes Objekt "an sich" jederzeit in einem solchen Zustand sei. Diese Bevorzugung der *Punkte* im Phasenraum hat gute Gründe; denn eine Aufteilung des Phasenraums in "Zellen", die jeweils als Einheit betrachtet werden ("coarse graining"), zerstört die Reversibilität der Theorie: In der zeitlichen Entwicklung verschwimmt die Beschreibung immer mehr, es kommen immer mehr Zellen als mögliche Zustände in Frage. Je feiner die Zelleneinteilung, umso exakter sind die möglichen Prognosen. Im Grenzfall immer kleinerer Zellen, in dem der Zustand durch einen einzigen Punkt beschrieben wird, ergibt sich auch in der zeitlichen Entwicklung immer genau ein Punkt als Zustandsbeschreibung; die Theorie ist dann in dem Sinne "reversibel", daß keine Information verloren geht[1].

---

[1] Das Argument wird wieder aufgenommen in Kap. V: Objekte. Der hier vorgebrachten Behauptung scheint der Liouville'sche Satz (vgl. § A V, 2) zu widersprechen, nach dem Folgendes gilt: Es sei ein Teil T des Phasenraums gegeben und die zeitliche Entwicklung aller Punkte von T gemäß der Hamiltonschen Mechanik, aus der sich eine zeitliche Bewegung von T ergibt; dann ist das *Volumen* von T im Phasenraum zeitlich konstant. – Demnach dürfte es kein "Verschmieren" oder "Auseinanderlaufen" von Zellen im Phasenraum geben. Man muß aber unterscheiden von einer festen (oder wenigstens "formkonstanten") Zelleneinteilung des Phasenraums, eine andere Zelleneinteilung, die zeitlich mittransformiert wird: Die Punkte, die anfangs eine bestimmte Zelle ausmachen, werden – bei konstantem Volumen – mit der Zeit in ein Gebilde auseinandergezogen, das sehr viele der ursprünglichen Zellen durchdringt. Am leichtesten kann man sich das am Bild zweier inkompressibler zäher Flüssigkeiten verdeutlichen, von denen z.B. eine rot

§ IV 2 b — Wharscheinlichkeit —

Es gibt also gute Gründe, einen Zustand in der Mechanik durch einen Punkt im Phasenraum zu beschreiben. Das ist ein Punkt in einem Kontinuum, also vom Lebesgue-Maß Null. Die Wahrscheinlichkeit in einem Kontinuum definiert man als Wahrscheinlichkeits*dichte*, bei der gewöhnlich jeder einzelne Punkt die Wahrscheinlichkeit Null hat. In einer solchen Beschreibung *kann* Wahrscheinlichkeit Null aber nicht Unmöglichkeit bedeuten; denn sonst wäre jeder einzelne Zustand der fundamentalen Beschreibung unmöglich.

Mir scheint, daß sich hier ein tiefliegendes Problem der Kontinuumsbeschreibung zeigt. In der üblichen Wahrscheinlichkeitstheorie schiebt man dieses Problem dadurch in die "Anwendung", daß man konstatiert, Wahrscheinlichkeit Null bedeutet offenbar nicht Unmöglichkeit - basta. Wir werden unten sehen, daß sich diese Auffassung nur schwer durchhalten läßt. Man sollte wohl eher einen Ersatz für die Kontinuumsbeschreibung suchen, trotz ihrer oben beschriebenen Vorteile. Aber ein Ersatz, der die Probleme der Wahrscheinlichkeitsdeutung vermeidet und trotzdem eine reversible Theorie liefert, ist nicht in Sicht[2].

Für die praktische Beschreibung oder Prognose ergibt sich daraus kein Problem, denn die Feststellung eines scharfen Werts in einem Kontinuum möglicher Werte ist ein *Grenzfall* (im mathematischen Sinn) der wirklichen Messung endlicher Intervalle. Daß die Wahrscheinlichkeit für verschwindende Intervallbreite gegen Null geht, schließt auch die Möglichkeit ein, daß sie für jede noch so kleine Intervallbreite positiv ist.

Bei den Gesetzen der großen Zahl müssen wir auf ähnliche Weise die "Grenz-Wahrscheinlichkeit" unterscheiden von wirklich vorkommenden Wahrscheinlichkeiten: Betrachten wir die Wahrscheinlichkeiten $w(A_\nu)$ einer Folge von Ereignissen $A_1, A_2, \ldots A_\nu, \ldots$, mit $\lim_{\nu \to \infty} w(A_\nu) = 0$. Dabei soll

---

[1] (Fortsetzung von S. 67)

und die andere weiß ist. Zunächst seien sie säuberlich getrennt in einem Gefäß. Dann rührt man in dem Gefäß um, so daß die Flüssigkeit zunächst marmoriert wird, dann immer feiner gemustert und schließlich einheitlich rosa: Obwohl die rote Flüssigkeit ihr Volumen beibehalten hat, ist sie doch vollständig über das gesamte Gefäß verteilt. Das "coarse graining" kommt hier durch die endliche Auflösung des Sehens zustande.

[2] vgl. Lorenzen 1965. Physikalische Ansätze z.B. bei Prugovecki ("Fuzzy set")

$w(A_\nu) > 0$ sein für alle ν [1]. Das bedeutet: in jedem wirlichen Fall ist A_ν möglich, so groß ν auch sei; nur kann für genügend großes ν das Ereignis A_ν beliebig nahe an unmöglich sein, was man beschreibt als: "Die Wahrscheinlichkeit des Grenzfalls ist 0."

Statt von der "Wahrscheinlichkeit eines Grenzfalls" sollte man deutlicher vom *Wahrscheinlichkeits-Limes* sprechen. Das ist besonders bei den Wahrscheinlichkeiten 0 und 1 wichtig: Nach unserer Auffassung bedeuten sie Unmöglichkeit bzw. Notwendigkeit. Ein Wahrscheinlichkeits-*Limes* 1 kann trotzdem bedeuten, daß in *keinem* konkreten Versuch das betreffende Ereignis notwendig ist; bzw. ein Wahrscheinlichkeits-*Limes* 0, daß in *jedem* Versuch das betreffende Ereignis möglich ist, wie oben erläutert.

Beim starken Gesetz der großen Zahl betrachtet man Versuche, die je aus einer langen Reihe von Einzelmessungen bestehen. Für jede solche Reihe gibt es für jede relative Häufigkeit bestimmte Wahrscheinlichkeiten, die alle $\neq 1$ sind. Der Wahrscheinlichkeits*limes*, daß die relative Häufigkeit eines Ereignisses seine Wahrscheinlichkeit ist, ist 1 - nach dem starken Gesetz der großen Zahl - ; d.h. für genügend lange Meßreihen ist die Wahrscheinlichkeit, daß die relative Häufigkeit beliebig wenig von der Wahrscheinlichkeit des Einzelereignisses abweicht, beliebig nahe an eins. - Diese relativ komplizierte Formulierung wird im Anhang, § A IV 2, verdeutlicht und analysiert; ich fasse noch einmal zusammen, was gemeint ist: Es entsteht kein Problem, wenn man "Wahrscheinlichkeit 1" mit "Notwendigkeit" gleichsetzt und zugleich konsequent das Unendliche als *potentiell* interpretiert: denn für keine wirkliche Meßreihe wird die Wahrscheinlichkeit dafür, daß Einzelwahrscheinlichkeit und relative Häufigkeit übereinstimmen, Eins. Die im starken Gesetz der großen Zahl genannte Wahrscheinlichkeit ist, genau gesehen, ein Wahrscheinlichkeits*limes*.

2 c.) "Ensemble"

Soviel zu den Gesetzen der großen Zahl. So schön sie als mathematische Theoreme sind, ändern sie doch nichts an unserer früheren Erkenntnis: Für jede reale Versuchsreihe stimmen Wahrscheinlichkeit und relative

---

[1] Daß das möglich ist, sieht man z.B. an der Folge $1, 1/2, 1/3, 1/4, \ldots$; jedes einzelne Glied der Folge ist positiv ($1/n \neq 0$ für alle n), aber der Grenzwert der Folge ist Null für $n \to \infty$.

Häufigkeit nur *ungefähr* überein. Eine Reihe von N Einzelversuchen hat begrifflich denselben Status wie ein einzelner Versuch.

Mit "Ensemble" darf man also nicht eine Versuchsreihe mit einer bestimmten Zahl von Versuchen meinen, sondern - sofern man nicht auf den Limes bei der unendlichen Reihe ausweicht - eine allgemeine Versuchsreihe mit unbestimmter, beliebiger Zahl von Versuchen, oder - wenn man so will - den Inbegriff aller Versuchsreihen beliebiger Länge. Dann allerdings scheint es mir gleichgültig, ob man die Wahrscheinlichkeit dem einzelnen Versuch oder dem Inbegriff aller möglichen Reihen von Versuchen zuschreibt, oder der experimentellen Situation: Wenn man es nur so meint, daß die beschriebenen Probleme dabei vermieden werden.

3. Subjektive Wahrscheinlichkeit

Die Auffassung der Wahrscheinlichkeit als "objektive" Eigenschaft von etwas hat die Schwierigkeit, daß sie so nicht recht zu fassen ist: Über das Objekt, dessen Eigenschaft sie ist, gibt es Streit; und eine Eigenschaft, die schon nach ihrem Begriff nur ungefähr, mit vorher berechenbaren Abweichungen, definiert ist, ist auch etwas merkwürdig. Diese Schwierigkeiten soll die "subjektive" Interpretation der Wahrscheinlichkeit vermeiden[1]. B. de Finetti nennt seinen grundlegenden Aufsatz zur subjektiven Wahrscheinlichkeit (1937): "La prévision: ses logiques, ses sources subjectives"; er betont also den Voraussagecharakter, ebenso wie wir, sieht aber wohl darin einen besonders *subjektiven* Zug.

Das Programm der Subjektiven Wahrscheinlichkeit ist es - ganz unabhängig von Fragen der Empirie - der Plausibilität, die jemand einem Ereignis zuschreibt, ein konsistentes theoretisches Gerüst zu geben. Dazu bietet sich als Operationalisierung das Wetten an: Je fester jemand von seiner Behauptung überzeugt ist, desto höher wird er darauf zu wetten bereit sein. Man kann also das Wettverhältnis, das einer bereit ist zu riskieren, als Maß seiner persönlichen Überzeugung ansehen. Eine Axiomatik der Subjektiven Wahrscheinlichkeit auf dieser Basis enthält immer ein Postulat der "fairen Wette" o.ä.: Es wird verlangt, daß der Wettende auf die Dauer nicht verlieren oder gewinnen soll, indem er - nach der so eingeführten Theorie - "konsistent" wettet. Das schließt die Theorie wieder an Empirie

---

[1] Savage 1954, de Finetti 1937, 1972, Jaynes 1959, Richter 1972.

an: Von zwei Wettenden gewinnt keiner, wenn das Wettverhältnis auf die Dauer gleich dem Verhältnis der Häufigkeit der Gewinne ist. Wenn A 10 : 1 gegen B wettet, und er gewinnt auch zehnmal so oft wie B, dann hat am Schluß keiner von beiden Geld verloren oder gewonnen. Eine solche Subjektive Wahrscheinlichkeit hängt also ebenso an der Häufigkeit von Ereignissen wie die objektive Wahrscheinlichkeit. Die Probleme stellen sich nur in anderer Form: Man kann einer Festlegung immer ausweichen, indem man sich auf die subjektive Willkür oder Uniformiertheit des Wettenden beruft.

Nicht jede Subjektive Wahrscheinlichkeitstheorie enthält Elemente der fairen Wette. Die Axiomatik von Jaynes (1959) baut allein auf Betrachtungen über Plausibilität auf, und die Ähnlichkeit zur üblichen Wahrscheinlichkeitstheorie erreicht Jaynes durch willkürliche Festlegungen: Sein Fundamentalaxiom ist, daß die Zahl $(A \wedge B | C)$, welche die Plausibilität der Aussage $A \wedge B$ unter der Bedingung C bezeichnet, nur von der Plausibilität von B unter der Bedingung C und von der Plausibilität von A unter der Bedingung $B \wedge C$ abhängt:

(J) $\quad (A \wedge B | C) = \mathcal{F}((B|C), (A|B \wedge C))$

Dabei soll $\mathcal{F}$ monoton wachsend und stetig in beiden Argumenten sein. Im übrigen benutzt Jaynes nur formale Logik und unbestreitbare Eigenschaften von Plausibilität, z.B.: Wenn A gewiss ist, dann ist die Plausibilität von "A und B" diejenige von B allein. Im Lauf des Jaynes'schen Arguments kommen zwei willkürliche Festlegungen vor:

1) Er zeigt, daß man die Gleichung (J) lösen kann mit einer wachsenden stetigen Funktion p, so daß

$$p(A \wedge B | C) = p(B|C) \cdot p(A|B \wedge C)$$

Aber natürlich wäre auch log p eine Lösung, mit Addition statt Multiplikation.

2) Für die Negation $\neg A$ ergibt sich als mögliche Lösung

$$p^m(A|B) + p^m(\neg A|B) = 1$$

§ IV 4

Jaynes setzt $m = 1$ und erhält damit den Formalismus der Wahrscheinlichkeitstheorie.

Interessant ist, daß er durch etwas veränderte Festlegung in diesen Punkten den Formalismus der Informationstheorie bekommen könnte (vgl. Zucker 1974).

4.) <u>Fragen</u>

Die Fülle der Lösungsvorschläge für die Schwierigkeiten der Wahrscheinlichkeitstheorie erschreckt zunächst. Offenbar versuchen verschiedene Leute ganz verschiedene Fragen zu beantworten. Wollen wir System in die Antworten bringen, müssen wir zunächst diese verschiedenen Fragen herauspräparieren.

1.) Da ist zunächst die Frage: "Was ist Wahrscheinlichkeit", die nach einer Definition fragt, und die - wie wir gesehen haben - durch die "klassische Definition" unzureichend beantwortet wird. Dieser Frage nach einer Definition ist das gegenwärtige Kapitel gewidmet.

2.) Eine zweite, viel häufigere Frage ist: "Wie bekommt man Wahrscheinlichkeiten?" - Diese Frage wird durch die "klassische Definition", wenn man sie wie üblich interpretiert, für viele Probleme beantwortet: Die Wahrscheinlichkeit ist das Verhältnis der Zahl der günstigen (gleichwahrscheinlichen!) Fälle zur Zahl der möglichen[1].

3.) Eine dritte Frage ist: "Wie beweise ich Wahrscheinlichkeitsbehauptungen?" Die Frage spielt eine Rolle bei der Diskussion über empirische Stützung von Hypothesen (Stegmüller 1973): Da bei Wahrscheinlichkeitsbehauptungen nur die ungefähre Geltung behauptet werden kann (vgl. § IV, 1) ist es nicht leicht, zu präzisieren, was eine empirische Bestätigung oder Widerlegung oder auch nur Stützung einer Wahrscheinlichkeithypothese sein soll.

4.) Damit hängt eine weitere Frage zusammen, nämlich: "Wie stelle ich bei einer gegebenen Folge von Ereignissen fest, ob sie unabhängig sind, ob die Wahrscheinlichkeit gleich geblieben ist, u.ä. ?"

---

[1] Zu dieser Unterscheidung vgl. Rescher 1973: Definitional versus Criterial Theories of Truth.

– Wahrscheinlichkeiten – § IV 4

Mit den beiden letzten Fragen wollen wir uns allenfalls beiläufig beschäftigen (zu 4. vgl. § 6); auf die zweite Frage kommen wir am Ende dieses Kapitels unter dem Titel "Quellen von Wahrscheinlichkeitswerten" zurück, und die Frage wird später, in den Kapiteln über Quantenmechanik und Raum, eine Rolle spielen. Ich erwähne die Fragen 2. bis 4. hier nur, um sie von der ersten Frage nach der Definition von Wahrscheinlichkeit abzusetzen.

Es ist wichtig, daß die Frage, die beantwortet werden soll, ganz deutlich wird, denn die Antwort, die ich vorschlage, klingt schließlich fast zu einfach:

Wahrscheinlichkeit ist vorausgesagte (relative) Häufigkeit.

Dies ist eine Definition, d.h. es wird angegeben, was man meint, wenn man den Begriff Wahrscheinlichkeit gebraucht. In der Definition werden Begriffe gebraucht, deren Bedeutung als bekannt vorausgesetzt wird: Über Voraussagen handelt das vorige Kapitel, und die (relative) Häufigkeit ist das schon öfter erwähnte Verhältnis der Zahl der "positiven" Ereignisse zur Gesamtzahl der Versuche; daran ist wohl nichts strittig.

Mit der Definition ist nichts darüber gesagt, wie man zu solchen Voraussagen kommt (Frage 2), wie man sie empirisch prüft (Frage 3), oder wie und ob überhaupt solche Voraussagen möglich sind.

Eine Definition kann nicht richtig oder falsch sein, aber es gibt gute und schlechte Definitionen. Von einer guten Definition muß man verlangen, daß sie möglichst genau den üblichen Sprachgebrauch wiedergibt, und daß sie praktisch ist für die ihr zugedachten Aufgabe.

Zunächst zum Sprachgebrauch: Wahrscheinlichkeit wird üblicherweise mit Häufigkeit verbunden, außer bei der "subjektiven" Wahrscheinlichkeit. Die ausdrückliche Verknüpfung mit Voraussagen ist allerdings ungewohnt und bedarf eines besonderen Kommentars: Es gibt einen Sprachgebrauch (bei Physikern), der "Wahrscheinlichkeit" synonym mit "relative Häufigkeit" verwendet; den wollen wir ausdrücklich nicht reproduzieren, weil wir eine Unterscheidung für wichtig halten. Im sonstigen Gebrauch von "Wahrscheinlichkeit" ist meistens die Voraussage explizit enthalten: "Wahrscheinlich regnet es morgen", oder "Es ist sehr unwahrscheinlich, daß sich in Portugal eine liberale Verfassung durchsetzen wird".

Es gibt aber auch vernünftige Wahrscheinlichkeitsaussagen über Gegenwart oder Vergangenheit: "Es ist sehr unwahrscheinlich, daß Susanne den Zug noch erreicht hat", oder: "Wahrscheinlich war Caesar in Britannien". Passen diese Beispiele zur Definition oben? - In Wirklichkeit hat Susanne den Zug erreicht - oder sie hat ihn nicht erreicht; in Wirklichkeit war Caesar in Britannien, oder er war vielleicht auch nicht: Wir wissen nicht *welche* Möglichkeit verwirklicht wurde, aber wir sind überzeugt, daß es faktisch jeweils eine ist. Auf dieses Faktum bezieht sich die Wahrscheinlichkeit nur indirekt, nicht soweit es faktisch und damit erledigt ist - eben vergangen -, sondern soweit wir nicht Bescheid wissen: "Wahrscheinlich wird Susanne jetzt gleich wieder vor der Tür stehen, weil sie den Zug versäumt hat"; "Wahrscheinlich wird das Ergebnis der Forschung sein - falls sie überhaupt zu einem Ergebnis kommt - , daß Caesar in Britannien war." In dieser Formulierung ist die Beziehung auf die Zukunft wieder sichtbar: Die Wahrscheinlichkeit gilt nicht für das vergangene Ereignis selbst, sondern für das zukünftige Ereignis, daß der vergangene faktische Sachverhalt bekannt wird.

Wahrscheinlichkeit ist also eine Modalität für Aussagen über Zukunft, eine Quantifizierung der Möglichkeit (C.F. v. Weizsäcker (1973), p. 328). Hierzu tritt in Konkurrenz die Definition der Subjektivisten: Wahrscheinlichkeit ist ein Maß der Plausibilität, oder des Vertrauens, das jemand in eine Sache setzt. Betrachten wir die subjektive Wahrscheinlichkeit noch einmal unter dem Gesichtspunkt der Prognose! Der Zusammenhang läßt sich, wie oben angeführt, über die "faire Wette" verstehen, die in den meisten Axiomensystem enthalten ist: Meine subjektive Plausibilitätsschätzung kann ich in eine Zahl fassen, indem ich angebe, wie hoch ich auf eine *Prognose* zu wetten bereit bin: "Ich wette 99 zu eins, daß es morgen schneit". (Das Wetten bezieht sich ebenso immer auf eine Prognose, wie es oben von der Wahrscheinlichkeit gesagt wurde: Auch wenn über vergangene Ereignisse gewettet wird, hat das Wetten nur dann einen Sinn, wenn das faktische Ereignis erst in Zukunft bekannt wird.) Das "Konsistenz-", "Symetrie-" oder "Fairness-" Axiom fordert, keiner der Wettenden soll auf die Dauer im Vorteil sein. Operationalisiert bedeutet das: kann in derselben Situation mehrmals gewettet werden, sollen sich die Gewinne etwa ausgleichen. Das heißt, mein Wettangebot war fair, wenn wirklich in 100 Fällen der gleichen meteorologischen Situation es jeweils am darauffolgenden Tag in 99 Fällen schneit und in einem nicht. Mein Wettangebot ist also gleichzeitig eine Voraussage der relativen Häufigkeit 99/100 für Schnee am nächsten Tag; die Wette ist fair, wenn diese allgemeine Voraussage richtig ist[1].

Die Axiomatik von Jaynes (1954) ist dagegen ein Beispiel für Subjektive Wahrscheinlichkeit, die nicht auf Häufigkeiten zurückgeführt wird. Es zeigt sich, daß eine Theorie der subjektiven Plausibilität möglich ist, ganz unabhängig von Überlegungen zur empirischen Bestätigung oder Widerlegung. Erstaunlicherweise kommt man zum gleichen Formalismus. Man muß also entweder annehmen, daß dieser Formalismus so einfach und fundamental ist, daß er unter ganz verschiedenen Bedingungen auftaucht; oder - was mir vor allem wichtig erscheint - daß doch auch subjektive Plausibilität so viel mit vorausgesagter Häufigkeit zu tun hat, daß beide dem gleichen Formalismus genügen. Das soll aber jetzt nicht vertieft werden.

Bei der praktischen Anwendung in der Naturwissenschaft spielt immer die Häufigkeitsinterpretation eine Rolle, die einer regelrechten Definition hartnäckigen Widerstand entgegenzusetzen scheint. Im Folgenden soll nur noch von ihr die Rede sein und die Frage untersucht werden, was die vorgeschlagene Definition leistet, und was eine Definition der Wahrscheinlichkeit überhaupt leisten kann.

5.) Vorausgesagte Häufigkeit

5 a) Kolmogoroff

Für die Behandlung der wichtigen Fragen im Detail bleibt nun nichts weiter übrig, als zunächst die Begriffe zu präzisieren. In der klassischen Axiomatik der Wahrscheinlichkeit von Kolmogoroff (1933) heißt es:

§ 1. Axiome

Es sei E eine Menge von Elementen $\xi, \eta, \zeta, \ldots$, welche man *elementare Ereignisse* nennt, und $\mathcal{F}$ eine Menge von Teilmengen aus E; die Elemente der Menge $\mathcal{F}$ werden weiter *zufällige Ereignisse* genannt.

I. $\mathcal{F}$ ist ein Mengenkörper[3].
II. $\mathcal{F}$ enthält die Menge E.
III. Jeder Menge A aus $\mathcal{F}$ ist eine nichtnegative reelle Zahl $P(A)$ zugeordnet. Diese Zahl $P(A)$ nennt man die Wahrscheinlichkeit des Ereignisses A.
IV. $P(E) = 1$.
V. Wenn A und B disjunkt sind, so gilt
$$P(A + B) = P(A) + P(B).$$

---

[1] Vgl. Richter (1972, 1974).

§ IV 5 a   - Wahrscheinlichkeit -

Ein Mengensystem $\mathcal{F}$ mit einer bestimmten Zuordnung der Zahlen P(A), welche den Axiomen I - V genügt, nennt man ein *Wahrscheinlichkeitsfeld*.

[3] Vgl. Hausdorff: Mengenlehre 1927 S. 78. Ein Mengensystem heißt ein Körper, wenn Summe Durchschnitt und Differenz von zwei Mengen des Systems wieder dem System angehören. Jeder nicht leere Mengenkörper enthält die Nullmenge O. Wir bezeichnen mit Hausdorff den Durchschnitt von A und B mit AB, die Vereinigungsmenge von A und B im Falle AB = O mit A + B. Das Komplement E - A der Menge A wird durch $\overline{A}$ bezeichnet. Die elementaren Rechengesetze für Mengen und ihre Durchschnitte, Summen und Differenzen werden weiter als bekannt vorausgesetzt. Mengen aus $\mathcal{F}$ werden weiter mit großen lateinischen Buchstaben bezeichnet.

Wir wollen hier einen etwas allgemeineren Wahrscheinlichkeitsbegriff betrachten, der auch die quantenmechanische Wahrscheinlichkeit umfaßt. Dazu ändern wir die Kolmogoroff'schen Axiome nur insofern ab, als wir auch *mehrere* Mengen von elementaren Ereignissen zulassen, die sich nicht auf eine einzige reduzieren lassen. Wir betrachten also anstelle eines Ereigniskörpers eine Kombination von mehreren Ereigniskörpern. Die Gesetze dieser Kombination werden die Hilbertraum-Struktur der Quantenmechanik ausmachen; wir kommen darauf ausführlich in Kapitel VI zu sprechen.

Betrachten wir eine Menge von Elementaren Ereignissen. Sie bilden (in der Terminologie von C.F. v. Weizsäcker (1958) und E. Scheibe (1964)) eine "Alternative": Eine n-fache Alternative ist eine Menge von n Aussagen (oder Eigenschaften oder, hier, Ereignissen)[1], die sich gegenseitig ausschließen und zusammen vollständig sind; d.h., sind alle Aussagen bis auf eine falsch, dann ist diese eine wahr. Wie man leicht sieht, enthält der Ereigniskörper viele Alternativen, die sich allerdings alle durch "Vergröberung" aus der Alternative der elementaren Ereignisse erzeugen lassen. Die Ereignisse bilden einen Boole'schen Verband. Das ist hier die entscheidende Eigenschaft (die "klassische" Logik); die Eigenschaften eines Zahlkörpers, die man bei geeigneten Definitionen nachweisen kann, sind hier uninteressant[2]. - Bei der Quantenmechanik wird

---

[1] Wir erlauben uns hier die relativ saloppe Ausdrucksweise, weil sich später zeigt, daß jede *Aussage* eine *Eigenschaft* eines Objekts - im weitesten Sinn - aussagt, und weil wir nur *Ereignisse* betrachten, in denen eine Eigenschaft festgestellt wird. Näheres im Kapitel V, "Objekte". - Die Nomenklatur ist philologisch peinlich - wie viele Bräuche, die vor allem praktisch sind: Eine *Alternative* besteht dem Wortsinn nach aus *zwei* Möglichkeiten; eine solche soll hier deshalb auch *einfache* Alternative heißen. Die n-fache Alternative ist davon eine Verallgemeinerung, welche die einfache Alternative als Spezialfall für n=2 enthält - eine "zweifache" Alternative kommt also nicht vor; "binäre Alternative" wäre noch eine Möglichkeit. - Wir beschränken uns hier auf *endliche* Alternativen, denn jede wirkliche Entscheidung entscheidet nur zwischen endlich vielen Möglichkeiten. Auf die Fragen einer Verallgemeinerung auf unendlichfache oder sogar kontinuierliche Alternativen kommen wir später zurück.

[2] Vgl. Anhang zu Kap. I Logik

– Wahrscheinlichkeit –   § IV 5 b/c

der zugrundeliegende Verband, also die Kombination mehrerer Boole'scher
Ereignisverbände, ein nichtboole'scher Verband sein.

5 b.) Summenregel

Nach diesen Vorbemerkungen zurück zu den vorausgesagten Häufigkeiten!
Sei $A_1,\ldots A_i,\ldots A_n$ eine n-fache Alternative, und sei H_i die Zahl der
Fälle unter insgesamt N Versuchsergebnissen, in denen die Aussage A_i
wahr ist. Dann ist die relative Häufigkeit des Ereignisses A_i

$$h_i = H_i / N \qquad (1)$$

Definitionsgemäß stellt sich bei jeder Entscheidung der Alternative genau eine Aussage als wahr heraus, sodaß

oder
$$\sum_{i=1}^{n} H_i = N$$

$$\sum_{i=1}^{n} h_i = 1 \qquad (2)$$

Sei H_r (H_s) die Zahl der Ergebnisse A_r (bzw. A_s); dann ist die Zahl der
Ergebnisse, bei denen A_r *oder* A_s gefunden wird, $H_r + H_s$, da nicht beide
zugleich (nach der Definition der Alternative) wahr sein können. '$A_r \vee A_s$'
(A_r oder A_s) ist also eine Aussage, die in $H_r + H_s$ Fällen wahr wird.
In relativen Häufigkeiten schreibt sich das

$$h(A_r \vee A_s) = h(A_r) + h(A_s) \qquad (3)$$

5 c.) Bedingte relative Häufigkeit

Betrachten wir zwei Alternativen $\{A_1,\ldots,A_n\}$ und $\{B_1,\ldots,B_m\}$, die in
einem Versuch zugleich entschieden werden. Das kann bedeuten, daß ma-
teriell nur ein Experiment gemacht wird, das beide Alternativen entscheidet; z.B. wird bei einem Wurf mit einem Würfel zugleich entschieden, ob
die Augenzahl gerade oder ungerade ist $\{A_1, A_2\}$, und ob sie kleiner als
drei, größer als vier oder keines von beiden ist $\{B_1,B_2,B_3\}$. Ebenso
können aber die beiden Alternativen nur begrifflich zu einem Versuch
zusammengefaßt sein, z.B. A die Windrichtung an einem bestimmten Tag
in München betreffen, und B die Zahl der Selbstmorde an diesem Tag
(oder z.B. am darauffolgenden Tag). Jeder so kombinierte Versuch wird
ein Ergebnis haben, $A_i \wedge B_j$, mit $1 \leq i \leq n$, und $1 \leq j \leq m$.

§ IV 5 d — Wahrscheinlichkeit —

(4)

Betrachten wir nun die relative Häufigkeit $h(A_i | B_j)$ eines Ereignisses A_i unter der Bedingung B_j; d.h. unter allen Ereignissen, bei denen B_j eintritt, betrachten wir die relative Häufigkeit derjenigen Ereignisse, bei denen außerdem A_i eintritt, also

$$h(A_i | B_j) = \frac{H(A_i \wedge B_j)}{H(B_j)} \qquad (5)$$

Dies ist eine ganz gewöhnliche relative Häufigkeit, bei der man nur nicht *alle* Ereignisse betrachtet, sondern sich auf diejenigen beschränkt, die (neben irgendeinem A_i oder $\neg A_k$) das Ergebnis B_j haben. — Kürzt man durch die Gesamtzahl der Versuche, N, dann erhält man:

$$h(A_i | B_j) = \frac{h(A_i \wedge B_j)}{h(B_j)} \qquad (6)$$

5 d.) Totale relative Häufigkeit

Es sei die Häufigkeit für jedes "konjugierte" Ereignis $A_i \wedge B_j$ gegeben. Die Ereignisse vom Typ A_l kommen nur in Kombinationen $A_l \wedge B_j$, jedes mit irgendeinem j, vor. Die Gesamtzahl der Ereignisse vom Typ A_l ist also:

$$H(A_\ell) = \sum_{j=1}^{m} H(A_\ell \wedge B_j). \qquad (7)$$

daraus folgt für die relativen Häufigkeiten

$$h(A_\ell) = \sum_{j=1}^{m} \frac{h(A_\ell \wedge B_j)}{h(B_j)} \cdot h(B_j)$$

$$= \sum_{j=1}^{m} h(A_\ell | B_j) \cdot h(B_j)$$

5 e.) Unabhängigkeit

Wie kann man den Fall präzisieren, daß die Entscheidung der Alternative $\{A_i\}$ von der Alternative $\{B_j\}$ *unabhängig* ist? Präzisierung heißt hier, die Struktur der Unabhängigkeit auszudrücken durch eine Struktur in den Voraussagen von Häufigkeit. Sie wird offenbar durch Folgendes wiedergegeben: "Die Häufigkeit eines Ereignisses A_i wird immer dieselbe sein, *unabhängig* davon, ob außerdem B_j oder $\neg B_j$ eintritt (für beliebiges j)". Anders ausgedrückt: Die Häufigkeit der Fälle $(A_i \wedge B_j)$ unter allen Fällen B_j ist dieselbe, wie die der Fälle $(A_i \wedge \neg B_j)$ unter allen Fällen $\neg B_j$: (Bedingte relative Häufigkeit, Gl. (6)):

$$\frac{H(A_i \wedge B_j)}{H(B_j)} = \frac{H(A_i \wedge \neg B_j)}{H(\neg B_j)} \qquad (8)$$

Setzen wir (1) und (7) in (8) ein, so folgt:

$$\frac{H(A_i \wedge B_j)}{H(B_j)} = \frac{H(A_i) - H(A_i \wedge B_j)}{N - H(B_j)}$$

und daraus:

$$H(A_i \wedge B_j) = \frac{H(A_i) \cdot H(B_j)}{N}$$

In *relativen* Häufigkeiten ausgedrückt:

$$h(A_i \wedge B_j) = h(A_i) \cdot h(B_j) \qquad (9)$$

Die Gleichungen (2) und (9) sind die Summen- und Produkt-Regel der Wahrscheinlichkeitsrechnung, abgeleitet für relative Häufigkeit. Die Regeln gelten aber auch für *vorausgesagte* relative Häufigkeiten, sonst wären die Voraussagen inkonsistent: Wenn man z.B. für einen (falschen) Würfel die relative Häufigkeit 2/9 für die Sechs voraussagt, 1/9 für die Eins, und je 1/6 für die anderen Augenzahlen, dann sagt man *damit zugleich* die relative Häufigkeit 5/9 für gerade Augenzahl, und 4/9 für

§ IV 5 e — Wahrscheinlichkeit —

ungerade Augenzahl voraus. Man *meint* mit der Voraussage von relativen Häufigkeiten zugleich alle daraus - mit Hilfe der Gleichungen (2) und (9) - abgeleiteten Voraussagen[1]. Da wir Wahrscheinlichkeit als vorausgesagte relative Häufigkeit definiert haben, ist damit die Summen- und die Produktregel für die Wahrscheinlichkeit begründet.

Bei Kolomogoroff (1933) ist die Produktregel nicht unter den Axiomen, sondern dient zur *Definition* der Unabhängigkeit: Zwei Alternativen sind unabhängig genau dann, wenn die Produktregel gilt. Dieses Vorgehen ist im Sinn einer mathematischen Axiomatik konsequent, aber für unsere Fragestellung unbefriedigend, denn wir verbinden ja mit der Unabhängigkeit von Versuchen schon sehr bestimmte Vorstellungen, bevor wir eine Axiomatik der Wahrscheinlichkeitsrechnung zur Hand haben.

Wir haben oben (ab § 5), auf wenig formalisierte Weise, schon die logischen Operationen "und", "oder", "nicht" benutzt, obwohl wir keinen bestimmten Aussagen-Verband vorausgesetzt haben. Inhaltlich ist aber wohl klar, was gemeint ist, und wir werden im weiteren Aufbau sehen, daß wir die Regeln nur *innerhalb* eines Boole'schen Aussagenverbandes brauchen werden. Für die Summenregel ist das klar, denn sie spielt nur in einer einzigen Alternative. Für die Produktregel können wir im Vorgriff auf die Quantenmechanik so argumentieren[2]: Zur Ableitung der Produktregel war vorausgesetzt worden, daß die Alternativen A und B zugleich entschieden sein können, also quantenmechanisch kompatibel sind, und das heißt, daß sie zu einem Boole'schen Verband gehören (vgl. Jauch 1968). Zwei inkompatible Alternativen können nicht unabhängig sein, denn die Wahrscheinlichkeit eines B_j ist bestimmt durch das vorliegende A_i, oder umgekehrt; Gleichung (8) ist hier auch nicht anwendbar, denn $\{A_i\}$ und $\{B_j\}$ können nicht gleichzeitig entschieden sein.

---

[1] Im Sinne unserer Bemerkungen zur Wahrheit der Logik (§ I,1) müssen wir formulieren: Die logische Verknüpfung von Voraussagen bezieht sich auf *dasselbe* empirische Material wie die so verknüpften Voraussagen, also müssen zwischen den Voraussagen auch die Beziehungen gelten, die für das empirische Material (die relativen Häufigkeiten) gelten.

[2] Diese Benutzung der bekannten Quantenmechanik dient hier nur als Kommentar. Systematisch wird die Quantenmechanik erst später begründet, darf also vorher nicht als Argument auftauchen.

Was ist bisher systematisch erreicht? Wir haben zunächst die bisherige Diskussion des Wahrscheinlichkeitsbegriffs, auf unsere Fragen hin gerafft, referiert, und dann eine eigene Definition vorgeschlagen, aus der sich ohne zusätzliche Annahmen die Regeln der Wahrscheinlichkeitsrechnung ergaben. Kann man mit dieser Definition nun auch die anderen Probleme des Wahrscheinlichkeitsbegriffs lösen, bzw. welche kann man nicht lösen?

Zunächst das Problem des "referent", des Satz-Subjekts, von dem die Wahrscheinlichkeit ausgesagt wird. Bei der Formulierung "vorausgesagte Häufigkeit" ist klar, daß die ganze experimentelle Situation gemeint ist, und es ist ebenso klar, inwiefern die Frage nach Einzelereignis oder "Ensemble" müßig ist: Die Voraussage betrifft ein bestimmtes, begrifflich festgelegtes Ereignis - insofern Einzelereignisse; die Häufigkeit ist aber nur feststellbar, wenn dieses Ereignis konkret öfters eintreten kann - insofern also "ensemble"; die vorausgesagte relative Häufigkeit gilt für Ensembles von *beliebig* (endlich!) vielen Einzelversuchen. (Ludwig 1969).

5 f.) Häufigkeit von Häufigkeit

Damit sind wir beim zweiten Problem: Die Voraussage kann prinzipiell nur *ungefähr* erfüllt werden, außer bei den "unechten" Wahrscheinlichkeiten 0 und 1: Sei z.B. die Wahrscheinlichkeit, also die vorausgesagte relative Häufigkeit, der Eins beim Würfel 1/6 : Das kann allenfalls bei 6 Würfen *genau* eintreten, nicht aber bei 5 oder 7. Die Ungenauigkeit ist, wie man an dem Beispiel sieht, prinzipiell unvermeidlich. Man kann aber doch noch etwas präzisere Angaben über das Maß dieser Ungenauigkeit machen, so wie man etwa bei physikalischen Messungen zu einem Meßwert auch die geschätzten Fehler angeben kann. Bleiben wir im Rahmen des bisherigen Beispiels: Kann man die Häufigkeit vorhersagen, mit der z.B. unter jeweils 8 Würfen mit einem Würfel *eine* Eins ist, (bzw. *keine* Eins, oder *acht* Einser)?

Es leuchtet ein, daß diese Voraussage von der vorausgesagten Häufigkeit der Eins beim einzelnen Wurf abhängen wird. Es stellt sich sogar heraus, daß sie von nichts anderem abhängt. Formulieren wir das genau:

Wir gehen von ursprünglichen Versuchen über zu Versuchen einer höheren Stufe: Jeder neue Einzelversuch besteht aus einer Serie von N ursprünglichen Einzelversuchen. Ein mögliches Ergebnis eines solchen Versuchs ist, daß (genau) n-mal das Ereignis A eintritt; nennen wir dieses Er-

§ IV 5 f — Wahrscheinlichkeit —

gebnis A_n^N. Aus den oben begründeten Regeln folgt für seine Wahrscheinlichkeit:

$$w(A_n^N) = \binom{N}{n} \cdot w^n \cdot (1-w)^{N-n},$$

wenn w die Wahrscheinlichkeit des Ereignisses A ist (vgl. Anhang § A IV 1): Aus der Analyse des Begriffs "Vorausgesagte Relative Häufigkeit" folgt also einerseits, daß diese Voraussage nur ungefähr sein kann, andererseits folgen aber recht präzise Angaben über die Art dieser Ungenauigkeit.

Aus den vorausgesagten Häufigkeiten von Häufigkeiten läßt sich nun auch ein Mittelwert und eine Streuung um diesen Mittelwert errechnen. Wir würden erwarten, daß der vorausgesagte Mittelwert - kurz "Erwartungswert" - der relativen Häufigkeit eines Ereignisses mit der vorausgesagten relativen Häufigkeit übereinstimmt. Wir sind jetzt nicht mehr frei, eine solche Übereinstimmung zu fordern, sondern wir können nur ausrechnen, ob sie herauskommt. Sie kommt heraus (vgl. Anhang A IV,1):

Die Wahrscheinlichkeit ist der Erwartungswert der relativen Häufigkeit[1].

Der Erwartungswert für die Streuung der relativen Häufigkeit ist

$$\sigma = \sqrt{E\left(\left(w - \tfrac{n}{N}\right)^2\right)} = \frac{1}{\sqrt{N}} \sqrt{w \cdot (1-w)}$$

Die Streuung ist Null für die "sicheren" Voraussagen $w = 1$ und $w = 0$, sonst ist sie größer als Null: Das stimmt mit dem oben Gesagten überein.

Die Wahrscheinlichkeit eines Ereignisses höherer Stufe ist nun wieder eine Voraussage seiner relativen Häufigkeit, kann also auch nur *ungefähr* erfüllt werden, und mit ihr die zugehörigen Erwartungswerte. Wir stehen

---

[1] Die Behauptung sieht auf den ersten Blick zirkulär aus, denn der Begriff "Erwartungswert" ist mit dem Begriff "Wahrscheinlichkeit" definiert. Die Wahrscheinlichkeit ist aber hier die des Einzelereignisses (z.B. A), während der Erwartungswert sich auf Wahrscheinlichkeit von Ereignissen höherer Stufe bezieht (z.B. A_n^N).

hier vor genau derselben Situation wie bei den einfachen Ereignissen.
Wenn wir das "ungefähr" näher aufklären wollen, müssen wir zu Ereignissen
der nächst höheren Stufe übergehen, also zu Reihen von Versuchsreihen
aus Einzelversuchen. Für den Übergang zur höheren Stufe gelten dieselben
Formeln wie beim ersten Übergang. Sei z.B. $(A_n^N)_m^M$ das Ereignis, daß unter
M Versuchsreihen von je N Einzelversuchen m Stück genau n-mal das
Ergebnis A haben. Die zugehörige Wahrscheinlichkeit ist

$$w(\,(A_n^N)_m^M\,) = \binom{M}{m}\cdot\left[w(A_n^N)\right]^m\cdot\left[1-w(A_n^N)\right]^{M-m}$$

$$= \binom{M}{m}\cdot\binom{N}{n}^m\cdot w^{n\cdot m}\cdot(1-w)^{(N-n)\cdot m}\cdot\left[1-\binom{N}{n}w^n\cdot(1-w)^{N-n}\right]^{M-m}.$$

In w ausgedrückt ist das schon eine recht komplizierte Formel. Man sieht
wieder die Sonderstellung der Fälle w = 1 und w = 0:
Bei w = 1 ist z.B. <u>$w(A_n^N)_m^M) = 1$ für m = 0 und n ≠ N, oder für n = N
und m = M;</u> Für 0 < w < 1 ist auch $0 < w(\,(A_n^N)_m^M\,) < 1$. Das illustriert die
Rolle der Wahrscheinlichkeit höherer Stufe als "Meta-Modalität": Die
unterstrichene Gleichung bedeutet "wenn A notwendig ist, dann ist es
auch notwendig, daß keine Versuchsreihe vorkommt, in der nicht alle
Ergebnisse A sind"; ähnlich für Wahrscheinlichkeit w = 0 oder 1.
Es kommen also nicht Modalaussagen über Modalaussagen vor, wie z.B.:
"Es ist möglich, daß es notwendig ist, daß....", oder "w(w(x)) = ...",
sondern die Meta-Modalaussagen sind Modalaussagen über komplexere Sach-
verhalte: Vorausgesagte relative Häufigkeit von relativer Häufigkeit.
Die Voraussage ist nur eine. – Denkbar ist auch die Voraussage einer
Voraussage; aber die würde in eine Meta-Thoerie gehören; etwa in die
Psychologie des Physikers oder in die "science of science" (vgl. Kap.IX).

Die Voraussage der relativen Häufigkeit der relativen Häufigkeit einer
relativen Häufigkeit, $w(\,(A_n^N)_m^M\,)$, kann wiederum nur ungefähr gelten; wer
es noch genauer wissen will, muß zur nächsten Stufe übergehen, und so
weiter. Praktisch wird man bei der zweiten oder allenfalls dritten Stufe
zufrieden sein, wenn man die genähert richtige Verteilung voraussagen
kann, ohne weitere Spezifikation. Bei der Häufigkeit eines Ereignisses,
für das ich mich interessiere, möchte ich noch wissen, mit welchen anderen Häufigkeiten ich rechnen muß, und allenfalls, wie groß die Unsicher-
heit der Voraussage dieser anderen Häufigkeiten ist. Drei verschiedene

§ IV 5 f

Abb. IV,3: Wahrscheinlichkeit und Streuung

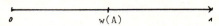

a.) Vorausgesagte relative Häufigkeit von A

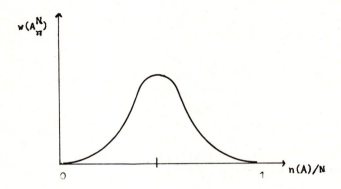

b.) Vorausgesagte relative Häufigkeit der relativen Häufigkeiten von A

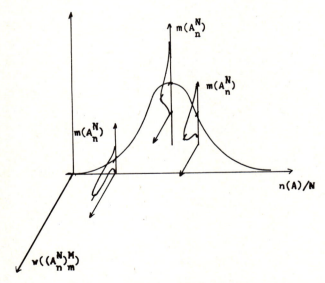

c.) Vorausgesagte relative Häufigkeit der relativen Häufigkeiten der relativen Häufigkeiten von A

Stufen dieser Häufigkeitsvoraussage zeigt die Abbildung IV,3. Die prinzipielle Frage nach der Verläßlichkeit der Voraussage führt, wie wir gesehen haben, *notwendigerweise* auf einen unendlichen Regreß: für $0 < w < 1$ gibt es überhaupt keine Aussage, die nicht mit dem "ungefähr" versehen wäre, das uns schon bisher begleitet hat. Für praktische Fragen spielt das, wie gesagt, keine Rolle; aber auch im Prinzip brauchen wir uns nicht daran zu stoßen, denn im Fundament der Physik liegt ohnehin ein Näherungsbegriff, der des *Objekts* (Kap. V).

Einen Weg zu exakten Zahlen zu kommen, beschreitet die übliche "mathematische" Interpretation, indem sie zum Limes unendlich großer Ensembles übergeht. Wir haben die begrifflichen Aspekte dieses Grenzüberganges ausführlich besprochen. Für die praktische Arbeit mit Häufigkeitsvoraussagen scheint es mir aber wichtiger, die Struktur des mit ihnen verbundenen "ungefähr" zu analysieren, als es wegzudefinieren.

6. Die allgemeinste Voraussage

Wir haben mit unserer Definition von Wahrscheinlichkeit sicher den Sinn des Begriffs erfaßt, wie er meistens in der Naturwissenschaft gebraucht wird. Die "subjektive Wahrscheinlichkeit" ist zwar als vorausgesagte relative Häufigkeit nicht immer faßbar. Es wurde oben erörtert, wie sie eventuell über Begriffe wie "faire Wette" doch auf die Häufigkeitsvoraussage zurückgeführt werden kann, und daß das z.B. bei Jaynes (1959) nicht gelingt. Für die Naturwissenschaft kann prinzipiell beides wichtig werden: Es kann mehr oder weniger *plausible* Naturgesetze geben - dazu gibt es eine reiche Literatur über "Empirische Stützung" ect. von Naturgesetzen (vgl. Stegmüller (1973), Hacking (1965)). - Der Inhalt eines Naturgesetzes, seine Voraussage, bezieht sich aber immer auf die *Häufigkeit* des Eintretens eines bestimmten Ereignisses. Ich möchte also behaupten: Die Wahrscheinlichkeit, die in Naturgesetzen vorkommt, ist vorausgesagte relative Häufigkeit. Ich behaupte sogar darüber hinaus:

Eine vorausgesagte relative Häufigkeit ist die allgemeinste empirisch prüfbare Voraussage überhaupt[1].

---

[1] Beide Behauptungen sind in dem Sinn zu verstehen, der in der Einleitung erwähnt wurde: Sie präzisieren umgangssprachlich gebrauchte Begriffe und man kann allenfalls eine Diskussion darüber anbieten, ob die Präzisierung sinnvoll ist.

§ IV 6 — Wahrscheinlichkeit —

Die Behauptung, die Wahrscheinlichkeit sei die allgemeinste Voraussage überhaupt, können wir noch näher betrachten. Wir müssen zunächst präzisieren, welche Voraussagen wir meinen, nämlich empirisch eindeutig prüfbare, gesetzliche Voraussagen über das Ergebnis der Entscheidung einer begrifflich festgelegten Alternative unter bestimmten Bedingungen. Die Formulierung wirkt etwas umständlich, aber wir werden sie so brauchen.

Den Begriff der empirisch eindeutig entscheidbaren Alternative haben wir bisher vorausgesetzt und werden das auch weiterhin tun. Der Leser weiß hinreichend genau, wie ein Experiment oder eine Beobachtung aussehen muß, das oder die eine Alternative eindeutig entscheidet; eine genauere Diskussion würde ein eigenes Buch erfordern, ist aber hier nicht nötig. Jede solche Entscheidung ergibt eindeutig ein Element der n-fachen Alternative, und jedes mögliche Ergebnis kann Inhalt einer Voraussage sein. Würden wir nicht die Wahrscheinlichkeitstheorie schon kennen, dann kämen wir vielleicht überhaupt nicht auf noch allgemeinere Voraussagen. So aber wissen wir - sozusagen empirisch - daß außer "Ja" und "Nein" auch "Manchmal ja und manchmal nein" zu einer empirisch prüfbaren Voraussage gemacht werden kann.

Diese drei Voraussage-Arten bilden eine vollständige Disjunktion, die wir zudem in Wahrscheinlichkeiten ausdrücken können, nämlich $w = 1$, $w = 0$ bzw. $0 < w < 1$, entsprechend den Modalitäten notwendig, unmöglich, nur-möglich. Es geht also jetzt darum, ob die Wahrscheinlichkeit die *einzige* gemäß unseren Forderungen mögliche Präzisierung von "Manchmal ja, manchmal nein" ist.

Denken wir uns eine beliebige Reihe von Einzelversuchen. Da jeder dieser Versuche unter denselben Bedingungen stehen soll[1], muß jede Versuchsreihe, die aus der gegebenen durch Vertauschen oder Weglassen von Versuchen entsteht, dieselbe Prognose erfüllen: 1.) Die Prognose darf sich also nicht auf die Reihenfolge der Ergebnisse beziehen[2], d.h. sie darf

---

[1] In dieselbe Richtung zielt die übliche Forderung der "statistischen Unabhängigkeit". Bei dieser Bezeichnung ist zwar nur darauf Bezug genommen, daß die bisherigen Ergebnisse keinen Einfluss auf das folgende haben sollen - aber man setzt ohnehin voraus, daß alle übrigen relevanten Bedingungen sich im Lauf der Versuchsreihe nicht verändern. - Die Bezeichnung "relevante Bedingungen" entnehme ich aus Jauch 1968. Welche Bedingungen im Einzelfall relevant sind, ist meistens nicht leicht zu ermitteln; darin zeigt sich das Genie des Experimentalphysikers.

[2] Vgl. de Finetti 1972

– Wahrscheinlichkeit – § IV 6

nur die *Zahl* n_i der Ergebnisse x_i betreffen, in Abhängigkeit von der *Zahl* der Versuche N. Die Funktion $n_i(N)$ (für ein bestimmtes Experiment) gilt es zu bestimmen.

2.) Jedes aus Kollektiven I und II zusammengesetzte Kollektiv III ist wieder ein Kollektiv, und es gilt:

$$N^I + N^{II} = N^{III} ,$$

und für die Voraussagen:

$$n_i(N^I) + n_i(N^{II}) = n_i(N^{III})$$

also:

$$n_i(N^I + N^{II}) = n_i(N^I) + n_i(N^{II}) ,$$

d.h. die Funktion ist linear:

$$n_i(N) = \alpha_i \cdot N + n_i(0) .$$

Bei *keinem* Versuch kann auch *kein* Ergebnis x_i auftreten, also $n_i(0) = 0$. Die Funktion $n_i(N)$ ist vollständig bestimmt durch den Faktor

$$\alpha_i = \frac{n_i(N)}{N} ,$$

die vorausgesagte relative Häufigkeit des Ereignisses x_i, die Wahrscheinlichkeit.

Wir halten also fest: Die allgemeinste empirisch prüfbare Voraussage ist eine Wahrscheinlichkeitsvoraussage.

Das Argument wirkt unwiderlegbar, aber es ist wohl doch kein Beweis unserer Behauptung. Denn um zu beweisen, daß es keine andere Möglichkeit gibt, müßte man zunächst einen Überblick über *alle* Möglichkeiten haben, den man kaum gewinnen kann; das ist die Offenheit der Zukunft. Darum ist ein Unmöglichkeitsbeweis wohl unmöglich, z.B. auch bei "klassischen" Theorien (§ V,5) oder bei Theorien mit verborgenen Parametern (§ VII,6a).

Vielleicht hätte man die Wahrscheinlichkeitstheorie, gäbe es sie nicht schon, mit ähnlichen Argumenten ausschließen können, einfach weil sie einem nicht eingefallen wäre; vielleicht gibt es auch hier noch etwas, dessen Möglichkeit uns bisher nicht eingefallen ist.

Diese Diskussion wirft noch einmal ein Licht auf die Frage, worauf sich Wahrscheinlichkeit bezieht, auf das Einzelereignis oder auf das Ensemble. Hier war es wichtig, daß die Prognose nicht eine fest bestimmte Versuchsreihe betrifft, sondern - so könnte man formulieren -

1.) das Einzelereignis, soweit dabei mitverstanden ist, daß es *begrifflich* bestimmt, also wiederholbar ist, und daß eine empirische Prüfung erst bei längeren Versuchsreihen möglich wird; oder

2.) das Ensemble, soweit man damit den Inbegriff aller möglichen Versuchsreihen aus (endlich vielen) unabhängigen und (nach ihrer begrifflichen Bestimmung) gleichen Versuchen meint; das unendliche Ensemble ist ein "theoretischer" Grenzbegriff zur Erleichterung der Sprechweise (vgl. § IV 2b).

Das Argument, daß die Versuche in einer Reihe vertauschbar sein müssen und daß auch jede Teilreihe zu derselben Prognose gehört (sofern nicht das *Ergebnis* Auswahlkriterium ist) - dieses Argument bringt uns in die Nähe von Überlegungen zu Zufallsfolgen (Frage 4 in § IV 4 oben): Wie kann man einer Folge von Zahlen ansehen, ob sie "zufällig" (random sequence) ist? Zu den Kriterien gehört eben dies, daß die relativen Häufigkeiten durch keine gesetzmäßige Auswahl verändert werden (vgl. Schnorr 1971).

7. Quellen von Wahrscheinlichkeitswerten

Die "klassische Definition", in der üblichen Auffassung, gibt eine Anweisung zum Ausrechnen von Wahrscheinlichkeiten: "Die Wahrscheinlichkeit ist das Verhältnis der Zahl der günstigen Fälle zur Zahl der möglichen Fälle". Dabei ist vorausgesetzt, daß man gleichwahrscheinliche Fälle kennt, und dann ist diese Regel ein Spezialfall der Additionsregel. Man kann jedenfalls mit Hilfe der Wahrscheinlichkeitsrechnung aus bekannten Wahrscheinlichkeiten weitere berechnen. Was aber, wenn man nicht schon Wahrscheinlichkeiten kennt?

7 a) Empirische Ermittlung

Einer empirischen Theorie würdig wäre das *Messen* der gesuchten Wahrscheinlichkeit; das wäre hier das Auszählen von Häufigkeiten in Versuchsreihen. Das ist aber nicht ganz einfach, denn schon nach der Theorie wird jede Messung einer relativen Häufigkeit nur ungefähr dem vorausgesagten Wert entsprechen. Darin allein unterscheidet sich die Wahrscheinlichkeit allerdings noch nicht von anderen meßbaren Grössen: Jede Messung wird vom "wahren Wert" etwas abweichen. Man hilft sich dagegen, indem man den Mittelwert aus mehreren Messungen bildet, und dann mit Hilfe der Wahrscheinlichkeitsrechnung die wahrscheinlichen Fehler abschätzt. - Die Meßfehler bei Wahrscheinlichkeitsmessungen unterscheiden sich von den übrigen aber erstens darin, daß jede einzelne Wahrscheinlichkeitsmessung schon die relative Häufigkeit eines Ergebnisses bei *vielen* Versuchen feststellt; zweitens zwingt die Tatsache, daß Wahrscheinlichkeit das Thema ist, zu größerer Sorgfalt in der Diskussion als bei der üblichen "Fehlerrechnung".

Die Diskussion über Bestätigung, Widerlegung, Stützung ect. von statistischen Hypothesen ist breit geführt worden und wird noch geführt (vgl. Stegmüller 1973). Ein Hauptproblem scheint mir zu sein, daß der Wunsch nach einem eindeutigen ja-nein Kriterium sich nicht verträgt mit dem Wahrscheinlichkeitscharakter der Aussagen. Wir wollen uns hier beschränken auf kurze Bermerkungen vom Standpunkt der bisher in diesem Buch geführten Diskussion.

Das Problem ist nun nicht mehr die Voraussage der relativen Häufigkeit für künftige Messungen, sondern der Schluß von einer festgestellten Häufigkeit auf die "richtige" Voraussage, also ein richtiger Schluß. Die Frage nach der *richtigen* Voraussage wäre sinnlos, wenn nicht ein Naturgesetz vorausgesetzt würde, aus dem für beliebige Zeiten die Voraussage folgt. Die festgestellte relative Häufigkeit kann also dazu dienen, unter mehreren möglichen (naturgesetzlichen) Voraussagen diejenige auszuwählen, die in Wirklichkeit den Ablauf bestimmt hat. Es wird also jetzt nicht die Wahrscheinlichkeit eines Ereignisses unter Voraussetzung einer Hypothese gesucht, sondern umgekehrt die Wahrscheinlichkeit einer Hypothese unter Voraussetzung des festgestellten Ereignisses. Für eine solche Umkehrung gilt die Bayes'sche Regel (vgl. Anhang,§ A IV 3). Die Bayes'sche Regel ist allerdings nur dann anwendbar, wenn die unbedingten ("a priori-") Wahrscheinlichkeiten der Hypothesen gegeben sind; und das ist gerade hier nicht der Fall, wenn man empirisch eine mögliche Hypothese stützen will,

§ IV 7b   - Wahrscheinlichkeit -

über die man sonst nichts weiß.

Einen Ausweg bietet die *likelihood-Regel* an, die lautet: "Ein Ereignis e stützt die Hypothese h_1 besser als die Hypothese h_2, wenn $w(e|h_1) > w(e|h_2)$" - also diejenige Hypothese wird am meisten gestützt, nach der das gefundene Ereignis am wahrscheinlichsten war (vgl. Stegmüller, 1973, S.88 ff, Beispiel S. 106/107).

Die Regel folgt aus der Bayes'schen Regel in dem Spezialfall, daß die beiden Hypothesen h_1 und h_2 unbedingt ("a priori") gleichwahrscheinlich sind. Im allgemeinen Fall braucht die likelihood-Regel aber nicht zu stimmen, wie man an der Bayes'schen Regel ablesen kann. Die Betrachtung des Entropiespiels von Paul und Tatjana Ehrenfest hat uns sogar ein schönes Gegenbeispiel geliefert (§ III 2 und Anhang, § A III 1): Im "thermodynamischen Fall" ist es bei einem gegenwärtigen Nicht-Gleichgewichtszustand "wahrscheinlicher, daß vorher das unwahrscheinlichere geschehen ist." Von den beiden Hypothesen über den vergangenen Zustand ist also im thermodynamischen Fall diejenige wahrscheinlicher, nach der der gegenwärtige Zustand die geringere Wahrscheinlichkeit hatte. Nach der Bayes'schen Regel ist dieser Schluß in Ordnung; dafür sorgen die "a priori"-Wahrscheinlichkeiten. Die likelihood-Regel würde aber den gegenteiligen, falschen Schluß ergeben. - Gerechtfertigt ist die likelihood-Regel nur in der Form: "Ein immer wiederkehrendes Ereignis macht *auf die Dauer* diejenige Hypothese am wahrscheinlichsten, die diesem Ereignis unter den möglichen Hypothesen die größte Wahrscheinlichkeit gibt"; die "Dauer" hängt dabei von den a priori-Wahrscheinlichkeiten ab (vgl. Anhang, § A IV 3).

7 b) Symetrien

Einen Ersatz für die fehlenden "a priori"-Wahrscheinlichkeiten scheint folgende Überlegung zu geben: Wenn ich keinen Grund weiß, der bestimmten Hypothesen vor anderen den Vorzug gibt, dann sind alle gleich möglich, d.h. gleichwahrscheinlich - "Satz vom zureichenden Grund". Nach diesem Argument würde bei totaler Unkenntnis aus der Bayes'schen Regel auch die likelihood-Regel folgen. Die Überlegung ist aber falsch. Wir haben oben gesehen, daß man auf verschiedene Art "Fälle" unterscheiden kann - vgl. das Bertrand'sche Paradox. Das Argument, man wüßte nichts näheres, kann für jeden Typ von "Fällen" gleichermaßen gelten, aber die Ergebnisse wiedersprechen sich: Mit dem Unkenntnis-Argument könnte man eine beliebige Wahrscheinlichkeitsverteilung begründen, wenn man nur die entsprechende Falleinteilung wählt.

Trotzdem ist an der Überlegung etwas Wahres: Die Voraussage, daß alle sechs Augenzahlen beim Würfel gleich häufig vorkommen werden, ist ja richtig und gut begründet mit der Überlegung, daß die Würfelseiten *ununterscheidbar* seien. Bloß drückt "ununterscheidbar" hier nicht einen Mangel an Wissen aus, sondern die ganz bestimmte Tatsache, daß die sechs Würfelseiten physikalisch gleichberechtigt sind, soweit es ihre für das Würfeln relevanten Eigenschaften betrifft. Diese letzte Einschränkung ist wichtig, denn natürlich unterscheiden sich die Würfelseiten mindestens durch die aufgemalten Punkte. Bei einem realen Würfel wird die "Gleichberechtigung" ("Äquivalenz") mehr oder weniger gut erfüllt sein, recht schlecht z.B. bei einem gefälschten Würfel; die Voraussage wird aufgrund der Äquivalenz gemacht, und sie gilt so gut, wie die Äquivalenz erfüllt ist.

Die Äquivalenz der Würfelseiten ist ein Beispiel für die *Symmetrie*-Überlegungen[1], welche zu Voraussagen relativer Häufigkeiten führen können. Ähnliche Gedanken liegen wohl auch der "klassischen Definition" von Laplace zugrunde: "Gleichmöglich" sind die Fälle, die in Bezug auf die Voraussage äquivalent sind, also *deswegen* auch gleichwahrscheinlich. Aus dieser Symetrie folgt die numerische Wahrscheinlichkeit, da die Summe der Wahrscheinlichkeit *aller* Fälle immer Eins ist.

In der Physik werden die Wahrscheinlichkeiten praktisch ausschließlich aus solchen Überlegungen gewonnen, oft mit Hilfe komplizierter gruppentheoretischer Rechnungen (z.B. Clebsch-Gordan-Koeffizienten). Der empirische Teil kann dann immer noch dazu nützen, zwischen zwei Hypothesen über die Symetrie zu unterscheiden. Der Ehrgeiz, die Physik eines Tages im Prinzip zu *vollenden*, bedeutet dann auch den Ehrgeiz, alle einzelnen Symetrieüberlegungen zurückzuführen auf eine einzige grundlegende, wie etwa die Ur-Hypothese (vgl. Kap. VIII):
"Die grundlegende Symetrie ist die der Ja - Nein - Entscheidung; auf ihr bauen sich Raum und Zeit und schließlich die ganze Physik auf."

---

[1] Vgl. Jaynes 1973

V. Objekte

1. Planetentheorie

Jede physikalische Theorie handelt von Objekten, die Natur zerfällt ihr in "idealisierte" Einzelgegenstände, die theoretisch zu behandeln sind. Die Betrachtung der Objekte, die wir heute kennen, hat sich in einer langen Entwicklung herausgeschält[1]. Naturwissenschaft in unserem Sinn entzündet sich an der Bewegung der 7 Planeten Sonne, Mond, Merkur, Venus, Mars, Jupiter und Saturn. Offenbar hat die Wissenschaft seit jeher das Problem, gesellschaftliche Relevanz und Machbarkeit in Einklang zu bringen: Die gesellschaftlich relevante Wettervorhersage ist noch heute nur sehr beschränkt machbar. Eine Vorhersage der Planetenstellung ist dagegen schon zur Zeit der Babylonier relativ gut möglich gewesen[2]; die gesellschaftliche Relevanz wird - notgedrungen - mit der Erfindung der Astrologie nachgeliefert. Daß sich nachträglich die Wissenschaft, die mit Astronomie und Astrologie beginnt, als gesellschaftlich außerordentlich bedeutsam erweist, konnte man an ihrem Beginn nicht voraussehen.

Woran liegt es, daß Prognosen für die Planetenstellung besonders leicht sind? -

1.) Die Stellung eines Planeten ist eine Erscheinung, die leicht zu kennzeichnen ist, nämlich als Punkt auf dem Himmelsgewölbe; nur zwei Zahlen sind dazu notwendig.

2.) Die Bahn eines Planeten zeigt Regelmäßigkeiten, die weitgehend unabhängig sind von der Stellung der übrigen Planeten.
Die Regelmäßigkeiten werden zunächst als "Handwerkerregeln" für die Prognose benutzt. Es ist ein langer Weg von diesen Handwerkerregeln bis zu einer einheitlichen Theorie. Nennen wir nur einige Zwischenstationen bis zu Newton, der für uns systematisch wichtig ist: An einer entscheidenden Wendung dieses Weges steht Eudoxos im 4. vorchristlichen Jahrhundert, der die Kreisbewegung als einheitliches Prinzip einführt. Dieses Prinzip wird schließlich von Ptolemäus zur Perfektion geführt in Theorien mit exzentrischen Zyklen, Epizyklen und Ausgleichspunkt[3] - einer eigenen komplizierten Theorie für jeden Planeten. Kopernikus vereinheitlicht die

---

[1] Vgl. dazu Drieschner 1974

[2] v.d. Waerden 1968

[3] Vgl. Brehme 1976

§ V 2   - Objekte -

Beschreibung weiter, indem er das heliozentrische System einführt, Kepler geht von den Kreisen des Eudoxos über zu Ellipsen, und Newton schließlich führt die Theorie auf zwei Grundgesetze [1] zurück:

I. $K = m \cdot b$ (1. und 2. Newton'sches Gesetz)

II. $K_{ik} = G \cdot \dfrac{m_i \, m_k}{r_{ik}^2} \cdot \dfrac{\vec{r}_{ik}}{|\vec{r}_{ik}|}$ (Principia, Buch 3, prop.7)

Wir können aus diesen Grundgesetzen die Kraft noch eliminieren (zur historischen Entwicklung vgl. Jammer 1957) und erhalten ein System von Differentialgleichungen für die Orte $r_i(t)$ der Massen m_i:

$$\ddot{\vec{r}}_i = G \sum_k \frac{m_k}{(\vec{r}_i - \vec{r}_k)^2} \cdot \frac{\vec{r}_i - \vec{r}_k}{|\vec{r}_i - \vec{r}_k|}$$

(vgl. § A V 1)

Die Lösung dieses Gleichungssystems ist eindeutig, wenn Ort und Geschwindigkeit aller Massen zu einer Zeit vorgegeben sind. In der Ontologie der klassischen Mechanik folgt daraus die Vorstellung vom "Laplace'schen Dämon", der für eine Zeit alle Orte und Impulse weiß und damit zugleich die gesamte Vergangenheit und Zukunft der Welt, mit jeder Einzelheit (vgl. §§ VI 14 und VII 1).

Es ist interessant, daß schon nach der speziellen Relativitätstheorie ein solcher Dämon an einem Ort zu einer Zeit unmöglich ist: Er könnte zur Zeit t_o nur von Ereignissen in seinem Vergangenheitslichtkegel Kenntnis haben, während jedes für ihn zukünftige Ereignis von Ereignissen aus *dessen* Vergangenheitslichtkegel beeinflußt sein kann; und darunter sind solche, die zu dem "Dämon" zur Zeit der Voraussage raumartig waren.

2.) <u>Idealisierung</u>

C.F. von Weizsäcker und E. Scheibe nennen Eigenschaften *kontingent* (vgl. § I 6), die den Objekten - wie hier ein bestimmter Ort - bald zukommen, bald nicht. Also: Jeder bestimmte Ort, sogar jede bestimmte Ortskoordinate ist eine (mögliche) kontingente Eigenschaft eines Körpers; alle möglichen Orte zusammen (auch schon alle möglichen Werte einer Ortskoordinate) bilden eine Alternative (vgl. § IV 5b), hier eine *kontinuierliche* Alternative. Die Zusammenfassung aller kontingenten Eigenschaf-

---

[1] Einen Kommentar enthält Anhang § A V 1

ten eines Objekts heißt sein *Zustand*[1].

Diese Beschreibung entsteht aus einer Idealisierung: Es sollen z.B. Planeten beschrieben werden, oder ein Apfel, der von einem Baum fällt. Von den unzählbar vielen Eigenschaften, die solche Dinge haben, werden zwei herausgegriffen: Ort und Masse. Von dem reichen wirklichen Ding wird idealisiert, abstrahiert zu dem Objekt "Massenpunkt": Eine Masse an einem Ort. Ich unterscheide hier zwischen *Ding* und *Objekt*. Das Ding - wenn wir etwas so nennen dürfen - ist dasjenige, daß wir kennen: Das Ding "Mond" ist die Laterne für die Nacht, auch der (einigermaßen) feste Grund unter den moon-boots der Astronauten; das Ding "Apfel" ist das Runde rotbackige, in das man mit Knack hineinbeißen kann, oder auch die verderbliche Ware, von der es Schwemmen geben kann, EG-Berge - und Calvados. Dagegen der Apfel als Objekt der Gravitationstheorie ist ein Massenpunkt, wie der Mond oder jedes andere Objekt dieser Gravitationstheorie auch: Ein Objekt ist vollständig bestimmt durch die Eigenschaften, die es gemäß der Theorie haben kann; ein Objekt ist nur in Bezug auf eine Theorie definiert. Die erste Idealisierung besteht also darin, daß man nur einige wenige Eigenschaften überhaupt betrachtet - *alle* Eigenschaften eines Dings zu erfassen wäre ohnehin unmöglich. Man *macht* sich ein Objekt für eine Theorie[2].

Eine weitere Idealisierung ist aber hierbei immer schon mit gedacht: Die Isolierung eines Objekts. In Wirklichkeit hängt alles mit allem zusammen; schon wenn wir irgendein *Ding* als getrenntes ansprechen, vernachlässigen wir einen Teil der Wirklichkeit. Das bleibt auch in der physikalischen Theorie so: nach dem Newton'schen Gravitationsgesetz (Gleichung II) wirken auf jeden Körper alle anderen Körper. Streng genommen müßte die Bahn des Mondes etwas verschieden verlaufen, je nachdem ob Sie dieses Buch jetzt noch eine halbe Stunde weiter lesen, oder es - empört über solche Haarspalterei - gleich aus der Hand legen: Das macht im Prinzip einen kleinen Unterschied in der Gravitationswirkung auf den Mond. Natürlich ist das Haarspalterei; aber wir werden noch sehen, wie wichtig es ist, sich die *notwendigen* Näherungen in der Physik bewußt zu machen.

---

[1] In der neueren Diskussion hat sich eingebürgert, als *Zustand* (engl. "state") die Verteilung der Wahrscheinlichkeiten auf *alle* kontingenten Eigenschaften zu bezeichnen, im Gegensatz zu den Obserbablen, deren Eigenwerte die vorliegenden bzw. notwendigen Eigenschaften bezeichnen. Wir wollen hier die ältere Sprechweise beibehalten, nach der "Zustand" die kontingenten Eigenschaften bezeichnet, die "vorliegen" - im Gegensatz zum *Gemenge*, in dem verschiedene Zustände mit Wahrscheinlichkeiten $\neq 0$ vertreten sind (vgl. § V,9).

[2] Mit der Idealisierung empirischer Daten befaßt sich vor allem Ludwig 1969, 1975.

§ V 3a/b   - Objekte -

3.) **Die Näherungen des Objektbegriffs**

In der bestehenden Physik, empirisch sozusagen, findet man folgende Näherungsstufen der Objektbeschreibung vor:[1]

3 a.) **Freies Objekt**: Das Objekt ändert seinen Zustand unabhängig vom Einfluß anderer Objekte.

Die Formulierung braucht einen Kommentar: Gewöhnlich sagt man, ein Körper ohne Wechselwirkung ändere seinen Zustand der Ruhe oder Bewegung nicht - als verbale Formulierung der Newton'schen Gleichung I, für $K = 0$. Dabei ist mit "Zustand" der Impuls bzw. die Geschwindigkeit gemeint. Den Ort ändert ein solcher Körper wohl, wenn er nicht gerade im speziellen Zustand der Ruhe ist. Daß man gerade den Impuls zur Zustandsbeschreibung verwendet liegt u.a. am Trägheitsgesetz[2] - .

Es ist eigentlich zuviel behauptet, daß die Trägheitsbewegung unabhängig von den übrigen Objekten erfolge: Jede Trägheitsbewegung erfolgt *in der Welt* insgesamt, und eine Bewegung ohne die Welt wäre nicht einmal Bewegung. Mach (1883, S. 226) interpretiert in diesem Sinn den Newton'schen Eimerversuch: Das Auftreten der Zentrifugalkraft beweist nicht einen absoluten Raum; denn der Eimer dreht sich jedenfalls im System der Fixsterne, das man nicht versuchsweise mitdrehen kann - man weiß ja nicht einmal, was mit "Drehen des Fixsternsystems" gemeint sein kann; wie würde man überhaupt feststellen, ob es sich dreht?

Die Beschreibung eines Objekts als frei bedeutet eher: Seine Bewegung ist unabhängig davon, in welchem Zustand die anderen Objekte sind; die Freiheit ist eine Symetrieeigenschaft. Sind die Zustände der Objekte *räumlich* bestimmt, kann man konkreter sagen: für ein freies Objekt ist der Raum homogen und isotrop; kein Ort und keine Richtung ist ausgezeichnet.

3 b.) **Objekt im äußeren Feld**: In dieser neuen Näherungsstufe wird der Einfluß der übrigen Welt auf das Objekt betrachtet, nicht aber umgekehrt die Abhängigkeit der übrigen Welt vom gerade betrachteten Objekt. Das

---

[1] Vgl. Weizsäcker 1971, S. 199;

[2] s. unten; vgl. auch Weizsäcker 1966, S. 109.

bedeutet nicht, daß der Einfluß der Umwelt immer derselbe sein muß; das
äußere Feld kann auch "explizit zeitabhängig" sein; z.B. wird nach Kepler
die Bewegung der Planeten im festen Gravitationsfeld der Sonne beschrieben, dagegen beschreibt man Ebbe und Flut im zeitlich sich ändernden
Kraftfeld von Erde, Mond und Sonne, aber auch im "äußeren Feld".

Will man auch die Abhängigkeit der Umwelt vom Zustand des betrachteten
Objekts beschreiben, dann geht man über zu

3 c.) **Wechselwirkung**: Im Idealfall würde man den Einfluß jedes Körpers
auf jeden anderen beschreiben. Das ist aber nicht nur praktisch undurchführbar, sondern sogar prinzipiell nicht als Physik denkbar, wie wir
unten sehen werden. Man beschreibt die Wechselwirkung in einer neuen
Näherungsstufe, indem man einen Teil der ursprünglichen Umwelt heraustrennt und zum ursprünglichen Objekt schlägt: Dann hat man wieder die
Situation wie oben, entweder ein freies Objekt oder ein Objekt im äußeren
Feld, und die Wechselwirkung ist *in* dieses Objekt verlegt. Zu den "inneren Parametern" des neuen Objekts gehören jetzt auch solche, die das
Verhältnis der ursprünglichen Teilobjekte zueinander beschreiben. Betrachten wir dazu ein Beispiel: Die Keplersche Beschreibung der Planetenbewegung im festen Feld der Sonne ist nicht genau genug, denn in Wirklichkeit *bewegt* sich die Sonne, unter dem Einfluß der Planetenbewegung.
Diese Wechselwirkung kann man relativ leicht in einem System (=Objekt)
berücksichtigen, das aus der Sonne und einem Planeten besteht; es bewegt
sich um den gemeinsamen Schwerpunkt (der noch innerhalb der Sonne liegt)[1]
Ist dieses neue Objekt, wie üblich, frei, dann ist die Bewegung des
Schwerpunkts uninteressant; er kann als ruhend betrachtet werden. Die
"inneren Parameter" des neuen Objekts beschreiben dann die Lage der Verbindungslinie zwischen den beiden Himmelskörpern (die sich in einer raumfesten Ebene bewegung), und den Abstand zwischen ihnen: Es bleiben zwei
veränderliche Parameter. Die Bewegungsgleichungen für diese Parameter
sind leicht aufzulösen.

Nun kann man die Näherung weiter verbessern, indem man noch weitere Teile
der Umwelt zum Objekt in Wechselwirkung schlägt, also indem man z.B.
Sonne, Erde und Mond als ein wechselwirkendes System behandelt. Allerdings ist ein solches Dreikörperproblem nicht *geschlossen* lösbar, sondern

---

[1] Vgl. Scheibe 1973 b

§ V 4a — Objekte —

auch *mathematisch* nur in sukzessiven Näherungen. In unserem Beispiel würde man zunächst das Zweikörperproblem Sonne - (Erde + Mond) lösen; den so beschriebenen Einfluß der Sonne auf Erde und Mond würde man als äußeres Feld für das Zweikörpersystem Erde-Mond verwenden, und damit hätte man schon eine gute Näherung, die vor allem durch Hinzunahme weiterer Planeten noch verbessert werden kann. Hier verbinden sich also die begrifflichen Probleme der Abtrennung von Objekten mit den mathematischen der Lösung von Gleichungen.

Abgesehen von mathematischen Schwierigkeiten kann man aber prinzipiell das Objekt durch immer weitere Stücke der Umwelt vergrößern und so zu immer besseren Näherungen kommen. Das Verfahren kann aber nicht zum Ende einer *exakten* Beschreibung kommen, denn: *erstens* könnte das Universum unendlich sein, d.h. das Verfahren könnte überhaupt beliebig weitergehen. *Zweitens*, selbst wenn das Universum endlich wäre, könnte es prinzipiell nicht als Ganzes Objekt sein, denn dann wäre es *für niemanden* Objekt: Wenigstens der Beobachter mit Meßgerät, das zugehörige Subjekt, gehört nicht zum Objekt. In der Newtonschen Theorie spielt diese Begrenzung praktisch keine Rolle, denn wesentlich größer ist der Fehler dadurch, *drittens*, daß ein Ding als idealisiertes Objekt "Massenpunkt" nicht genau genug beschrieben ist[1].

4.) <u>Verschiedene Objekte</u>

4 a.) <u>Körper</u>

In den bisherigen Beispielen haben wir nur Massenpunkte betrachtet: Eine Masse an einem Punkt im Raum, gekennzeichnet durch drei reelle Koordinaten. Bei gegebenem äußeren Feld (das auch explizit zeitabhängig sein kann) ist die Bahn des Massenpunkts vollständig bestimmt, wenn *Ort und Impuls*, oder Ort und Geschwindigkeit, zu einer Zeit festliegen. Man beschreibt daher den *Zustand* eines Massenpunkts durch die Angabe von Ort und Impuls zu jeder Zeit[2]. Alle möglichen solchen Zustände eines Massen-

---

[1] Für die Quantenmechanik vgl. Zeh 1975

[2] In der Newtonschen Theorie ist $p=m \cdot v$: Impuls=Masse x Geschwindigkeit, bei konstanter Masse; man kann die Geschwindigkeit so gut wie den Impuls als Eigenschaft verwenden. Der Impuls ist praktischer 1. in der analytischen Mechanik: der Impuls ist die kanonisch konjugierte Variable zum Ort; 2. in der relativistischen Mechanik: hier sind Impuls und Energie zusammen ein nützlicher Vierervektor, während die Gleichung $p=m \cdot v$ nur mit einer geschwindigkeitsabhängigen Masse richtig ist, die Geschwindigkeit also nicht recht brauchbar.

punkts lassen sich als Punkte eines 6-dimensionalen Raums darstellen (3 Orts- und 3 Impulskoordinaten), des *Phasenraums*. Durch jeden Punkt des Phasenraums geht genau eine mögliche "Bahn" des Massenpunkts, genau eine Abfolge von Orten und Impulsen. Bei einem Objekt (System) von mehreren (n) Massenpunkten gilt dasselbe für einen 6n-dimensionalen Phasenraum (Γ-Raum).

Wann ist ein Ding ein Massenpunkt? Genaugenommen niemals - das war der Grund der Unterscheidung zwischen Ding und Objekt. Genauer muß man also fragen: Wann ist die Näherung gut, die ein Ding als Massenpunkt beschreibt? Offenbar ist sie für die Bewegung der Planeten recht gut. Das Kriterium ist, ob die Angabe von Ort und Impuls ausreicht, um Ort und Impuls wieder vorherzusagen - mit genügender Genauigkeit.

Wir haben gesehen, daß Ort und Impuls *eines* Massenpunkts zur Voraussage ausreichen im Fall des freien Objekts und des äußeren Felds. Oft kommt man allerdings erst zu befriedigenden Voraussagen bei einer Wechselwirkungsbeschreibung, also bei einem System von n Massenpunkten, beschrieben durch 6 n kontingente Koordinaten[1]. Betrachten wir aber z.B. die Bewegung eines Kreisels, oder eines Maschinenteils: Da sind zwar Ort und Impuls wichtig, aber die Voraussage ihrer weiteren Entwicklung ist praktisch nur möglich, wenn man auch Drehungen des Körpers berücksichtigt: Voraussagen über dieses Ding sind nur möglich, wenn man es als ein Objekt beschreibt, das außer einem Ort (und dessen Änderung) auch eine Lage im Raum hat (und deren Änderung). Ein solches Objekt, dessen Zustand durch Ort, Impuls, Lage und Drehimpuls beschrieben wird, heißt *Starrer Körper*. Gewöhnlich spielen bei Starren Körpern "Zwangsbedingungen" (constraints) eine Rolle, die nur einen Teil des 12 n - dimensionalen Phasenraums als mögliche Zustände zulassen: Ein Maschinenteil ist durch einen Gelenkmechanismus auf wenige Bewegungen beschränkt, zwei Starre Körper können sich wegen ihrer Ausdehnung nicht beliebig nahe kommen. Auch "nicht-holonome" Bedingungen kommen vor, die nur die Aufeinanderfolge von Zuständen einschränken: Ein Fahrrad z.B. kann zwar jeden Punkt einer ebenen Fläche erreichen, aber evtl. erst nach komplizierten Manövern; im Kleinen kann es nur vor oder zurück[2].

---

[1] Ich betrachte jetzt nur die *kontingenten* Größen, also diejenigen, die zu verschiedenen Zeiten verschieden sein können. Zu diesen kommen, je nach der Theorie, Konstanten wie Masse, Ladung, Baryonenzahl, von denen die Änderung der kontingenten Größen abhängen kann.

[2] Vgl. Sommerfeld 1955

§ V 4b — Objekte —

Auch die Beschreibung von Dingen als starre Körper ist bei vielen Fragen verbesserungsbedürftig: Bei schwingenden Saiten oder Platten ist die Form eine wichtige *kontingente* Grösse; sie werden als deformierbare Körper beschrieben. Und schließlich, um die Bewegung von Flüssigkeiten oder Gasen richtig zu beschreiben, muß man zum Objekt "Mechanisches Kontinuum" übergehen; dessen kontingente Eigenschaften sind Dichte, Druck, Impulsdichte, Drehimpulsdichte, Spannungstensor o.ä., *an jedem Punkt*, also unendlich viele unabhängige kontingente Grössen. Die zugehörigen Gleichungen sind kompliziert und lassen auch mathematisch im allgemeinen nur Näherungslösungen zu - ähnlich wie schon ein System von drei Massenpunkten.

4 b.) Felder

Zu diesen Objekten der Mechanik treten in der klassischen Physik noch Objekte der phänomenologischen Gleichgewichtsthermodynamik[1], beschrieben durch Druck, Dichte und Temperatur oder drei andere, diesen eindeutig zugeordnete Grössen; außerdem das elektromagnetische Feld. Je nach Bedarf betrachtet man in *kombinierten* Theorien die zugehörigen kombinierten Objekte, z.B. in der Theorie der Dampfmaschine starre Körper in Wechselwirkung mit dem thermodynamisch beschriebenen Medium, oder in der Magnetohydrodynamik das Objekt Plasma, das zugleich die Eigenschaften eine elektromagnetischen Feldes, eines geladenen mechanischen und eines thermodynamischen Kontinuums hat.

Betrachten wir noch einmal besonders das Objekt Feld[2]. Den Begriff "äußeres Feld" haben wir schon bei der Beschreibung der Näherungsstufen des Objekts benützt: Der Einfluß der Umwelt auf das Objekt im äußeren Feld hängt nur vom Zustand dieses Objekts (und evt. noch explizit von der Zeit) ab. Die *Orts*abhängigkeit dieses Einflusses (die gewöhnlich die wichtigste ist) stellt man als *Feld* dar, d.h. jedem Ort wird eine Feldgrösse zugeordnet, aus der sich die Zustandsänderung eines "Objekts im äusseren Feld" an diesem Ort berechnen läßt. Z.B. für das Gravitationsfeld g sieht das so aus:

---

1) Vgl. Tisza 1963

2) Vgl. Einsteins "Nekrolog" (Einstein 1949), S. 12 ff

- Objekte -   § V 4b

$$\vec{g}(\vec{x}) = \sum_t G \cdot \frac{m_t}{(\vec{x}_t - \vec{x})^2} \cdot \frac{\vec{x}_t - \vec{x}}{|\vec{x}_t - \vec{x}|}$$

$$K(x) = m_s \cdot \ddot{\vec{x}}_s = m_s \cdot \vec{g}(\vec{x})$$

Die Kraft, bzw. die Beschleunigung, ist durch das Feld am Ort des Massenpunkts bestimmt. Noch einfacher ist die Beschreibung durch ein *Potentialfeld* $V(\vec{x})$, mit $\vec{g}(\vec{x})$ = grad $V(\vec{x})$; dann heißen die Gleichungen

$$V(\vec{x}) = G \cdot \sum_s \frac{m_s}{|\vec{x}_s - \vec{x}|} ;$$

$$\ddot{\vec{x}}_s = \text{grad } V(\vec{x}) \Big|_{\vec{x} = \vec{x}_s} . \qquad (6)$$

(Die "träge Masse" gleicht die "schwere Masse" gerade aus.)

Ähnlich ist es für das statische elektrische Feld:

$$V(x) = \frac{1}{4\pi\cdot\varepsilon} \sum_s \frac{e_s}{|\vec{x}_s - \vec{x}|}$$

$$m_s \cdot \ddot{\vec{x}}_s = e_s \cdot \text{grad } V(\vec{x}) \Big|_{\vec{x} = \vec{x}_s}$$

In diesen Darstellungen *erzeugt* die (schwere) Masse bzw. die elektrische Ladung das Feld, ist die Feld*quelle*. Soweit läßt sich das Feld als vereinfachte Darstellung der Kräfte auffassen, welche die Umwelt ausübt. Der Feldbegriff bekommt ein neues Gesicht, wenn schnelle Änderungen der Feldquellen - also z.B. der Ladungen in der Elektrodynamik[1] - betrachtet werden: Die Wirkung solcher Änderungen breitet sich mit der Zeit im Raum aus, höchstens mit Lichtgeschwindigkeit. Darauf gründen *Nahewirkungstheorien* für Felder, z.B. die Maxwellsche Elektrodynamik, bei der die Veränderung der Feldgrössen nur von den Feldgrössen in unmittelbarer Nachbarschaft abhängt.

---

[1] Vgl. Tisza 1963

§ V 4c   – Objekte –

Man hat lang nach dem "Äther" gesucht, einem Medium, in dem sich die
elektromagnetischen Wellen fortpflanzen, wie z.B. Schallwellen in Luft.
Diesem Äther hat man immer mehr Eigenschaften absprechen müssen (oder:
Symetrien zusprechen); nach den Versuchen von Michelson (1881) und
Michelson/Morley (1887) konnte man dem Äther nicht einmal mehr einen Bewegungszustand geben: Der "Äther" wird identisch mit dem "Vakuum". Durch
diese empirischen Erkenntnisse wurde schließlich der Entschluß nahegelegt,
das elektromagnetische Feld selbst als *Objekt* anzusehen. Sein kontingenter
Zustand wird beschrieben durch die Feldstärken an jedem Ort. (vgl. dazu
Born 1964)

Nachdem man also angefangen hatte mit *Körpern* und *Kräften* als getrennten
Grundbegriffen, sind jetzt beide als Objekte beschrieben, z.B. als Massenpunkte und Felder, und unterscheiden sich nur noch dadurch, daß die einen
den Ort als kontingente Eigenschaft haben, die anderen (die Felder) nicht.
Dabei gehört das mechanische Kontinuum, obgleich Idealisierung von Körpern, zur zweiten Sorte: Sein kontingenter Zustand ist beschrieben durch
kontingente Eigenschaften an jedem Ort - wie bei einem Feld.

Eines allerdings unterscheidet Kraftfelder noch von anderen Objekten, und
das wird uns in der Quantenmechanik wieder beschäftigen: Sie sind nicht
Idealisierungen. Oder von welchem Ding wäre das elektromagnetische Feld
eine Beschreibung? Natürlich, *Licht* ist elektromagnetische Strahlung.
Aber wie konkret ist Licht? Unter dem Einfluß der Naturwissenschaft würden
wir sagen, wir sehen Licht. Doch bei näherer Betrachtung stellt sich heraus: Wenn man etwas sieht, dann ist es ein Gegenstand *im* Licht - denn
im Finstern kann man nicht sehen - , aber man sieht den *Gegenstand*. Selbst
wenn man "Licht sieht am Ende des Tunnels", stellt man bei näherer Betrachtung fest, daß man die Tunnelwand gesehen hat, oder ein Stück Himmel (also Luft) - wenn man überhaupt etwas gesehen hat. Das elektromagnetische Feld ist mit keinem Ding so verbunden wie der Massenpunkt mit
einem Planeten, so etwa, daß man durch Hinzunahme weiterer Alternativen
die Beschreibung dieses Dings verbessern könnte.

4 c.) Geometrodynamik

Das Gravitationsfeld läßt sich ebenso als Feld beschreiben wie das
elektromagnetische, aber es gibt einige wichtige Unterscheidungen
(vgl. Misner et.al. 1973) :

1. Die Transformationseigenschaften[1] des Gravitationsfeldes sind anders; das soll hier nicht thematisiert werden.

2. Die Gravitationsstrahlung ist vernachlässigbar schwach, im Vergleich zur elektromagnetischen; bisher ist keine Gravitationsstrahlung experimentell nachgewiesen worden. (Die Arbeiten von J. Weber (1973) haben sich nicht bestätigen lassen.) Von daher besteht also kein Hindernis, die Gravitation als Fernkraft beizubehalten.

3. In der Feldbetrachtung geht man aber noch einen Schritt weiter als bei der Elektrodynamik, und dieser Schritt bewirkt das fundamentale Interesse am Gravitationsfeld: In der allgemeinen Relativitätstheorie wird das Feld nicht einfach als Objekt in einem vorgegebenen Raum beschrieben, sondern als eine Modifikation der Raum-Zeit-Struktur. Das gelingt wegen des Prinzips der Äquivalenz von schwerer und träger Masse: Wie wir schon bei den Newtonschen Gleichungen gesehen haben, tritt die Masse einmal als dem Gravitationsfeld zugeordnete "Ladung" auf (*schwere* Masse): Die Kraft auf einen Körper ist seiner Masse proportional. Andererseits ist allgemein die Beschleunigung bei gegebener Kraft der (*trägen*) Masse umgekehrt proportional. Wenn beide male die Masse dieselbe Grösse ist, dann kommt sie in der Bewegungsgleichung eines Massenpunkts im Gravitationsfeld nicht mehr vor (Gl. (6), § V,4b): Alle Körperbewegen sind unter dem Einfluß der Schwerkraft gleich, also z.B. auch eine Eisenkugel und eine Feder in dem bekannten Demonstrationsversuch, bei dem der Einfluß der Luftreibung ausgeschaltet wird.

Wegen seiner Bedeutung für die Allgemeine Relativitätstheorie ist dieses Äquivalenzprinzip in sehr exakten Versuchen bestätigt worden[2]. Die Bewegungsänderung im Gravitationsfeld ist also für alle Körper gleich, genauso wie bei einer Beschleunigung des gesamten Bezugssystems. Einstein (1911) formuliert das Äquivalenzprinzip so: (S. 73)

---

[1] Also die Veränderung des Feldes beim Übergang von einem Inertialsystem zum anderen - soweit eine Beschreibung im Inertialsystem eine gute Näherung ist, vgl. 3.)

[2] Zuerst von Eötvös (1889) mit einer Genauigkeit von 10^{-9}, neuere Versuche von Dicke et al. (1964) und Braginsky und Panov (1971) geben Genauigkeiten von 10^{-11} bzw. 10^{-12}, mit denen die Äquivalenz bestätigt wird. Nur mit dem Mössbauer-Effekt (Mössbauer 1958) sind höhere Genauigkeiten, nämlich bisher 10^{-15}, erreichbar. Mit Mössbauereffekt-Apparatur kann man die Rotverschiebung von elektromagnetischer Strahlung im Gravitationsfeld nachweisen, die ebenfalls aus dem Äquivalenzprinzip folgt; wegen der Kleinheit des Effekts wird hier das Äquivalenzprinzip allerdings nur mit einer Genauigkeit von 1% bestätigt. (Pound et al., 1960/1965)

§ V 4c — Objekte —

Wir gelangen aber zu einer sehr befriedigenden Interpretation des Erfahrungsgesetzes, wenn wir annehmen, daß die Systeme K und K' physikalisch genau gleichwertig sind, d.h. wenn wir annehmen, man könne das System K ebenfalls als in einem von einem Schwerefeld freien Raume befindlich annehmen; dafür müssen wir K dann aber als gleichförmig beschleunigt betrachten. Man kann bei dieser Auffassung ebensowenig von der *absoluten Beschleunigung* des Bezugssystems sprechen, wie man nach der gewöhnlichen Relativitätstheorie von der *absoluten Geschwindigkeit* eines Systems reden kann.[1] Bei dieser Auffassung ist das gleiche Fallen aller Körper in einem Gravitationsfelde selbstverständlich.

Solange wir uns auf rein mechanische Vorgänge aus dem Gültigkeitsbereich von Newtons Mechanik beschränken, sind wir der Gleichwertigkeit der Systeme K und K' sicher. Unsere Auffassung wird jedoch nur dann tiefere Bedeutung haben, wenn die Systeme K und K' in bezug auf alle physikalischen Vorgänge gleichwertig sind, d.h. wenn die Naturgesetze in bezug auf K mit denen in bezug auf K' vollkommen übereinstimmen. Indem wir dies annehmen, erhalten wir ein Prinzip, das, falls es wirklich zutrifft, eine große heuristische Bedeutung besitzt. Denn wir erhalten durch die theoretische Betrachtung der Vorgänge, die sich relativ zu einem gleichförmig beschleunigten Bezugssystem abspielen, Aufschluß über den Verlauf der Vorgänge in einem homogenen Gravitationsfelde. Im folgenden soll zunächst gezeigt werden, inwiefern unserer Hypothese von Standpunkte der gewöhnlichen Relativitätstheorie aus eine beträchtliche Wahrscheinlichkeit zukommt.

---

[1] Natürlich kann man ein *beliebiges* Schwerefeld nicht durch einen Bewegungszustand des Systems ohne Gravitationsfeld ersetzen, ebensowenig, als man durch eine Relativitätstransformation alle Punkte eines beliebig bewegten Mediums auf Ruhe transformieren kann.

Diese Äquivalenz gilt nur lokal, also im Grenzfall kleiner Abstände, aber sie ermöglicht das genannte Grundprinzip der Gravitationstheorie: Die Wirkung von Gravitation oder Beschleunigung, die für alle Körper gleich ist, wird gedeutet als Folge der Raum-Zeit-*Geometrie* (oder *Kinematik*, wie man sagt, um sie von der Geometrie des Raums allein abzusetzen). Diese Geometrie wird lokal bestimmt von der Verteilung der (schweren) Massen: Als Quelle des Feldes, bzw. hier der "Raum-Zeit-Krümmung", behält die schwere Masse ihre Bedeutung; die träge Masse dagegen wird erst wieder sichtbar, wenn *andere* als Gravitationskräfte betrachtet werden, z.B. Ladungen im elektromagnetischen Feld. Verglichen damit ist die Bewegung unter dem alleinigen Einfluß der Gravitation (auf die Geometrie!) eine *freie* Bewegung.[1]

Was bedeutet das für den Objektbegriff? - Wir hatten traditionell Körper (die Objekte), die sich unter dem Einfluß von Kräften im Raum bewegen.

---

[1] Vgl. Einstein 1917 und Schilpp 1949, S. 10.

Wenn wir das Feld - das elektromagnetische oder das Newtonsche Gravitationsfeld - als Objekt betrachten, fassen wir Körper und Kräfte zusammen unter dem Begriff des Objekts im Raum. In der allgemeinen Relativitätstheorie werden nun auch Eigenschaften des Raum-Zeit-Kontinuums selbst kontingent; wir müssen sie nach unserem Ansatz zu den Objekt-Eigenschaften rechnen. Wir haben also jetzt nicht mehr Objekte im Raum, sondern wir betrachten - getreu dem "Machschen Prinzip"[1] - räumliche Verhältnisse als Eigenschaften des Objekts. Wie das im Einzelnen aussieht, werden wir in einem späteren Kapitel behandeln. Wenden wir uns zunächst der weiteren Entwicklung des Objektbegriffs zu:

5. Ultraviolett-Katastrophe

Ein Problem für unsere Auffassung entsteht aus thermodynamischen Überlegungen, speziell aus dem *Gleichverteilungssatz*: Unter sehr allgemeinen Voraussetzungen läßt sich zeigen (vgl. Anhang, § A V,2), daß bei einem System im thermodynamischen Gleichgewicht jeder Freiheitsgrad gleichviel Energie enthält. Für Gase ist dieser Satz gut bestätigt, soweit man die Atome als punktförmig behandeln kann, ohne *innere* Freiheitsgrade: Z.B. hat ein Atom drei Freiheitsgrade (der Translation), ein zweiatomiges Molekül 3 Freiheitsgrade der Translation und 2 der Rotation, etc. (die Freiheitsgrade der Schwingung von Atomen im Molekül gegeneinander treten nur bei hohen Temperaturen in Erscheinung - schon ein Widerspruch zum Gleichverteilungssatz.) Wenn wir aber Atome als kleine Stückchen Materie auffassen, also jedes Atom wieder als mechanisches Kontinuum beschreiben, dann hat ein Atom unendlich viele innere Freiheitsgrade, die alle Energie aufnehmen müßten. Boltzmann erklärt die Tatsache, daß solche Freiheitsgrade empirisch nicht auftreten, dadurch, daß die Atome ideal hart seien - also keine inneren Schwingungen hätten - , und ideal glatt - also nicht in Drehung versetzt werden könnten (Boltzmann 1898). Mit einer solchen, wenn auch problematischen Beschreibung der Atome konnte man sich zunächst zufrieden geben, denn daß Atome merkwürdige Eigenschaften haben würden, mußte man wohl erwarten: Wenn mit der Einführung von Atomen überhaupt etwas erklärt werden sollte, dann konnten die Atome nicht "genauso" sein

---

[1] Mach 1883, S. 226 der 9. Auflage von 1933; vgl. Einstein 1918, Jammer 1954.

§ V 6   - Objekte -

wie gewöhnliche Körper, nur kleiner[1].

Ernst wurde die Schwierigkeit bei der Beschreibung des elektromagnetischen Feldes. Hier gibt es eine exakte Theorie, deren Folgerungen man nicht ohne weiteres ausweichen konnte. Die Diskussion dieses Problems zeigt, daß eine klassische Kontinuumstheorie überhaupt unmöglich ist, weil sie zur "Ultraviolett-Katastrophe" führt (vgl. § A V,3). Planck hat also seine Quantenhypothese an einer wirklich entscheidenden Stelle eingeführt.

6. Vollständige Beschreibung

Die Objekte einer Theorie sind festgelegt durch ihre möglichen Eigenschaften. Je nach dem Ziel der Theorie, also nach der geforderten Genauigkeit, kann man dasselbe Ding als verschiedene Objekte beschreiben, oder sogar hilfsweise Objekte betrachten, denen nicht unmittelbar Dinge entsprechen, zum Beispiel die Felder. Das schien zunächst im Belieben des Physikers zu stehen; wir haben aber gesehen, daß ein ernst genommenes klassisches Kontinuum zur UV-Katastrophe führt, also daß es offenbar hier eine sehr strikte Beschränkung der möglichen Objekte gibt. Die Argumente zur UV-Katastrophe[2] zeigen, daß von der Wahl des Objekts, also von der Festlegung seiner "vollständigen Beschreibung", handfeste physikalische Effekte abhängen können. Betrachten wir diese vollständige Beschreibung näher:

In allen fundamentalen Theorien existiert eine vollständige Beschreibung im folgenden Sinn: Das Objekt ist definiert durch seine sämtlichen möglichen Eigenschaften. Zu einer Zeit liegen gewisse von diesen Eigenschaf-

---

[1] Heisenberg (1969) beschreibt in seinen Erinnerungs-Dialogen, wie ihm diese Forderung einleuchtete: "So bestehe etwa das Kohlensäuremolekül aus einem Atom Kohlenstoff und zwei Atomen Sauerstoff. Zur Veranschaulichung waren solche Atomgruppen im Buch abgebildet. Um nun weiter zu erklären, warum gerade je ein Atom Kohlenstoff und zwei Atome Sauerstoff ein Kohlensäuremolekül bilden, hatte der Zeichner die Atome mit Haken und Ösen versehen, mit denen sie im Molekül zusammengehängt waren. Dies kam mir ganz unsinnig vor. Denn Haken und Ösen sind, wie mir schien, recht willkürliche Gebilde, denen man je nach der technischen Zweckmäßigkeit die verschiedensten Formen geben kann. Die Atome aber sollten doch eine Folge der Naturgesetze sein und durch die Naturgesetze veranlaßt werden, sich zu Molekülen zusammenzuschließen. Dabei kann es, so glaube ich, keinerlei Willkür, also auch keine so willkürlichen Formen wie Haken und Ösen geben."
(S. 12/13; die sehr lesenswerte Erörterung nimmt fast das ganze erste Kapitel ein, weshalb ich hier nur den Anfang zitiere.)

[2] Vgl. § A V 3

ten vor, andere nicht (es ist ja jetzt nur von *kontingenten* Eigenschaften die Rede). Unter den "vorliegenden" Eigenschaften ist eine, die das Vorliegen oder Nichtvorliegen aller anderen Eigenschaften impliziert. Diese Eigenschaft gibt also eine vollständige Beschreibung des Objekts. Wir nennen sie, im Hinblick auf die spätere verbandstheoretische Erörterung eine *atomare* Eigenschaft.

Jede physikalische Theorie enthält also atomare Eigenschaften. Betrachten wir wieder unser einfachstes Objekt, den Massenpunkt: Sein Zustand ist definiert durch 6 reelle Zahlen, nämlich 3 Ortskoordinaten q_i und 3 Impulskoordinaten p_i. Diese Angaben für eine Zeit legen i.a. alle früheren und späteren Eigenschaften eindeutig fest (s.o. § 3b: "äußeres Feld"). Mit der Angabe dieser 6 Zahlen, also des Zustandspunkts im Phasenraum, sind auch alle übrigen Eigenschaften des Massenpunkts festgelegt: Die Energie E z.B. folgt unmittelbar: $E = p^2/2m + V(x)$; die höheren Ableitungen des Orts, also z.B. die Beschleunigung, folgen aus der zu dem gegebenen Zustand gehörigen Bahn, die, wie gesagt, eindeutig festliegt. Die Angabe eines Punkts im Phasenraum ist also eine vollständige Beschreibung aller kontingenten Eigenschaften des Massenpunkts.

In der klassischen Physik wird als selbstverständlich vorausgesetzt, daß jederzeit eine solche vollständige Beschreibung zutrifft, auch wenn man sie gerade nicht kennt: Das Objekt hat "an sich" gewisse Eigenschaften, und alle anderen, die es auch haben könnte, hat es (kontingent) nicht. Im Rahmen unserer Analyse der Voraussagen können wir die "an sich"-Beschreibung *erklären*: Wenn alle Voraussagen notwendig oder unmöglich sind, dann (und *nur* dann) lassen sie sich übersetzen in eine Beschreibung "an sich vorhandener" Eigenschaften. "Objekt X hat die Eigenschaft E" läßt sich lesen als Vereinfachung von: "Immer wenn ich nachprüfe, ob X die Eigenschaft E hat, werde ich (notwendigerweise) E finden" (vgl. § III 1), oder sogar für einen irrealen Konditionalsatz: "Wenn ich E an X nachprüfte, *würde* ich E finden." Den irrealen Konditionalsatz kann ich mit Recht aussprechen, wenn ich der Notwendigkeit der Voraussage sicher bin: Ohne wirklich nachzusehen weiß ich, was ich finden würde; also kann ich sagen: ich kenne eine Eigenschaft, die das Objekt "an sich" hat.

Wenn bei genügendem Wissen *alle* Voraussagen diese Form haben könnten, dann kann umgekehrt eine ungewisse Voraussage, also eine "echte" Wahrscheinlichkeit ($\neq 0$ und $\neq 1$), nur die Folge mangelnden Wissens sein.

§ V 6 — Objekte —

Die Quantenmechanik lehrt uns, daß es auch Wahrscheinlichkeiten $\neq 0$ und $\neq 1$ gibt, die nicht nur mangelndes Wissen widerspiegeln (gerade deswegen fordern ja Befürworter einer Beschreibung von Wirklichkeit an sich ein "Verbesserung" der Quantenmechanik). Wir finden also in der bestehenden Quantenmechanik 2 Arten von (echten) Wahrscheinlichkeitsaussagen vor: Einerseits die fundamentalen, auch bei maximalem Wissen nicht vermeidbaren; andererseits aber, wie vorher, auch solche, die auf mangelndem Wissen beruhen.

Ohne uns auf die bekannte Quantenmechanik zu berufen, können wir den Unterschied so begreifen:

1.) Wahrscheinlichkeiten, die weder 0 noch 1 sind, können dadurch zustandekommen, daß an einer "gemischten Gesamtheit", an einem "Gemenge" gemessen wird: Es wird an Objekten gemessen, die eigentlich verschiedene Eigenschaften haben, für die also eigentlich je nach Einzelobjekt verschiedene Voraussagen gelten. "Eigentlich" bedeutet hier: Wenn die Objekte nicht vermengt wären, könnte man wenigstens zwei Gesamtheiten betrachten, für die *verschiedene* Voraussagen wahr wären. Das ist kein Problem, wenn wir auf die klassische Beschreibung mit ansich vorliegenden Eigenschaften zurückgreifen können: Wir unterteilen dann die Gesamtheit nach den an sich vorliegenden Eigenschaften der Objekte in Untergesamtheiten, in denen alle Wahrscheinlichkeiten 1 oder 0 sind; das können wir sogar noch *nach* der Messung an der großen Gesamtheit tun, wenn diese Messung nicht die ursprünglichen Eigenschaften allzusehr geändert hat. Die Wahrscheinlichkeiten $\neq 0$ und $\neq 1$ geben hier nur den *Anteil* derjenigen Objekte am Gemenge an, die die festgestellte Eigenschaft an sich haben; die Wahrscheinlichkeitsvoraussage war nur Ausdruck unserer mangelnden Kenntnis. — Wir wollen hier aber das klassische Bild an sich vorliegender Eigenschaften nicht voraussetzen, sondern auch zulassen:

2.) Wahrscheinlichkeiten $\neq 0$ und $\neq 1$ bei "reinen" Gesamtheiten. Um das zu erläutern, müssen wir auf die vollständige Beschreibung zurückgreifen: Es sind jetzt Voraussagen gemeint, die auch bei Vorliegen einer vollständigen Beschreibung weder notwendig noch unmöglich sind; anders ausgedrückt: Es handelt sich um Gesamtheiten von *genau gleichen* Objekten, an denen dieselbe Messung doch verschiedene Ergebnisse haben kann. Man wird also sagen können: Im Gegensatz zu vorher, wo die Wahrscheinlichkeiten ($\neq 0$ und $\neq 1$) das Ergebnis einer Vermengung *verschiedener* Objekte waren, gehören hier zu einem *einzigen* Objekt solche Wahrscheinlichkeiten; die

— Objekte — §V 6

Wahrscheinlichkeitsverteilung gehört zu den Eigenschaften *eines* Objekts.

Diese Behauptung wird sofort die Freunde der Gesamtheiten auf den Plan rufen mit dem Einwand, Wahrscheinlichkeiten für Einzelereignisse, und damit auch für einzelne Objekte, gebe es überhaupt nicht. Ich wiederhole dagegen mein Argument (vgl. §§ IV 2 und IV 6), daß, obwohl die Wahrscheinlichkeit nur an konkreten Versuchsreihen geprüft werden kann, die nicht allzu kurz sind, sie doch *begrifflich* dem Einzelversuch zugehört, bzw. der Gesamtheit als Inbegriff *aller möglichen* Versuchsreihen – die beiden Redeweisen sind isomorph aufeinander abbildbar. In der Beschreibung des Unterschieds zwischen den verschiedenen Arten der Wahrscheinlichkeit unterscheiden sich aber die beiden Sprechweisen: Bei den Gesamtheiten betrachtet man in einem Wahrscheinlichkeitsraum das Gebiet sämtlicher möglicher Wahrscheinlichkeitsverteilungen, und man ordnet die *Rand*punkte dieses Gebiets den *reinen* Gesamtheiten zu: Die Wahrscheinlichkeitsverteilung ist definiert als reine Gesamtheit, wenn sie auf keine Weise als Gemenge aus anderen möglichen Verteilungen darstellbar ist.

Der Unterschied zwischen dieser Charakterisierung und der zuerst gegebenen – nämlich daß eine reine Gesamtheit aus lauter (kontingent) *gleichen* Objekten bestehe – verschwindet im praktischen Ergebnis: "Alle möglichen Wahrscheinlichkeitsverteilungen" sind definiert durch die Theorie, die auf den wirklich durchführbaren Experimenten aufbaut (und deren Bereich durch Symmetrieüberlegungen erheblich vergrößert); und welche Beschreibung vollständig ist – also die *Gleichheit* der Objekte definiert – folgt aus derselben Theorie, die sich auf dieselben Experimente bezieht. Es liegt also nahe, daß zu vollständig beschriebenen Objekten gerade eine solche Wahrscheinlichkeitsverteilung gehört, die sich nicht als gewogenes Mittel aus anderen Wahrscheinlichkeitsverteilungen darstellen läßt.

Experimentell wird man die *Mischung* im allgemeinen handfest vorzeigen können, sei es, daß zwei Partikelstrahlen in dasselbe Meßinstrument geführt werden, oder (meistens) daß das Präparier-Gerät offensichtlich die Eigenschaften der präparierten Objekte nicht so genau festlegt, wie das prinzipiell möglich wäre[1].

---

[1] Vgl. hierzu die Disskussion über die experimentelle Prüfung der Bell'schen Ungleichung (Bell 1965), u.a. bei Clauser und Horne (1974) (vgl. Paty 1975), bei welcher die *Apertur* der registrierenden Apparate eine Rolle spielt: Die beträchtliche Größe der auffangenden Fläche ist notwendig, damit überhaupt meßbare Intensitäten zustandekommen; aber diese Größe führt zu einem *Gemenge* von Objekten mit verschiedenem Transversalimpuls.

7. Teilobjekte

Ein charakteristischer Fall aus der Quantenmechanik paßt allerdings nicht in dieses Bild und muß daher besonders besprochen werden: Ein *Teilobjekt* eines Objekts, das zu einem "reinen Fall" gehört, ist i.a. nicht wieder vollständig beschrieben, sondern sein Zustand ist nur als *Gemisch* darstellbar[1]. Hier ist aber eine Mischung aus verschiedenen Präparationen nicht konstruierbar, sondern die Gemisch-Beschreibung entsteht aus dem Informationsverlust durch die Vernachlässigung der Korrelationen mit dem Rest des Objekts. Diese ziemlich kryptischen Andeutungen sollen später (§ VII 6) unter dem Titel "EPR-Paradox" verdeutlicht werden. Hier sei nur soviel vorweggenommen:

Betrachten wir ein vollständig beschriebenes Objekt der Quantenmechanik ("reiner Fall"). Wenn wir es - gedanklich - in zwei seiner möglichen Teilobjekte A und B zerlegen, dann ist i.a. weder A noch B, als getrenntes Objekt betrachtet, vollständig beschrieben. Die gedachte Trennung, der "Schnitt", führt zu einer Gemisch-Beschreibung des Teilobjekts. Das ist m.E. ein ebenso "gedachtes" Gemenge, wie die "Trennung" gedacht ist, solange die Trennung nicht durch eine Messung (irgendeine Manifestation eines Teilobjekts) aktualisiert worden ist: Statt der gedachten Trennung des Gesamtobjekts in A und B ist auch eine ganz andere Trennung in A' und B' *denkbar*, solange die Korrelationen zwischen den Teilen nicht wirklich zerstört sind. Solange alle Korrelationen bestehen, wird man also vernünftigerweise nur das *Gesamtobjekt* als wirkliches Objekt beschreiben und die möglichen Teilobjekte eben als *nur möglich*. Die Unterscheidung ist zunächst ungewohnt, weil nach der klassischen Physik jedes mögliche Teilobjekt in dem Gesamtobjekt auch wirklich schon enthalten ist. Wir werden diese Unterscheidung, die zunächst "metaphysisch" klingt, im nächsten Kapitel auch am Formalismus genauer erläutern können.

Wir schließen aus diesen Erwägungen, daß es von *nur möglichen* Teilobjekten auch keine konkrete Menge geben kann, daß also die Behauptung, jede konkrete, als Gemisch beschriebene Menge enthalte Objekte mit verschiedenen Eigenschaften, durch *mögliche* Teilobjekte nicht widerlegt wird. Wenn dagegen die Teilobjekte aktualisiert sind (durch einen Sortier- oder Meßapparat), dann gilt wieder die Behauptung: Je nach dem, wie dieser

---

[1] Zur Nomenklatur vgl. Süßmann 1958, Mittelstaedt 1963

Apparat funktioniert, werden die so präparierten (Teil-)Objekte alle gleich sein oder (in einem Gemenge) verschieden.

Diese Erörterung über Gleichheit und Wirklichkeit von Einzelobjekten erscheinen zunächst als ziemlich überflüssige geistige Gymnastik, zumal ich am Anfang meine Meinung wiederholt habe, daß der wahrscheinlichkeitstheoretische Gehalt ebenso gut in der Gesamtheits- wie in der Einzelobjekt-Sprache formuliert werden kann. Trotzdem halte ich diese Erörterung hier für unentbehrlich, denn erstens ist die "Wirklichkeit" eines der Hauptthemen der Diskussionen über die Interpretation der Quantenmechanik; mir scheint, daß man in diesem Zusammenhang *erstens* präzisiert, was mit diesem Begriff gemeint sein kann - änlich wie "an element of reality" bei Einstein, Podolsky und Rosen (1935). *Zweitens* spielen gleiche Einzelobjekte begrifflich eine entscheidende Rolle bei der thermodynamischen Statistik: Fermi-Dirac- bzw. Bose-Einstein-Statistik gelten, im Gegensatz zur Boltzmann-Statistik, bei genau gleichen Objekten (vgl. § IV 1). Die Grundlage der Fermi-Dirac-Statistik ist, daß es nicht zwei Objekte zugleich in *demselben* Zustand geben kann: So kann man nur reden, wenn man den Begriff der vollständigen Beschreibung *eines Objekts* und der (kontingenten) Gleichheit aller Eigenschaften zur Verfügung hat. Natürlich kann man dasselbe auch für Gesamtheiten formulieren; dann sind die verschiedenen Statistiken eben empirisch gut bewährte Regeln zur Rechnung mit solchen Gesamtheiten. Der Begriff der vollständigen Beschreibung eines Objekts leuchtet mir aber als der einzige Zugang ein zu einer *Erklärung* dieser Statistik aus allgemeineren Prinzipien. - *Drittens* schließlich werden wir im weiteren Aufbau die Möglichkeit einer vollständigen Beschreibung ausführlich benutzen.

8. Definition des Objekts

Fassen wir die bisherigen Argumente noch einmal abstrakter:

Das Objekt in einer physikalischen Theorie ist bestimmt durch die möglichen kontingenten Eigenschaften, die an ihm festgestellt werden können, bzw. durch die möglichen kontingenten Aussagen "über es"; wir können das Objekt (im Gegensatz zum "Ding") *definieren* durch seine möglichen Eigenschaften: Ein Massenpunkt z.B. ist etwas, das einen Ort und einen Impuls haben kann, und keine weiteren unabhängigen Eigenschaften; oder das elektromagnetische Feld ist dasjenige Objekt, das durch die 6 Feldstärke-Komponenten an jedem Ort beschrieben wird. Wir können also in dieser ab-

§ V 8 — Objekte —

strakten Beschreibung das Objekt (oder "System", in der Sprechweise der Physik) als etwas abgeleitetes einführen, abgeleitet aus dem Begriff der Alternative (Meßgröße, Observablen). Bei den "klassischen" Objekten ist das nur eine Sprechweise, die man wählen, aber auch lassen kann: Wenn man von den Eigenschaften als "an sich vorliegend" reden kann, dann kann man auch von "an sich vorhandenen" Objekten reden. In der Quantenmechanik, also für "Mikroobjekte", wird dagegen der Primat der Alternativen gegenüber den Objekten besonders deutlich: Mißt man den Ort, z.B. eines Elektrons, dann ist die Zuschreibung ".... des Elektrons" theoretische Zutat; die Messung ergibt den Ort eines Zählers, einer Gasblase in der Blasenkammer oder, wenn die Messung sehr genau ist, den Ort eines Silberkorns in der Kernspulenemulsion. Das paßt systematisch zu unserem Anfangen mit *Voraussagen*: Vorausgesagt wird das Ergebnis der Entscheidung einer Alternative; es ist also natürlich, den Objektbegriff als abgeleitet aus dem Begriff der Alternative zu betrachten.

Was macht nun, daß gewisse mögliche Eigenschaften zu Objekten zusammengefaßt werden[1], und andere nicht? Um das zu sehen, müssen wir wieder auf den Zweck der ganzen Theorie zurückgreifen, die Voraussagen:

Diejenigen Eigenschaften gehören zu einem Objekt, die es gemeinsam erlauben, Voraussagen für eben diese Eigenschaften zu machen.

1.) Das Objekt ist *"zeitüberbrückend"* (vgl. Weizsäcker 1971, S.200); es gehören also zu einem Objekt immer dieselben zeitüberbrückenden Alternativen. Deshalb war es wichtig, auf *kontingenten* Aussagen zu bestehen, welche als *dieselbe* Aussage, bald wahr bald falsch sein können[2]. Es ist vorausgesetzt, daß man dafür geeignete Prädikate auswählt, die "zeittranslationsinvariant" sind — daß also z.B. das Prädikat "grot" nicht vorkommt. Der zeitüberbrückende Charakter des Objekts wird ausgedrückt in der Forderung, Voraussagen für *ebendiese* Eigenschaften zu finden.

---

[1] Üblich ist die Sprechweise, daß ein Objekt Eigenschaften *hat*, oder daß Aussagen *über* ein Objekt gemacht werden; umgekehrt, daß das Objekt den Eigenschaften *zugrundeliegt*, aristotelisch: es ist das ὑποκείμενον, die Substanz der Eigenschaften (Akzidentien; συμβεβηκότα). Die der aristotelischen Philosophie angeglichene Sprache legt die Auffassung nahe, daß doch das Objekt "etwas" ist, auch ohne seine Eigenschaften. **Unsere Auffassung vom Objekt** als explizit definiert durch die möglichen Eigenschaften wollen wir auch sprachlich wiedergeben.

[2] § V 2, vgl. § I 6

– Objekte – § V 8

2.) Streng genommen müßte man für eine Voraussage die Ergebnisse aller früheren Entscheidungen von Alternativen berücksichtigen. Über unsere Definition finden wir dagegen den Näherungscharakter des Objektbegriffs wieder (vgl. § V 3): Im Objekt sind diejenigen Alternativen zusammengefaßt, welche Voraussagen *in guter Näherung* gestatten. Welche Näherung gut genug ist, und daher auch, welches Objekt betrachtet wird, kann von der gerade gestellten Frage abhängen.

3.) Es brauchen nicht immer dieselben Alternativen für die Voraussagen zusammenzugehören: Wir haben die Wechselwirkung beschrieben als Zusammenfassung des urpsrünglich betrachteten Objekts mit weiteren Objekten zu einem neuen Gesamtobjekt. Nach unserer Definition würden wir die Wechselwirkung so beschreiben: In gewissen Fällen, oder für gewisse Zeiten, genügen die zunächst betrachteten Alternativen nicht, man muß weitere dazunehmen – man betrachtet also ein "größeres" Objekt.

Betrachten wir Beispiele! Es sei ein meßbarer Ort, beschrieben durch drei reelle Zahlen x_i, eine interessante Größe. Um diese Größe vorauszusagen, müssen wir wenigstens ihre momentane Änderung wissen, die Geschwindigkeit $\dot{x}_i$, bzw. den Impuls p_i. In vielen Fällen genügt das auch schon:

Der Impuls gibt die Änderung des Orts an, die Änderung des Impulses ist durch die Kraft gegeben, in vielen Fällen durch ein nur vom Ort abhängiges Kraftfeld; dann hängt die Änderung des Impulses nur vom Ort ab. Zusammen ermöglichen die beiden Grössen alle Voraussagen für dieselben beiden Grössen; der Massenpunkt ist das einfachste Objekt, das einen Ort hat[1].
– Ähnliches gilt für "erweiterte" Objekte: Wenn z.B. die Impulsänderung von einer *Lage* abhängt, muß diese Lage und ihre Änderung, der Drehimpuls, mit in Betracht gezogen werden; für gewisse Probleme ist also der *starre Körper* ein gutes Objekt. – Das elektromagnetische Feld als äußeres Feld, z.B. für eine Punktladung, tritt nicht als Objekt auf, sondern als eine Weise, wie die Impulsänderung vom Ort abhängt (Kraftfeld). Nun kann aber das elektromagnetische Feld von der Zeit abhängen, und für Voraussagen dieser Zeitabhängigkeit läßt es sich, auch nach unserer Definition, selbst als Objekt behandeln: Nach den Maxwellschen Gleichungen bestimmen räumliche Ableitungen des elektrischen Feldes die zeitliche Ableitung (Än-

---

[1] Die Kraft, also die Änderung des Impulses, darf sogar von der Geschwindigkeit abhängen und noch "explizit" von der Zeit: auch dann ist der Massenpunkt ein "gutes" Objekt, denn künftiger Ort und Impuls hängt nur von vergangenem Ort und Impuls ab.

§ V 8 — Objekte —

derung) des magnetischen Feldes, und umgekehrt; kennt man die Felder zu einer Zeit, so kann man sie (im Vakuum) daraus für andere Zeiten ableiten. Das elektromagnetische Feld fällt also unter unsere Objektdefinition. Will man allerdings daraus auf meßbare Konsequenzen schließen, muß man elektrische Ladungen oder magnetische Dipole in Wechselwirkung mit dem Feld behandeln oder, anders ausgedrückt, man muß ein Gesamtobjekt behandeln, das aus dem Feld besteht, Massenpunkten mit Ladung und magnetischen Dipolmomenten, und evtl. einem Kontinuum mit Ladungsdichte, Polarisation, Leitfähigkeit etc.: Es sind ziemlich komplizierte Objekte behandelbar, bis hin zum schon erwähnten Plasma. - Fügen wir zur Illustration noch den quantenmechanischen Massenpunkt an! Wir beginnen wieder mit dem Ort als meßbare Größe[1]. Dazu gehört in den Quantenmechanik formal untrennbar der Impuls. Schon beim klassischen Massenpunkt haben wir gesehen, daß für Voraussagen des Orts seine Änderung, nämlich Geschwindigkeit bzw. Impuls (die kanonisch konjugierte Variable) unentbehrlich ist. In der Quantenmechanik hängen die beiden Observablen schon über den Formalismus zusammen: Der Impuls ist die komplementäre Observable zum Ort in *demselben* Zustandsraum. Wenn wir die klassische Mechanik aus der Quantenmechanik ableiten, müßte auf diesem Weg eine "Erklärung" des Zusammenhangs der kanonisch konjugierten Variablen gelingen (vgl. Drühl 1976). - Falls notwendig, kann das quantenmechanische Objekt durch zusätzliche Observable erweitert werden, allerdings mit der entscheidenden Einschränkung, daß es für ein Einzelobjekt eine *vollständige* Beschreibung sozusagen physikalisch gibt: Ein Elektron ist als Massenpunkt mit Spin 1/2 vollständig beschrieben, derart, daß man *nachmessen* kann, ob es noch weitere Eigenschaften gibt (nämlich ob Fermi- bzw. Bose-Statistik gilt, vgl. oben § V 7). Ähnliches gilt schon vom klassischen elektromagnetischen Feld: Das Feld ist durch die Angabe seiner 6 Komponenten an jedem Ort (oder auf einer raumartigen Hyperfläche) *vollständig* bestimmt. Es gibt zu keinem von beiden ein Ding, von dem man weitere Eigenschaften zum Objektbegriff hinzunehmen könnte; insofern hat man hier also abstraktere Objekte vor sich als nur "idealisierte Dinge". Eine Erweiterung eines solchen Objekts bedeutet Hinzunahme weiterer Objekte: z.B. von Punktladungen zum elektromagnetischen Feld, oder weiterer Elektronen zum einzelnen Elektron[2]. Bei

---

[1] Das ist hier zunächst der Ort z.B. einer Gasblase in der Blasenkammer, s.o.

[2] Über die "Zusammensetzung" der Dinge aus Atomen vgl. "Klassische Begriffe", § VII 3a.

"hochenergetischen" Reaktionen von Elementarteilchen, z.B. an Beschleunigern oder in der Höhenstrahlung, sind die Teilchen selber umwandelbar, also nicht mehr "zeitüberbrückende Objekte". Dann wird die Existenz selbst des einen oder anderen Teilchens eine kontingente Eigenschaft eines wiederum zugrundeliegenden Objekts "Materie", "Energie"[1] oder, wie Heisenberg scherzhaft auf seinen Ferienort anspielte, "Urfeld". Dieses Objekt, dessen Grundzustand als "Vakuum" in der Quantenfeldtheorie ausführlich behandelt wird, trägt nun alle entscheidbaren Alternativen als kontingente Eigenschaften und ist selbst offensichtlich *nichts als* Träger dieser Eigenschaften. Von anderen Objekten kann man nur abgeleitet reden, sinnvoll vor allem dann, wenn strenge Erhaltungssätze gelten, z.B. von Leptonen, Baryonen oder Ladungen. - Wir werden diesen abstrakten Objektbegriff im VIII. Kapitel, "Urobjekt und Raum", wieder aufnehmen.

9. Notwendigkeit einer atomaren Aussage

Wir formulieren als grundlegendes Postulat für die weitere Axiomatik den *Grundsatz der Objektivität*:

Jedes Objekt wird zu jeder Zeit durch eine atomare Aussage richtig beschrieben.

Wir haben bisher die Stellung dieser Behauptung zur bekannten Physik besprochen: Sie gilt formal in allen Fundamentaltheorien; beim Aufbau der Quantenmechanik wird sie von einigen Autoren vorausgesetzt, von anderen abgelehnt[2]. Wir haben gezeigt, daß das Hauptargument für die Ablehnung des Postulats, nämlich das Auftreten von Gemengen bei Teil-Objekten, nicht zwingend ist. Wir haben außerdem gesehen, daß in der Quantenmechanik die vollständige Beschreibung - oder anders ausgedrückt, die (kontingente) *Gleichheit* von Objekten - experimentell über die Statistik nachweisbar ist. Die Behauptung ist also zulässig und sogar plausibel, daß auch in der Quantenmechanik auf jedes Objekt und zu jeder Zeit eine atomare Aussage zutrifft.

---

[1] Vgl. Heisenberg 1967, Dürr 1975.

[2] Vorausgesetzt wird das Postulat z.B. bei Jauch/Piron 1969 (S. 846), vgl. auch Jauch 1971, Abschnitt 1.6: Die "wahre Aussage" bzw. der Filter aller wahren Aussagen, wird mit dem Zustand ("state") identifiziert. Dagegen lehnen z.B. Ludwig (1970, 1976) und Espagnat (1965) unser Postulat ab.

§ V 9 — Objekte —

Kann man das Postulat in unserem Sinn "a priori" begründen?

Wir wollen als Fundamentaltheorie nur ein System von Naturgesetzen zulassen, das Voraussagen für alle möglichen Messungen für alle Zeiten gestattet; dies ein Ansatz zur Formulierung einer Bedingung der Möglichkeit von (objektivierter) Erfahrung überhaupt. Klassisch würde das bedeuten, daß das Objekt nach der Theorie jederzeit irgendwelche Eigenschaften hat - und das wird klassisch als trivial angesehen. Nun wollen wir uns nicht auf notwendige und unmögliche Voraussagen beschränken, sondern die allgemeinsten empirisch prüfbaren Voraussagen zulassen, nämlich Wahrscheinlichkeitsbelegungen (vgl. § IV 6). Diese Wahrscheinlichkeiten sollen aber nicht aus Unkenntnis der herrschenden Bedingungen stammen, also ein Gemenge verschiedener Objekte anzeigen, sondern begrifflich auf das einzelne Objekt bezogen sein, wie oben (§ V 6) ausführlich diskutiert. Aus unserer Diskussion des Objektbegriffs folgt, daß die *Eigenschaften* des Objekts prinzipiell nur als Voraussagen sinnvoll sind. Wir können also als Bedingung einer Fundamentaltheorie festhalten: *Jedes Objekt hat jederzeit als Eigenschaft eine Wahrscheinlichkeitsbelegung aller seiner Eigenschaften*. Eine solche Wahrscheinlichkeitsbelegung ist eine vollständige Beschreibung des Objekts (ein Verbandsatom[1]):

Nennen wir, um das zu zeigen, eine bestimmte Wahrscheinlichkeitsbelegung aller Eigenschaften W. W soll selbst eine Eigenschaft des Objekts sein, also ein Element des Eigenschaftsverbands. W impliziert also auch für sich selbst eine Wahrscheinlichkeit, die nur $w(W) = 1$ sein kann, denn $W \to W$ ist ein Grundgesetz jeder Logik (vgl. § I,5). Wenn also W ein Atom des Verbandes ist (was wir gleich als notwendig zeigen werden), dann sind wir fertig, denn W ist notwendig (s.o.), also eine "vorliegende" Eigenschaft.

Nehmen wir nun an (zur reductio ad absurdum), W sei kein Atom! Dann wird W von mindestens einem Atom a impliziert, $a \to W$. W enthält eine Wahrscheinlichkeit für a,

$$W \to w(a) = \alpha \qquad (0 \leq \alpha \leq 1).$$

---

[1] Ein Atom des Verbandes ist definitionsgemäß ein Verbandselement, das von keinem anderen Element impliziert wird, außer von der (nicht-kontingenten) Verbands-Null. Vgl. § A VI 2.

— Objekte — § V 9

Wegen der Transitivität folgt:

$$a \to w(a) = \alpha$$

: "Wenn a notwendig ist, dann ist die Wahrscheinlichkeit von a α"; also $\alpha = 1$.
Das heißt aber $W \to a$; mit dem obigen $a \to W$ also $W \leftrightarrow a$, im Gegensatz zur Annahme oben[1]. *W ist eine vollständige Beschreibung des Objekts.*

Die Voraussetzungen, unter denen wir die Notwendigkeit einer atomaren Eigenschaft abgeleitet haben, waren:

1.) Es existiert jederzeit eine Wahrscheinlichkeitsbelegung für alle möglichen Eigenschaften.

2.) Diese Belegung wird als Eigenschaft des Objekts aufgefaßt. Das ist oben (§ 6) ausführlich diskutiert worden. In der bestehenden Quantentheorie sind tatsächlich "fast alle" möglichen Zustände des Hilbertraums nur als Wahrscheinlichkeitsbelegungen operationalisierbar, nicht durch konkrete Messungen: Das Neumann'sche Postulat der Meßbarkeit aller Operatoren ist in Wirklichkeit ein Symmetriepostulat: Auf den Unterschied, ob ein Zustand konkret meßbar ist oder nicht, soll es nicht ankommen (v. Neumann 1932, S. 167).

3.) Die Implikation, $A \to B$, wird identifiziert mit $w(B|A) = 1$. "Die Wahrscheinlichkeit von B ist Eins, unter der Bedingung A".

Diese Voraussetzung ist bei der Diskussion der Wahrscheinlichkeit besprochen worden (§§ IV 2 und 5).

4.) Für jede beliebige Eigenschaft A gilt die Implikation $A \to A$ (oder $w(A|A) = 1$):

Das ist der logische Ausdruck der "Ständigkeit der Natur" (vgl. § I 5).

---

[1] Die logische Äquivalenz ist die Gleichheitsrelation im Aussagenverband, vgl. § VI 3.

VI. Axiomatik der Quantenmechanik

1.) Axiomatik

Die "Elemente" des Euklid haben über zweitausend Jahre lang alle mathematisch Interessierten bewegt, weil sie in strenger Gliederung eine rationale Theorie des Raumes, also von Wirklichkeit liefern. Mathematische Ableitungen - "Beweise" - sind eine griechische Entdeckung. Schon vorher gab es offensichtlich eine hochentwickelte Rechenkunst; "geometrische Fakten" waren bekannt, wie etwa das Faktum, daß ein Dreieck, dessen Seiten sich wie 3 : 4 : 5 verhalten, einen rechten Winkel enthält. Aber daß dieses Faktum sich als Spezialfall des "Pythagoräischen Satzes" auffassen läßt, und daß der Pythagoräische Satz sich beweisen läßt, wenn man nur sehr allgemeine Axiome (Postulate) über Punkte, Geraden und Ebenen voraussetzt, das ist eine griechische Entdeckung. Diese Axiome etc. sind so gemeint, daß sie praktisch selbstverständlich, unbestreitbar wirkliche räumliche Verhältnisse angeben:

Etwa, "daß man mit jedem Mittelpunkt und Abstand den Kreis zeichnen kann", oder: "Was demselben gleich ist, ist auch einander gleich" (nach Euklid 1973); - einzig das Parallelen-Postulat erschien von Anfang an nicht ohne weiteres einleuchtend. Das Faszinierende an der Axiomatik ist, daß alle aus diesen Axiomen abgeleiteten Sätze, mögen sie noch so kompliziert sein und nicht direkt begreiflich, sich in der Wirklichkeit als wahr erweisen. Rein rational, nur durch "relation of ideas" (Hume) wird hier die Wirklichkeit ("matters of fact") sicher erkannt. Die Sicherheit der geometrischen Axiomatik wurde zum Prototyp des sicheren Schliessens überhaupt: Das überzeugendste Argument ist ein Argument "more geometrico" (vgl. Krohn 1977, Teil IV).

Im 19. Jhdt. wird die nicht-euklidische Geometrie entdeckt, d.h. es werden mathematische Strukturen entdeckt, in denen alle Euklid'schen Axiome gelten außer dem Parallelen-"Axiom" - wie das Euklid'sche Postulat nun genannt wird. D. Hilbert (1899) legt danach eine neue Axiomatik der Geometrie vor, die er mit seinem etwas geänderten, dem uns heute geläufigen Verständnis von Axiomatik verbindet: Die Axiome sind vom Mathematiker willkürlich gesetzte "Anfänge" seiner Strukturbetrachtung. Den Mathematiker interessiert die Frage nicht, ob seine Axiome wahr sind; die Frage hätte unmittelbar nicht einmal einen Sinn, denn die Axiome gelten für die in ihnen vorkommenden, irgendwie bezeichneten Objekte, die gar keine weiteren Eigenschaften haben als die, welche ihnen durch die Axiome ausdrücklich zugeschrieben werden. *Alle* Eigenschaften der Objekte sind durch die Axiome "implizit definiert". Für die Axiome der Geometrie ist es also nach Hilbert gleichgültig, ob ihre Objekte "Liebe", "Gesetz" und "Schornsteinfeger" heißen, oder "Punkt", "Gerade" und "Ebene". Die Theorie ist eine willkürliche Konstruktion des Mathematikers, die am besten funktioniert, wenn man sich unter den Gegenständen nichts Konkreteres vorstellt. Anstatt davon zu sprechen, daß die vorkommenden Begriffe durch die Axiome implizit definiert seien, wird man die Axiome insgesamt als Definition der Struktur auffassen können, die man untersucht[1]. Das Problem der "Anwendung" der Theorie liegt ganz außerhalb dieser Konstruktion:

Findet man in der Beschreibung von Wirklichkeit Begriffe, für welche die Axiome wahr sind, dann ist die Theorie dort anwendbar, d.h. es gelten auch die Theoreme für dieselben Begriffe. Aber wie und ob das möglich ist, interessiert den Mathematiker nicht. — Eine Anwendung der Geometrie wäre z.B. möglich, wenn Lichtstrahlen die geometrischen Axiome für Geraden erfüllten (damit wären auch (Schnitt-) Punkte und (aufgespannte) Ebenen eingeführt). Es könnte aber sein, daß Lichtstrahlen nur die Axiome einer nicht-euklidischen Raum-Zeit-"Geometrie" erfüllen; damit ist noch nicht ausgeschlossen, daß sich auch die Geraden der euklidischen Geometrie in der Natur "realisieren" lassen, anders als durch Lichtstrahlen. Dingler, und in seiner Nachfolge Lorenzen und seine Schule, schlagen eine Realisierung durch Kanten geschliffener Blöcke vor; — ob sich so wirklich eine euklidische Geometrie ergibt, ist eine Streitfrage[2], die aber nicht zur axiomatischen Geometrie gehört.

Wir wollen in diesem Kapitel ein axiomatisches System im Sinne Hilberts benutzen, nämlich einen axiomatischen Aufbau des (ebenfalls nach David Hilbert benannten) Hilbertraums, wie er in der Quantenmechanik benutzt wird. Der letzte Zusatz ist wichtig, denn wir werden die Axiome von vornherein "interpretiert" einführen, d.h. die eingeführten mathematischen Gegenstände werden außerdem definiert sein als physikalische Begriffe, so daß die Axiome für diese Begriffe wahr oder falsch sein können.

---

[1] Vgl. Süßmann 1963, S. 18 und Stegmüller 1969, S. 34 ff

[2] Zur Diskussion der Dingler-Lorenzschen Vorschläge vgl. Böhme 1976 und Weizsäcker 1974.

In der Naturwissenschaft denkt man im allgemeinen an ein induktives Verfahren[1]: Es sind gewisse Theoreme als empirische Gesetze bekannt, und zu diesen Theoremen werden geeignete Axiome gesucht, aus denen die Theoreme folgen (vgl. Kap. II). Hier wollen wir aber die (interpretierten) Axiome von vornherein begründen, und zwar a priori in dem oben (§ II 2) ausgeführten Sinn.

Wir verwenden also hier die mathematische Theorie, die axiomatisch im Sinne Hilberts aufgebaut ist, mit ihrer Anwendung zusammen, also insgesamt eher im Sinne der griechischen Axiomatik. Wie sind die Axiome einer solchen Theorie zu begründen? Die Möglichkeit eines Beweises können wir ausschließen: Ein Beweis müßte die fraglichen "Axiome" auf andere Axiome zurückzuführen, deren Begründung dann gefordert ist. Beweist man diese wiederum, dann entsteht ein Beweis-Regreß, der entweder überhaupt nicht endet: dann bleiben alle Beweise ohne Begründung; oder er endet bei Axiomen, die schon als Sätze bewiesen waren: ein circulus vitiosus; oder er endet bei Axiomen, die anders als durch Beweis begründet sind: diesen Fall wollen wir hier betrachten. Was kommt als Begründung in Frage?

Eine Begründung, die von sich behauptet, a priori zu sein, ist ein verbales Argument; das Ergebnis soll eine Formel sein, die sich als Axiom einer mathematischen Theorie eignet. Die Präzisierung einer Behauptung in eine Formel schneidet notwendigerweise mögliche Interpretation ab, die in der verbalen Behauptung noch enthalten waren. Eine solche Präzisierung kann also nur als Angebot gelten, zu diskutieren, ob die Formel das ursprünglich Gemeinte wiedergibt; an der präzisierten Form lassen sich aber auch mögliche Meinungsunterschiede besonders klar machen. Als ein solches Angebot zur Diskussion - oder als Provokation dazu - ist der folgende Aufbau gemeint:

2.) Voraussagen

Gegenstand der Betrachtung sind empirisch prüfbare gesetzliche Voraussagen. Insofern es sich um *Voraussagen* handelt, gehört das Thema also in die Logik zeitlicher Aussagen, speziell futurischer Aussagen; insofern

---

[1] Davon zu unterscheiden ist das induktive Verfahren, das überhaupt erst zu Naturgesetzen führt, bei dem nämlich aus einzelnen Beobachtungen auf ein allgemeines Gesetz geschlossen wird: Dafür gilt der Hume'sche Zweifel. Aber auch wenn man gegen den Hume'schen Zweifel die Möglichkeit von Gesetzen schon anerkennt, bleibt der Schluß zu begründen von schon akzeptierten Gesetzen auf allgemeinere, die als Axiome einer umfassenderen Theorie dienen.

aber *Gesetze* für solche Voraussagen betrachtet werden, sind zeitüberbrückende Aussagen das Thema.

Eine Voraussage ist weder wahr noch falsch: "Morgen wird eine Seeschlacht stattfinden"[1] ist *als* Voraussage allenfalls notwendig oder unmöglich, oder hat die und die Wahrscheinlichkeit. Weizsäcker (1965) gibt folgende Auslegung des aristotelischen Arguments: "Aristoteles bezweifelt, daß der von ihm selbst (Metaphysik 7) als allgemein aufgestellte Satz vom ausgeschlossenen Dritten für Aussagen über zukünftige Ereignisse Geltung habe. Ist der Satz "Morgen wird eine Seeschlacht stattfinden" heute notwendigerweise an sich wahr oder falsch? Wäre dies der Fall, so wäre heute an sich bestimmt, ob morgen eine Seeschlacht stattfinden wird. Man hätte also den Determinismus aus dem Satz vom ausgeschlossenen Dritten hergeleitet. Nun mag der Determinismus wahr sein; aber es erscheint als eine unzulässige Erschleichung, ihn, der eine positive metaphysische Behauptung ist, aus einem Satz der Logik herzuleiten. Es ist aber schwer zu sehen, was an dieser Herleitung falsch sein soll, wenn nicht die Prämisse, jeder Satz sei in der Gegenwart wahr oder falsch". Dieses Argument wird wohl auch jemand akzeptieren müssen, der eigentlich den Determinismus für wahr hält, was wir nicht tun. Wir betonen demgegenüber die Offenheit der Zukunft: es gehört zu ihren Charakteristika, noch nicht entschieden zu sein, beeinflußbar, eben offen. In unserem Formalismus wird diese Offenheit in Gestalt des Indeterminismus eingehen (§ VI 14).

Die allgemeinste empirisch prüfbare Voraussage ist eine vorausgesagte relative Häufigkeit (§ IV 5). Unsere Voraussagen sind daher mit Wahrscheinlichkeiten w bewertet, wobei "$w=1$" ("notwendig") am nächsten der üblichen Bewertung "wahr" kommt, "$w=0$" ("unmöglich") der Bewertung "falsch". Dies ist eine Explikation des Seeschlacht-Arguments: Determinismus bedeutet, daß alle Wahrscheinlichkeiten 0 oder 1 sind; Indeterminismus, daß auch andere Werte vorkommen. Die Wahrscheinlichkeit ist die Modalität von Zukunfts-Aussagen, die quantifizierte Möglichkeit (Weizsäcker 1971).

In der klassischen Logik kann die Aussage[2] "$\underline{A}$ ist wahr" mit der Aussage "$\underline{A}$", "$\underline{A}$ ist falsch" mit "$\neg \underline{A}$" identifiziert werden kann - es gibt keine

---

[1] Aristoteles, de interpretatione 9. Vgl. Frede 1970

[2] Ich bezeichne in diesem Kapitel Aussagen mit *unterstrichenen* Buchstaben, um sie von den später einzuführenden Atom-Mengen zu unterscheiden.

Meta-Ebene. Im Gegensatz dazu müssen wir hier unterscheiden: "$\underline{A}$" ist die neutrale Nennung der Aussage, gelegentlich auch, der einfacheren Sprechweise halber, mit der Voraussage "$\underline{A}$ ist notwendig" bzw. "$w(\underline{A}) = 1$" identifiziert; daneben gibt es aber alle $w(\underline{A}) = p$ mit $0 \leq p < 1$, von denen sich allenfalls $w(\underline{A}) = 0$ noch mit $\neg \underline{A}$ identifizieren läßt - wir kommen auf die Negation unten. Die Fortsetzung in weitere Meta-Ebenen (nämlich vorausgesagte Häufigkeit von Häufigkeiten, ect.) wurden in Kapitel IV ausführlich behandelt.

3.) <u>Implikation</u>

Grundlegende Relation für unseren Aufbau ist die Implikation $\underline{A} \to \underline{B}$ "$\underline{A}$ impliziert $\underline{B}$". In unserem Fall sind $\underline{A}$ und $\underline{B}$ Voraussagen; die Implikation lautet ausführlich:

"Immer wenn $\underline{A}$ notwendig ist, ist auch $\underline{B}$ notwendig",

oder in Wahrscheinlichkeits-Schreibweise

$$w(\underline{A}) = 1 \quad \Rightarrow \quad w(\underline{B}) = 1.$$

Die formal definierte Implikation, $\to$, ist damit auf die umgangssprachliche, abgekürzt $\Rightarrow$, zurückgeführt. Sie sagt eine ("strukturelle", vgl. § I 6) Relation zwischen den kontingenten Voraussagen aus, ist also im Vergleich zu diesen eine Meta-Aussage[1].

Die Implikation ist eine Ordnungsrelation, sie ist nämlich

1.) reflexiv: $\underline{A} \to \underline{A}$

2.) transitiv: $\underline{A} \to \underline{B}$ und $\underline{B} \to \underline{C} \Rightarrow \underline{A} \to \underline{C}$,
wegen der Reflexivität und Transitivität der umgangssprachlichen Implikation.

3.) antisymmetrisch: $\underline{A} \to \underline{B}$ und $\underline{B} \to \underline{A} \Rightarrow \underline{A} = \underline{B}$.

Die Antisymmetrie muß evtl. erst ausdrücklich hergestellt werden: Die Relation "$\underline{A} \to \underline{B}$ und $\underline{B} \to \underline{A}$" ist eine Äquivalenzrelation, teilt also die Menge aller Voraussagen in Äquivalenzklassen. Betrachten wir als

---

[1] vgl. oben § I 3, und Davies & Lewis 1970, § 6

§ VI 3 — Axiomatik der Quantenmechanik —

neue Voraussagen solche Äquivalenzklassen[1]; dann gilt die Antisymmetrie. Die gegenseitige Implikation dient also, in anderer Ausdrucksweise, als "Gleichheitsdefinition".

Was steht "physikalisch" hinter dieser Konstruktion? Vorausgesagt wird das Ergebnis einer Messung; man stelle sich etwa ein Meßgerät mit zwei möglichen Ergebnissen vor (z.B. einen Stern-Gerlach-Apparat), das in einen Teilchenstrahl gebracht wird. Eine Voraussage würde etwa lauten: "Ergebnis 1", oder, wenn die Notwendigkeit ausdrücklich formuliert wird: "Ergebnis 1 wird jedesmal eintreten".

Das kann man wissen entweder *empirisch*, wenn man nämlich an dem betreffenden Präparierapparat schon so oft gemessen hat, daß man mit gutem Grund die Voraussage machen kann, also aufgrund von "Eichmessungen"; oder *theoretisch*, aufgrund von Messungen an ähnlichen Apparaten oder aus der Theorie des Apparats (z.B. eines Beschleunigers oder der zugehörigen "Beam-Optik"). Praktisch wird man beides kombinieren: Der Präparierapparat wird nach theoretischen Berechnungen konstruiert, und dann überzeugt man sich bei Probeläufen, daß er auch den Strahl liefert, den man berechnet hat.

Angenommen, man weiß nun von einem anderen Meßgerät B, daß es sein Ergebnis Nr. 5 immer in solchen Situationen mit Notwendigkeit liefert, in denen das Meßgerät A Ergebnis 1 liefert; dann gilt $A_1 \rightarrow B_5$. Wohlgemerkt, dies ist eine naturgesetzliche Aussage: Sie bedeutet nicht, daß an *demselben* Objekt erst A und dann B gemessen wird; das geht bei Teilchenstrahlen gewöhnlich gar nicht. Sondern an einem Strahl, von dem man weiß, daß eine Messung von A mit Sicherheit A_1 ergeben *würde*, wird stattdessen B gemessen, und die Voraussage ist, daß (notwendig) B_5 gemessen wird. (Vgl. § III 1; vgl. irrealer Konditionalsatz = counterfactual conditional).

---

[1] Jauch (1968, 1971) und Piron (1976) (1969) konstruieren zunächst "Ja-Nein-Experimente", und zwischen ihnen eine Implikation analog unserer, nämlich $\alpha < \beta$: $\Leftrightarrow$ [α is "true" implies that β is "true"] - also mit dem einzigen Unterschied, daß Jauch und Piron "true" (in Anführungszeichen) dasjenige nennen, was nach unserer Analyse "notwendig" heißen muß. Die Äquivalenzklassen aus "Ja-Nein-Experimenten" nennen sie "propositions". Die Unterscheidung ist für Jauch und Piron wichtig wegen ihrer speziellen Konstruktion des "und"; wir sparen uns eine Unterscheidung in den Bezeichnungen, auch im Hinblick auf die folgende Analyse.

Natürlich ist diese Beschreibung stark idealisiert: Eine wirkliche Apparatur wird immer störende, nicht voll analysierbare "Dreckeffekte" aufweisen[1]. Außerdem wird man in Wirklichkeit nicht versuchen, Implikationsstrukturen direkt zu ermitteln, indem man beliebige Meßgeräte in beliebige Teilchenstrahlen stellt; sondern in den Aufbau jedes neuen Experiments geht die gesamte schon verfügbare Physik ein, mit wohldefinierten Meßgrößen und Meßverfahren, einschließlich der zugehörigen Implikationsstruktur. Nur: Was es *heißt*, daß eine Eigenschaft eine andere impliziert, oder einer anderen äquivalent ist, das kann man über die Implikation der (notwendigen) Voraussagen operational ausdrücken. Wir können auf diese Weise abstrakt formulieren, was es bedeutet, *dieselbe* Eigenschaft nach verschiedenen Methoden zu messen: nämlich daß die Feststellung dieser Eigenschaft nach einer Methode mit Notwendigkeit vorausgesagt wird genau dann, wenn sie auch nach der anderen Methode mit Notwendigkeit vorausgesagt wird.

Häufig[2] wird eine andere Ordnungsrelation für Voraussagen (bzw. Eigenschaften eines Objekts) eingeführt, nämlich:

$$\underline{A} \leqslant \underline{B} :\Leftrightarrow w(\underline{A}) \leqslant w(\underline{B}) \quad \text{für alle möglichen Wahrscheinlichkeitsbelegungen } w.$$

In der fertigen Quantenmechanik geben beide Definitionen dieselbe Relation wieder; ohne die Quantenmechanik gilt das aber nicht allgemein. Zwar gilt:

$$\left[w(\underline{A}) \leqslant w(\underline{B}) \ \forall w \right] \Rightarrow \left[w(\underline{A}) = 1 \Rightarrow w(\underline{B}) = 1 \right] ,$$

wie man leicht sieht, aber nicht die umgekehrte Implikation. Wir können aber aus dem Sinn der Begriffe Implikation und Wahrscheinlichkeit die Forderung ableiten, daß auch die umgekehrte Implikation gilt, also daß

---

[1] Es ist das besondere Verdienst von G. Ludwig (1969, 1976), den Vorgang der Idealisierung von "Größen" aus relativ unreinen Messungen formalisiert zu haben. Unser Ansatz überspringt diese Probleme; denn hier ist das Interesse nicht die Formalisierung dessen, was wirklich geschieht, sondern eine Formulierung der *Forderungen*, die an ein Gebilde gestellt werden müssen, damit es eine objektive Theorie sein kann (vgl. § II 2).

[2] Vgl. z.B. Maczyński 1974, Ochs 1973, Finch 1969; dagegen haben dieselbe Definition wie wir, außer Jauch und Piron 1969 z.B. Berzi & Zecca 1974, Zabey 1975, Mac Laren 1965, Hellwig & Krausser 1974.

§ VI 4   - Axiomatik der Quantenmechanik -

die beiden Ordnungsrelationen äquivalent sind. Denn, nehmen wir an $\underline{A}$ impliziert $\underline{B}$; dann bedeutet eine Feststellung von $\underline{A}$ zugleich, daß auch $\underline{B}$ festgestellt ist. Jeder Fall von $\underline{A}$ ist also auch ein Fall von $\underline{B}$, d.h. die (relative) Häufigkeit von $\underline{B}$ ist mindestens so groß wie die von $\underline{A}$.

Diese Argumentation ist in den üblichen Fällen, in denen Eigenschaften "vorliegen", überzeugend: Betrachten wir z.B. die Aussagen über ein Würfel-Ergebnis $\underline{A}$: "Augenzahl 2" und $\underline{B}$: "Gerade Augenzahl". $\underline{A}$ impliziert $\underline{B}$, und wenn $\underline{A}$ vorliegt, liegt *damit* schon $\underline{B}$ vor, denn 2 ist ein Spezialfall einer geraden Augenzahl. - Dagegen folgt aus unserer Betrachtung der Notwendigkeit nicht unmittelbar dasselbe; denn, daß die Notwendigkeit von $\underline{A}$ die von $\underline{B}$ impliziert, sagt gar nichts über einen Fall, in dem $\underline{A}$ *nicht* notwendig ist.

4.) Wiederholbarkeit

In Wirklichkeit muß die Beschreibung der Messung noch ergänzt werden um die wichtige Forderung, daß die gemessene Größe bei der Messung auch "vorliegt". Das klingt ganz trivial, denn natürlich soll nur das gemessen werden, was auch wirklich da ist; in der klassischen Physik ist damit der Fall erledigt. Nachdem uns aber das *Vorliegen* von Eigenschaften zweifelhaft geworden ist, und wir erst über Voraussagen definieren, was damit gemeint sein soll, müssen wir die Forderung ausdrücklich erheben: Bei einer Messung soll die festgestellte Eigenschaft auch wirklich vorliegen. Daß die Eigenschaft *vorliegt*, heißt dabei, daß die folgende Voraussage sicher (notwendig) ist: bei einer Messung dieser Eigenschaft wird diese Eigenschaft auch gefunden. Wegen dieser Struktur spricht man auch von der Forderung der *Wiederholbarkeit*: "Daß Eigenschaft $\underline{A}$ festgestellt ist, bedeutet, daß bei nochmaliger Messung wieder $\underline{A}$ festgestellt würde."
Die Formulierung ist irreführend, denn es ist nicht gefordert, daß *nach* der Messung der gemessene Zustand vorliegt (Messung 1. Art). In typisch quantenmechanischen Messungen ist das auch gar nicht der Fall. Z.B. beim Stern-Gerlach-Versuch wird der Spin-Zustand des Silberatoms bei der Wechselwirkung mit der Fotoplatte zerstört. Hier könnte man noch die Fotoplatte weglassen, und der Spin bliebe erhalten (deswegen die Beliebtheit des Experiments in der Grundlagendiskussion); aber z.B. bei einer Ortsmessung ist das Objekt an dem gemessenen Ort nur im Augenblick der Messung.

Das ist aber auch das Entscheidende. Bei jeder Messung, sei sie 1. oder 2. Art, muß es den "Augenblick der Messung" geben, in dem die gemessene Eigenschaft wirklich vorliegt, d.h. wenn im selben Augenblick, anstelle der Fortführung des Meßprozesses, eine neue Messung derselben Eigenschaft gemacht würde, dann würde mit Notwendigkeit dieselbe Eigenschaft gefunden (bzw. beides in guter Näherung, vgl. § V 2). Das ist im Sinn des Begriffs Messung (nämlich von etwas Wirklichem) enthalten.

Für die Implikation, $\underline{A} \to \underline{B}$, bedeutet das: Wenn $\underline{A}$ festgestellt ist, dann lag (im Augenblick der Messung) $\underline{A}$ vor, und damit auch $\underline{B}$, nach unseren Definitionen von Vorliegen und Implikation. Damit haben wir wieder das klassische Bild: jeder Fall von $\underline{A}$ ist ein Fall von $\underline{B}$, und daher ist die Häufigkeit von $\underline{A}$ höchstens so groß wie die von $\underline{B}$.

5.) Objektivität

Wir haben im letzten Kapitel festgestellt, daß jederzeit eine atomare Aussage notwendig ist. Dabei ist eine Aussage atomar, wenn sie von keiner anderen Aussage[1] über dasselbe Objekt impliziert wird; sie beschreibt also das Objekt vollständig. Wir können daher jede Aussage $\underline{X}$ charakterisieren durch die Menge derjenigen atomaren Aussagen, die $\underline{X}$ implizieren: $\underline{X}$ kann nur vorliegen, wenn eine atomare Aussage vorliegt, die $\underline{X}$ impliziert. Wir beschreiben also jede Aussage durch eine Menge von atomaren Aussagen und kümmern uns vorläufig (§§ 5 - 11) nur noch um solche Mengen (die wir dann gelegentlich auch als Aussagen bezeichnen). Wir haben also eine "extensionale" Beschreibung von Aussagen bzw. Eigenschaften, was unmittelbar mit der "Objektivität" zusammenhängt, d.h. mit dem physikalischen Objektbegriff[2].

Die Implikation können wir daher auch als Mengeninklusion schreiben[3]:

---

[1] Äquivalente Aussagen sind gleich, vgl. § 3; eine "andere" Aussage ist also hier eine inäquivalente Aussage.

[2] Zierler & Schlessinger (1965) zeigen, daß jede orthomodulare Menge (i.a. nicht einmal ein Verband!) sich darstellen läßt als Menge von Untermengen einer Menge. Vgl. auch unten und Finch 1969.

[3] Der Aussage $\underline{A}$ entspricht die Menge A von Atomen.

§ VI 6/7   - Axiomatik der Quantenmechanik -

$$A \subset B \quad \text{(dabei schließt "}\subset\text{" die Möglichkeit "}=\text{" ein).}$$

Denn "$\underline{A}$ ist notwendig" bedeutet, daß ein Atom aus der Menge A vorliegt; wenn daraus folgt, daß "$\underline{B}$ notwendig ist", also daß das vorliegende Atom aus der Menge B ist, dann bedeutet das die Mengeninklusion $A \subset B$. "Wenn ein Atom Element von A ist, dann ist es auch Element von B."

6.) Wahrscheinlichkeitsfunktion

Die verschiedenen atomaren Aussagen sind verbunden durch die Wahrscheinlichkeiten: Seien a und b zwei atomare Aussagen[1]; dann ist

$$w(a \mid b)$$

die Wahrscheinlichkeit von a, wenn b notwendig ist (also in diesem Sinn "vorliegt"). Daraus folgt

$$w(a \mid a) = 1.$$

Würde eine atomare Aussage (a) eine andere (b) implizieren, dann hieße das $w(b \mid a) = 1$ (vgl. § IV 2b, § IV 6). Da aber eine atomare Aussage von keiner anderen impliziert wird, folgt daraus, zusammen mit der obigen Gleichung:

(A1) $w(b \mid a) = 1 \iff a = b$.

Dies ist das erste Axiom für unseren Formalismus. - Eine solche Wahrscheinlichkeitsverteilung ist im Sinne der üblichen Diskussion von Zuständen eine relativ starke Annahme: Sie ist "von selbst" *vollständig* und *stark* (vgl. Foulis & Randall 1972).

7.) Negation

Eine Alternative ist eine Menge von Aussagen mit folgenden Eigenschaften: 1.) Die Aussagen schließen sich gegenseitig aus, 2.) bei jeder Entschei-

---

[1] Ω ist die Menge der Atome. Wir schreiben *atomare* Aussagen mit kleinen Buchstaben: a, b, c...$\epsilon\Omega$, und allgemeine Aussagen oder Mengen von atomaren Aussagen mit Großbuchstaben: A, B, C...$\subset \Omega$; sie können im Spezialfall auch einelementig, d.h. atomar sein. Zwischen dem Atom und der einelementigen Menge unterscheiden wir nicht.

dung stellt sich eine Aussage als wahr heraus (vgl. § IV 5a). Die erste Eigenschaft fassen wir formal so: Zwei Aussagen, die sich gegenseitig ausschließen, heißen *orthogonal*; formal:

$$x \perp y \;:\Longleftrightarrow\; w(x \mid y) = w(y \mid x) = 0.$$

Eine Menge von atomaren Aussagen, die jeweils paarweise orthogonal sind, heißt *Orthogonalmenge*. Nennen wir, der einfacheren Schreibweise wegen, die *Menge aller Orthogonalmengen* $\mathcal{O}$, formal

$$\mathcal{O} := \{\beta \subset \Omega \mid x \perp y \text{ für } x, y \in \beta, \text{ mit } x \neq y\}$$

Die *Menge aller Alternativen* heiße $\mathcal{A}$. Jede Alternative ist eine Orthogonalmenge ($\mathcal{A} \subset \mathcal{O}$). In § IV 5b haben wir gesehen, daß die Eigenschaft 2. gleichbedeutend ist mit: $\sum_i w(x_i) = 1$. Wir können also schreiben als *Definition der Alternativen*:

$$\mathcal{A} := \{\alpha \in \mathcal{O} \mid \sum_{x \in \alpha} w(x \mid y) = 1 \text{ für alle } y \in \Omega\}.$$

Bei jeder empirischen Entscheidung der Voraussage $\underline{A}$ entscheidet man, ob $\underline{A}$ eintrifft oder nicht, also man entscheidet zwischen $\underline{A}$ und $\neg\underline{A}$ (nicht-$\underline{A}$). Die beiden Möglichkeiten sind symmetrisch. Ist $\underline{A}$ notwendig (unmöglich), dann ist $\neg\underline{A}$ unmöglich (notwendig). Benennt man $\neg\underline{A}$ um in $\underline{B}$, dann ist $\underline{A} = \neg\underline{B}$: das ist eine ebenso gute Beschreibung; es gilt also $\neg\neg\underline{A} = \underline{A}$ (Satz von der doppelten Negation).

Man muß sich klarmachen, daß diese Symmetrie nichts Selbstverständliches ist: Daß ich *nicht* im Verkehr verunglücke, passiert (glücklicherweise) praktisch täglich (oder stündlich?) - wenn ich es besonders erwähne, dann bedeutet das meistens, daß ich beinah doch verunglückt wäre, also gerade nicht die einfache Negation des Verkehrsunfalls. "Die Welt ist voll von Nicht-Elefanten" (Bochenski). Man wird zwar kaum sagen können, was alles ist - aber noch viel weniger, was *nicht* ist. Daher die Ablehnung des Satzes von der doppelten Negation ($\neg\neg\underline{A} = \underline{A}$) durch die Intuitionisten bzw. Konstruktivisten.

In unserer Theorie empirisch entscheidbarer Alternativen wird die Unbestimmtheit der Negation beseitigt: Wir grenzen zunächst ab, was überhaupt sein kann (Definition der gemessenen Größe). Dann stellen wir fest, was ist – und damit auch, was nicht ist, nämlich innerhalb der vorher gezogenen Grenzen. Genauer: wir sagen, was notwendig ist – und damit auch, was unmöglich ist.

Sei nun A eine bestimmte Menge von Atomen. Dann heiße die Menge, welche die Aussage ┐A darstellt, A˙. Aus der Analyse der Negation ergibt sich (vgl. § A VI 3):

$$A˙ := \{x : x \perp y \text{ für alle } y \in A\} \tag{N}$$

$$w(x|y) = 0 \implies w(y|x) = 0 \tag{O}$$

Daß theoretisch zwischen einer Behauptung und ihrer Negation unterschieden werden kann, kleiden wir in die Forderung:

$$(A3) \quad \alpha \in \mathcal{O} \; \exists \; \beta \in \mathcal{A} : \alpha \subset \beta$$

"Jede Menge von einander ausschließenden Atomen gehört zu einer Alternative". (Vgl. oben, die Definition von $\mathcal{A}$)

Hier werden experimentell entscheidbare Alternativen beschrieben, in der *Objektsprache* unserer Abhandlung. Daß die Aussage A (kontingent) wahr ist, können wir schreiben als

$$v \in A$$

wobei v der gerade vorliegende Zustand ist. Die Aussage ┐A würde entsprechend zu schreiben sein als

$$v \in A˙.$$

Davon ist zu unterscheiden die *metasprachliche* Negation

$$\neg(v \in A) \quad \text{oder} \quad v \notin A.$$

Sie ist mit der obigen Aussage nur dann identisch, wenn *alle* Aussagen sich gegenseitig ausschließen; dann ist $A˙ = \overline{A}$, die Komplementmenge zu A, und unsere Konstruktion ergibt den Boole'schen Verband der klassischen Logik. Im allgemeinen Fall sind aber die beiden Aussagen verschieden, es gibt atomare Aussagen, die weder zu A noch zu A˙ gehören (vgl.

§ VI 14 "Indeterminismus").

8.) Konjunktion

Zwei Voraussagen mit "und" verknüpfen heißt nur, beide vorauszusagen. Daß man die Konjunktion als logische Operation einführt, heißt hier, daß auch mehrere Voraussagen zugleich eine Voraussage über dasselbe Objekt bilden. Die Abbildung auf die Zustandsmengen ist eindeutig. Den Voraussagen $\underline{A}$ und $\underline{B}$ entspricht

$$v \in A, \qquad v \in B,$$

wenn v der vorliegende Zustand ist. Trifft beides zu, dann heißt das

$$v \in A \cap B,$$

d.h. der Konjunktion entspricht die Durchschnittsmenge, wie üblich.

Hier sieht die Regel selbstverständlich aus, die sonst einiges Kopfzerbrechen macht, nämlich dann, wenn $\underline{A}$ und $\underline{B}$ *inkommensurable* Aussagen sind. Sind $\underline{A}$ und $\underline{B}$ Eigenschaften, die ein Objekt zugleich haben kann, dann ist "$\underline{A} \wedge \underline{B}$" die Eigenschaft des Objekts, $\underline{A}$ und $\underline{B}$ zugleich zu haben. Was aber, wenn $\underline{A}$ und $\underline{B}$ z.B. Ort und Impuls sind, die ein Elektron nach der Unbestimmtheitsrelation nicht zugleich haben kann? Wie soll in einem solchen Fall "und" überhaupt definiert sein?

Wir haben von der Kommensurabilität der Eigenschaften $\underline{A}$ und $\underline{B}$ keinen Gebrauch machen müssen, da wir von *Voraussagen* handeln: Die Voraussage, daß $\underline{A}$ *und* $\underline{B}$ notwendig sind, läßt sich so deuten, daß man die Möglichkeit offenläßt, ob $\underline{A}$ oder $\underline{B}$ nachgeprüft wird; man sagt voraus, daß jeweils das Nachgeprüfte mit Sicherheit eintreffen wird. So setzt auch Lorenzen (1962) für sein Dialogspiel fest (vgl. § I 5): Wenn der Proponent "$\underline{A} \wedge \underline{B}$" behauptet, dann darf nach der Spielregel der Opponent wählen, ob er $\underline{A}$ oder $\underline{B}$ anzweifelt; der Proponent hat nur dann eine Gewinnstrategie, wenn er *jeweils* in der Lage ist, einen Beweis zu liefern. Einen ähnlichen Gedanken hatten wohl auch Jauch und Piron (1969)[1], wenn

---

[1] Vgl. auch Jauch 1971, S. 26, Piron 1976.

sie das Produkt zweier Ja-Nein-Experimente einführen: Man wählt "statistisch" ein Experiment aus, und das Ergebnis gilt als Ergebnis des Gesamtexperiments. *Falls* für beide Experimente mit Sicherheit "Ja" vorausgesagt wird (oder "Nein"), dann kann auch für das Produktexperiment mit Sicherheit dasselbe vorausgesagt werden; - sonst sind Voraussagen schwierig. Die "statistische" Auswahl ist hier eine "objektive" Entsprechung der Willkür des Opponenten.

Damit haben wir der Konjunktion von Voraussagen einen Sinn gegeben, und da wir außerdem benutzen, daß jederzeit ein Zustand notwendig ist, folgt ohne weiteres unsere Definition[1]. Dagegen kommt man in die bekannten Schwierigkeiten, wenn man jeder Aussage unmittelbar eine Messung zuordnen will. Die Messung einer Konjunktion $\underline{A} \wedge \underline{B}$, wenn $\underline{A}$ und $\underline{B}$ inkommensurabel sind, kann dann nur durch eine unendliche Folge von Filtern geschehen, immer abwechselnd ein Filter $\underline{A}$ und ein Filter $\underline{B}$ hintereinander[2]. Eine solche Konstruktion liefert theoretisch einen Meßapparat für die Konjunktion, der natürlich praktisch nur genähert vorkommen kann. Die Tatsache, daß diese Begründung für die Konjunktion nicht plausibel ist, veranlaßt einige Autoren, ganz auf die Konjunktion zu verzichten, und statt eines Verbandes nur eine (halb-)geordnete Menge zu betrachten. Wir kommen darauf unten (§ VI 12) zurück.

9.) Disjunktion

In der formalen Logik tritt gewöhnlich die Disjunktion ("oder") in enger Verwandtschaft zur Konjunktion auf. Z.B. in den Wahrheitswerttafeln ist $a \wedge b$ genau dann falsch, wenn wenigstens a oder b falsch ist, $a \vee b$ ist genau dann wahr, wenn wenigstens a oder b wahr ist (vgl. § AI 1a);

---

[1] Eine Warnung sei hier angebracht: Daß eine Konjunktion sinnvoll ist, braucht noch nicht zu bedeuten, daß sie überhaupt je sich als wahr erweisen kann. Sei z.B. p ein bestimmter Impuls, q ein bestimmter Ort. Aus der Quantenmechanik ist bekannt, daß kein Objekt zugleich einen Ort und einen Impuls haben kann. Trotzdem hat die Voraussage "$p \wedge q$" einen Sinn, nämlich: "Bei einer Ortsmessung wird man (mit Sicherheit) q finden, bei einer Impulsmessung p". Nur wird man diese Voraussage niemals mit Recht machen, sie ist unmöglich; $p \wedge q = \emptyset$. (Ich wähle dieses Beispiel wegen seiner Beliebtheit, obwohl ein scharfer Ort so wenig wie ein scharfer Impuls überhaupt Eigenschaft eines Teilchens sein kann.)

[2] vgl. Jauch 1968. Die "Produktmessung" von Jauch und Piron (1969) ergibt nicht die richtige Wahrscheinlichkeit für $A \wedge B$, wenn nicht $w(A) = w(B) = 1$.

im Verband ist die Konjunktion die untere Grenze, die Disjunktion die obere Grenze, i.a. dual zur Konjunktion (im Mengenverband entspricht ihr die Vereinigungsmenge).

Inhaltlich ist diese Entsprechung eher erstaunlich: "und" setzt zwei gleichzeitig behauptete Aussagen einfach nebeneinander, "oder" behauptet einen bestimmten Zusammenhang zwischen den Aussagen: "A oder B" behaupte ich nur, wenn ich weder A noch B behaupten kann (sonst könnte ich mir die Disjunktion sparen), aber aus irgenwelchen Regeln weiß, daß wenigstens eine von beiden wahr ist. Weizsäcker (1965) gibt das schöne Beispiel: "Ich kann sagen: "Der Hausmeister ist im Wirtshaus oder im Bett", wenn phänomenal gegeben ist, daß er auf Klingeln nicht reagiert, und meine Kenntnis seiner Lebensgewohnheiten andere Alternativen ausschließt" - und bemerkt, daß seine Disjunktion nicht phänomenal oder *ontisch* gegeben ist, sondern *epistemisch* - ich schließe auf die Disjunktion aus den Phänomenen dank meiner weiteren Kenntnisse. Ich will diesen Fragen hier nicht weiter nachgehen, sondern zum Aufbau unserer Logik nur Negation und Konjunktion wie oben dargestellt verwenden. Es wird sich dann ein Analogon zur üblichen Disjunktion von selbst ergeben: Das Supremum im Verband der Voraussagen, "⊔", ist definiert (wie in der de Morgan'schen Regel) als

$$A \sqcup B := (A' \cap B')'.$$

Das ist i.a. nicht die Mengenvereinigung, ebensowenig wie A' die Komplementmenge von A ist, sondern eine größere Menge.

10.) Aussagenverband

Die Mengen, welche Aussagen darstellen, versehen mit der Ordnung der Mengeninklusion, "⊂", bilden einen Verband; dabei bildet der Mengendurchschnitt, "∩", die untere Grenze (Infinum), die oben konstruierte Operation "⊔" die obere Grenze (Supremum). Der Verband ist atomar, vollständig und orthokomplementär[1].

Nach welchen Kriterien entscheiden wir, ob eine Menge von Atomen als Repräsentant einer Aussage zum Verband gehört oder nicht? Wir können diese

---

[1] Zur Nomenklatur vgl. z.B. die sehr empfehlenswerte Einführung in die Verbandstheorie, Gericke 1963. Eine kurze Zusammenstellung der benutzten Begriffe befindet sich im Anhang A VI, ebenso die Beweise zu den im Text aufgestellten mathematischen Behauptungen.

§ VI 11 — Axiomatik der Quantenmechanik -

Kriterien von zwei Seiten einengen, nämlich 1.) durch Angabe von solchen Mengen, die *wenigstens* dazugehören; 2.) durch Angabe von Eigenschaften, die alle Mengen haben müssen, wenn sie dazugehören sollen, also durch die Festlegung, welche Mengen *höchstens* dazugehören.

1. a) Aussagen sind jedenfalls die atomaren Aussagen selbst, also die ein- elementigen Mengen;

   b) Zu einer beliebigen Aussage ist auch die Negation eine Aussage;

   c) Zu zwei beliebigen Aussagen ist auch ihre Konjunktion eine Aussage.

2.) Für jede Aussage gilt der Satz von der doppelten Negation (vgl. oben § VI 7), also sind nur Mengen A zulässig mit $A'' = A$.

Es zeigt sich nun, daß nach den beiden Kriterien *dieselben* Mengen zuläs- sig sind, daß also alle nach Kriterium 1 konstruierbaren Mengen Kriterium 2 erfüllen, und daß alle Mengen, die Kriterium 2 erfüllen, nach 1 konstru- ierbar sind (§ A VI 4a; Satz 7). Wir haben damit eindeutig festgelegt, welche Mengen Aussagen (bzw. Eigenschaften) darstellen, und welche nicht.

11.) Orthomodularität

Der im letzten Abschnitt konstruierte Verband ist i.a. nicht orthomodular. Wir führen im Anhang Präzisierungen der Negation an, die zur Orthomodu- larität des Verbandes führen; hier ist insbesondere auf das Kriterium von Rose (1964) hinzuweisen: Der Verband ist orthomodular, wenn es zu jedem Element genau ein kompatibles Komplement gibt, entsprechend der Negation.

Die Bedingungen der Orthomodularität sehen alle ziemlich plausibel aus. Wir wollen uns um ihre Begründung jetzt nicht weiter kümmern, wegen des folgenden mathematischen Sachverhalts:

Wir werden im nächsten Abschnitt eine geordnete Menge $\mathcal{P}$ von Aussagen konstruieren aus Boole'schen Aussagenverbänden; denn zu jedem Satz von kompatiblen Aussagen, bzw. zu jeder atomaren Alternative gehört ein Boole'- scher Verband - davon im nächsten Abschnitt. Diese geordnete Menge ist "von selbst", auf Grund ihrer Konstruktionsmerkmale orthomodular; allerdings ist sie i.a. kein Verband. Wenn aber noch das "Projektions- postulat" in $\mathcal{P}$ gilt, wird $\mathcal{P}$ zum Verband; und das Projektionspostulat ist in jedem Fall notwendig, wenn aus einem orthomodularen Verband eine projektive Geometrie (also Quantenmechanik) werden soll. Wenn man also das Projektionspostulat ohnehin einführt, bekommt man Orthomodularität *und* Verbandseigenschaft sozusagen mitgeliefert.

12.) <u>Verknüpfung von Boole'schen Verbänden</u>

Betrachten wir eine einzige atomare Alternative $\alpha \in \mathcal{O}\!\ell$. Ihre Elemente sind paarweise orthogonal, die Negation wird also durch das Mengenkomplement dargestellt; der von α aufgespannte Aussagenverband ist der Boole'sche Verband aller Untermengen der Menge α. Wir haben hier, wenn es nur eine einzige atomare Alternative gibt, einen klassischen Aussagenverband vor uns, sozusagen einen entarteten Fall unserer Axiomatik, in dem alle Forderungen trivialerweise erfüllt sind (vgl. § VI 14 Indeterminismus).

Nehmen wir jetzt aber an, es gäbe noch andere atomare Alternativen. Sie spannen jede einen Boole'schen Verband auf; wie hängen diese Verbände zusammen?

Nach unserer Analyse des Objektbegriffs ist eine Wahrscheinlichkeitsbelegung aller Voraussagen eines Objekts selbst eine Voraussage über das Objekt (§ V 9). Verschiedene Boole'sche Verbände gehören also genau dann zu einem Objekt, wenn zwischen ihnen Wahrscheinlichkeitsbeziehungen bestehen. Solche Wahrscheinlichkeitsbeziehungen können zur *Identifikation* von Elementen verschiedener Boole'scher Verbände führen, nämlich wenn sie sich gegenseitig implizieren, gemäß den Axiomen 1 und 2 : Sei z.B. α eine Alternative und b eine atomare Aussage aus einer anderen Alternative. Wenn b zu allen Atomen von α außer einem (a_o) orthogonal ist, dann ist $b = a_o$. Ähnliches gilt auch für nicht-atomare Elemente; wir führen die Konstruktion in § A VI 4c durch. Die Gesamtheit der Boole'schen Verbände, mit den aus A1, A2 und A3 folgenden Identifikationen, bildet eine orthomodulare Menge $\mathcal{P}$, aber i.a. keinen Verband.

13.) <u>Projektionspostulat</u>

Das "Projektionspostulat" genannte Axiom ist m.E. das am schwersten verständliche der ganzen Quantenmechanik. Wir geben deshalb im Anhang (§ A VI 4d) eine ausführliche Liste von äquivalenten Formulierungen. Ich greife hier nur die zwei verständlichsten heraus:

§ VI 13   - Axiomatik der Quantenmechanik -

1) Sei $A \in \mathcal{P}$ und $x \in \Omega$. Dann gibt es ein $x_A \in A$ so,

daß $w(A|x) = w(x_A | x)$.   ("Projektion")

2) $w(a|b) = w(b|a)$ für alle $a, b \in \Omega$.

Das Symmetriepostulat (2) ist einfach, aber ich sehe keine plausible "physikalische" Rechtfertigung dafür. Das Projektionspostulat in der Formulierung 1 ist nicht ganz so übersichtlich: Zunächst fordert es nur die *Existenz* gewisser Atome; man könnte diese Atome, sofern sie nicht in Ω existieren, einfach formal dazunehmen. Dann müssen aber für die so hinzugefügten Atome die Postulate wieder gelten, es müssen evtl. neue Atome hinzugefügt werden, ect.: Es kann sein, daß dieses Verfahren gar nicht konvergiert. Aus der Äquivalenz mit dem Symmetriepostulat sehen wir, daß das Verfahren nur dann konvergieren kann, wenn schon die ursprüngliche Wahrscheinlichkeitsfunktion symmetrisch ist, und daß es dann auch immer konvergiert.

Da mir aber die Symmetrie nicht unmittelbar einleuchtet, will ich eine Begründung des Projektionspostulats versuchen. Führen wir zu diesem Zweck die *bedingte Wahrscheinlichkeit* ein: Sei $A \,(\in \mathcal{P})$ eine beliebige Aussage, x und y zwei atomare Aussagen, mit $y \in A$, x beliebig. Dann ist die Wahrscheinlichkeit von y unter der Bedingung A

$$w_A(y|x) := \frac{w(y|x)}{w(A|x)}$$

Für $y \notin A$ wird sich die Wahrscheinlichkeit aus dem Formalismus ergeben.

Innerhalb von A ist $w_A(y|x)$ eine vernünftige Wahrscheinlichkeit, denn wenn $\alpha \in \sigma$ eine Teilalternative ist, die A aufspannt, dann ist

$w(A|x) = \sum_{a \in \alpha} w(a|x)$, also $\sum_{a \in \alpha} w_A(a|x) = 1$, und

$w_A(y|x) = 0 \Leftrightarrow w(y|x) = 0$.

Das Projektionspostulat lautet mit dieser Definition:

$$A \in \mathcal{P}, \; v \notin A^\perp \; \exists \, y \in \Omega : w_A(y|v) = 1 \,;$$

"Zu jeder Aussage A gibt es in jedem reinen Fall, wenn A möglich ist, ein unter der Bedingung A *notwendiges* Atom".

— Axiomatik der Quantenmechanik — § VI 13

Dies ist ein Analogon zur (unbedingten) Notwendigkeit eines Atoms (§ V 9). Wir können entsprechend formulieren:

"Jederzeit ist *unter jeder möglichen Bedingung* ein Atom notwendig" (denn nur wenn $v \leq A^\perp$ wäre, dann wäre A (als Bedingung) unmöglich).

Die Analogie ist noch keine Begründung des Postulats. Folgende Überlegung könnte es begründen: Ein Atom ist eine vollständige Beschreibung des Objekts. Stellt man nun *zusätzlich* eine Bedingung (daß eine bestimmte Aussage über das Objekt wahr ist), dann kann dadurch nicht die Beschreibung unvollständig werden.

So formuliert, leuchtet der Satz wohl unmittelbar ein; aber die Bedeutung der Worte ist nicht mehr ohne weiteres klar, wenn man - wie wir hier - die Fundamente objektiver Beschreibung erneuern will. So heißt eine "vollständige" Beschreibung, wie wir gesehen haben (vgl. auch den nächsten Abschnitt), nicht, daß von jeder möglichen Eigenschaft festliegt, ob das Objekt sie hat oder nicht; sondern die Beschreibung ist "so vollständig wie möglich", nämlich atomar, wie z.B. in der Quantenmechanik ein reiner Fall (vgl. § V 6). Ähnlich ist es hier mit dem "zusätzlich": Wenn der vorliegende reine Fall v mit der Bedingung A nicht verträglich ist, dann kann man die Bedingung A nicht einfach zusätzlich stellen, sondern nur "so zusätzlich wie möglich". Das kann hier bedeuten:

"Die Beschreibung v mit der zusätzlichen Bedingung A" bedeutet, daß A notwendig ist, und alle notwendigen Voraussagen aus der Beschreibung v, die mit A verträglich sind, notwendig bleiben. (Denn die mit A unverträglichen können eben nicht zugleich mit A notwendig sein). Das "Projektionspostulat" bedeutet dann: *Eine vollständige Beschreibung mit einer zusätzlichen Bedingung ist vollständig.*

Jauch und Piron (1969) operationalisieren die "zusätzliche" Bedingung als *ideale Messung 1. Art*: "Ideal" bedeutet, daß alle vorher vorliegenden Eigenschaften, die mit der Messung verträglich sind, auch hinterher vorliegen; und "von 1. Art" ist die Messung, wenn die gemessene Eigenschaft auch wirklich vorliegt - also in unserem Zusammenhang *jede*; vgl. Abschnitt "Wiederholbarkeit". Das zugehörige richtige Postulat ist zuerst von W. Ochs (1972) angegeben worden: Die ideale Messung 1. Art muß ein *Atom* festlegen (vgl. auch Piron 1976, 1977, und § A VI 4c,d).

§ VI 14 — Axiomatik der Quantenmechanik —

Wenn also $\mathcal{P}$ so ist, daß eine vollständige Beschreibung mit einer zusätzlichen Bedingung wieder eine vollständige Beschreibung ist, dann ist $\mathcal{P}$ eine *projektive Geometrie*.

14.) Indeterminismus

Wir haben schon gelegentlich erwähnt, daß auch der klassische Fall, bei dem der Aussagenverband von einer einzigen atomaren Alternative aufgespannt wird, unseren Axiomen 1 bis 4 genügt. Es ist der Boole'sche Verband der klassischen Logik, in dem alle Voraussagen miteinander verträglich sind. Abgesehen von mangelndem Wissen kommt nur Wahrscheinlichkeit 0 und 1 vor.

Der andere Extremfall wäre der Verband der Unterräume des Hilbertraums: Hier ist außer den "uneigentlichen" Verbandselementen 0 und 1 *keines* mit allen anderen verträglich.

Dazwischen gibt es viele Abstufungen, je nach der Zahl der Verbandselemente, die mit allen anderen verträglich sind. Physikalisch spricht man bei diesen (Zentrums-)Elementen von "Superauswahlregeln". Sie werden dargestellt durch Operatoren, die mit allen anderen Operatoren vertauschen; zwischen deren Eigenzustände gibt es keine Superpositionen, ihre Eigenwerte sind strikt erhalten. Solche Superauswahlregeln sind z.B. Baryonenzahl, Leptonenzahl u.ä., auch die elektrische Ladung, wenn man verschieden geladene Systeme als verschieden geladene Zustände eines einzigen Systems auffaßt.

In unserer verbandstheoretischen Sprache bedeutet das Vorliegen einer Superauswahlregel, daß die projektive Geometrie *reduzibel* ist. Eine reduzible Geometrie ist zerlegbar in Teilgeometrien. Eine vollständig reduzible projektive Geometrie, also ein Boole'scher Verband, zerfällt in *Punkte*, von denen je zwei auf einer Geraden liegen. Eine *irreduzible* Geometrie ist dadurch charakterisiert, daß jede Gerade mindestens 3 Punkte enthält.

Wir charakterisieren die Irreduzibilität unseres Verbands durch die Forderung des Indeterminismus an die Wahrscheinlichkeitsfunktion:

Zu jeder Aussage gibt es eine ("echte") Wahrscheinlichkeit, nicht 0 oder 1 :

S. 76/77

~~122~~

138-140

250 / 258, 288, 308

(A5) $\quad A \in \mathcal{P} \;]\; x \in \Omega : \quad 0 < w(A|x) < 1$.

Wir sehen hier formal eingeführt, daß sich die Quantenmechanik von der klassischen Physik durch den Indeterminismus unterscheidet: Beschränken wir uns auf deterministische Voraussagen, dann werden alle Axiome relativ trivial erfüllt, $\mathcal{P}$ ist ein Boole'scher Verband. Entsprechend unserer Diskussion der Voraussagen halten wir aber im Prinzip eine indeterministische Theorie für richtig: Die Zukunft ist offen, und es wäre eine starke These, wollte man diese Offenheit nur auf unser mangelndes Wissen zurückführen, während "an sich" die Zukunft schon festläge. Diese These, die etwa durch den Laplace'schen Dämon symbolisiert wird, scheint in der Physik nur schwer verteidigbar zu sein (vgl. "EPR", § VII 6c).

Wir wollen also prinzipiell den Indeterminismus einführen, und nur als Ausnahme die Exsistenz von Superauswahlregeln zulassen. Da man auch jede reduzible projektive Geometrie beschreiben kann als Familie von irreduziblen projektiven Geometrien, wollen wir uns von jetzt an auf irreduzible beschränken (vgl. z.B. Piron 1969).

15.) Dimension

Die Dimension der projektiven Geometrie ist bestimmt durch die Zahl der Möglichkeiten in einer atomaren Alternative: Einer n-fachen Alternative entspricht eine (n-1)-dimensionale projektive Geometrie.

Eine physikalische Größe wird gewöhnlich durch reelle Zahlen charakterisiert, also durch unendlich viele Möglichkeiten; dementsprechend betrachtet man die unendlichdimensionale Geometrie des Hilbertraums. Auf der anderen Seite kann eine *Messung* nur zwischen endlich vielen Möglichkeiten unterscheiden: Z.B. sei eine Skala bezeichnet von 1 bis 10, jeweils in Zehntel unterteilt; schätzt man noch Zehntel-Teilstriche, dann gibt es 1000 mögliche Ergebnisse. Da alle Messungen im Prinzip von dieser Art sind, hat auch eine noch so komplizierte zusammengesetzte Messung nur endlich viele mögliche Ergebnisse; alle bisher gemachten Experimente zusammen hatten nur endlich viele mögliche Ergebnisse und ebenso alle, die bis zu einem beliebigen künftigen Tag gemacht sein werden.

Trotzdem hat es, auch abgesehen von der Bequemlichkeit, einen guten Sinn, unendlichdimensionale Geometrien zu betrachten: Zwar wissen wir, daß auch in alle Zukunft nur endliche Alternativen entschieden sein werden (soweit man überhaupt in die offene Zukunft prophezeien kann), aber wir wissen heute weder, welche Alternativen wirklich entschieden werden, noch läßt sich irgendein künftiger Tag als letzter auszeichnen; gerade wegen der Offenheit der Zukunft können wir heute keine obere Grenze für die Zahl der künftigen Möglichkeiten angeben. In diesem Sinn wollen wir also eine unendlichdimensionale Geometrie zulassen: Als festen Rahmen, in dem *beliebige* endlichdimensionale Geometrien Platz haben. Die Unendlichkeit ist also in einem starken Sinn potentiell.

Das Übrige ist Konvention: Selbst wenn man gute Gründe hätte, die Welt z.B. in einer $2^{(10^{120})}$-dimensionalen Geometrie zu beschreiben, würde man lieber die unendlich-dimensionale zugrundelegen; denn große Zahlen sind meist sehr viel schwieriger zu handhaben als Grenzwerte, Differenzenquotienten schwieriger als Differentialquotienten. Unter dem Gesichtspunkt der Bequemlichkeit muß dann auch die Frage behandelt werden, *wie* der Grenzprozess zu definieren ist: Es gibt *verschiedene* unendlichdimensionale Verbände als Limites *derselben* endlichdimensionalen – je nach dem, welche der im Endlichen äquivalenten Formulierungen der Axiomatik man für den Grenzübergang festhält.

Werfen wir einen Blick voraus auf die fertige Quantenmechanik: Ein wichtiger Grund für die Einführung eines unendlichdimensionalen Raumes sind die Symmetrien einer Theorie: Sie werden gewöhnlich beschrieben durch Lie-Gruppen von Transformationen der kontinuierlichen Alternativen, z.B. von Ort, Impuls oder Lage. Eine Verwandtschaft zwischen solchen Lie-Gruppen und endlichen Gruppen ist nicht zu sehen. Die Lorentz-Gruppe z.B. hat keine endlichdimensionalen unitären Darstellungen, d.h. man ist für die Beschreibung einer lorentzinvarianten Theorie in jedem Fall auf den unendlichdimensionalen Hilbertraum angewiesen.

Wir betrachten, wegen der Topologie, den Verband aller *abgeschlossenen* Unterräume des Hilbertraums (vgl. Piron 1976; s. auch Birkhoff & Neumann 1936). Neben dem unendlichdimensionalen Hilbertraum kommen in der Physik aber auch endlichdimensionale Zustandsräume vor, z.B. zur Beschreibung von Polarisation oder Spin (Stern-Gerlach-Experiment).

16.) Hilbertraum

Wir können unseren Verband darstellen als Verband der (abgeschlossenen) Unterräume eines verallgemeinerten Hilbertraums, denn es gelten folgende Sätze:

1) Eine n-dimensionale irreduzible projektive Geometrie ist isomorph dem Verband aller (abgeschlossenen) Unterräume eine (n+1)-dimensionalen Vektorraums über einen Körper K (dem Raum der *homogenen Koordinaten*).

2) Das Orthokomplement wird dargestellt durch eine definite Sesquilinearform des Vektorraums (ein "inneres Produkt") (vgl. Jauch 1968).

Damit fehlt zur vollständigen Festlegung nur noch die Wahl des Zahlkörpers. Wir referieren die einleuchtendsten Argumente, die bisher zur Auszeichnung der komplexen Zahlen vorgebracht worden sind:

Einen endlichen Zahlkörper können wir ausschließen, da in einer entsprechenden Geometrie (der Dimension größer als 1) kein Orthokomplement möglich wäre (Eckmann & Zabey 1969). Weitere Kriterien sind aus den bisherigen Erörterungen nicht ersichtlich, wir müssen uns also nach anderen plausiblen Forderungen umsehen. Gudder & Piron (1971) und Maczynski (1973) leiten aus Forderungen an die Observablen ab, daß der Zahlkörper die reellen Zahlen enthalten muß. Kolmogoroff (1932) zeigt folgendes: Wenn Punkte, Geraden und Ebenen je einen topologischen, zusammenhängenden, bikompakten Raum bilden, und ihre Verknüpfungen stetig sind, dann ist die projektive Geometrie reell, komplex oder quaternionisch. Nun sind solche Stetigkeitsannahmen immer von einer gewissen Willkür abhängig, aber sie liegen nach dem Bisherigen nahe: Wir haben die Punkte ausschließlich durch Wahrscheinlichkeiten charakterisiert; die Wahrscheinlichkeit einer Geraden ist die Summe der Wahrscheinlichkeiten zweier (orthogonaler) Punkte, ect., und wir können vernünftigerweise das Vorkommen aller Wahrscheinlichkeiten zwischen 0 und 1 fordern. Es hängt natürlich von der "Erzeugung" von Wahrscheinlichkeits-Voraussagen ab, ob alle Zahlen zwischen 0 und 1 möglich sind. Z.B. beim Buffon'schen Nadelproblem (1777) folgt: $w = \alpha \cdot 1/\pi$ aus der Symmetrieüberlegung der Isotropie in dem zweidimensionalen reellen Raum, durch den die Papierfläche beschrieben wird. Unabhängig von solchen Symmetrie-Vorgaben können wir ähnlich wie im letzten Abschnitt argumentieren: Die Beschreibung von *Gleichwahrscheinlichkeit* soll möglich sein, und es ist unmöglich, von vornherein

§ VI 17 — Axiomatik der Quantenmechanik —

eine obere Grenze für die Zahl der Möglichkeiten anzugeben; also werden wir alle rationalen Zahlen zulassen müssen. Die reellen Zahlen sind von ihnen physikalisch nicht unterscheidbar; wir werden also bequemlichkeitshalber gleich die reellen benutzen.

Wir schließen daraus, daß als Zahlkörper nur die Körper $\mathbb{R}$, $\mathbb{C}$ und $\mathbb{Q}$ in Betracht kommen. Da mit Quaternionen die Zusammensetzung von Objekten nicht definierbar ist[1], bleiben nur die komplexen Zahlen, $\mathbb{C}$, und die reellen Zahlen $\mathbb{R}$. Über reelle Quantenmechanik gibt es eine Serie von Aufsätzen von Stueckelberg u.a. (1960-1962), in denen er zeigt, daß in einer reellen Quantenmechanik die Unbestimmtheitsrelation die Existenz eines Operators erfordert, der die Eigenschaften der imaginären Einheit i hat; daß also eine solche Quantenmechanik der komplexen strukturell gleich ist. Da die Unschärferelation Ausdruck des Indeterminismus ist, scheint damit die Auszeichnung der komplexen Zahlen gerechtfertigt. Allerdings ist dieser Zusammenhang nicht restlos geklärt, wie schon die umfangreichen Zusatzarbeiten Stueckelbergs zu diesem Thema belegen.

17.) <u>Zusammensetzung von Objekten</u>

Der bis hierher entwickelte Formalismus gibt uns die Möglichkeit, auch die Zusammensetzung von Objekten eindeutig zu formalisieren. Unsere Analyse des Objektbegriffs hat gezeigt, daß wir zwei Objekte als eines betrachten können, wenn wir aus je einer definierenden (atomaren) Alternative der Teilobjekte eine neue des Gesamtobjekts zusammenfassen. Sei z.B. $\alpha = \{a_1, \ldots, a_n, \ldots\}$ eine Alternative des Objekts I, $\beta = \{b_1, \ldots, b_m, \ldots\}$ eine Alternative des Objekts II, dann ist das direkte Produkt $\alpha \times \beta = \{a_1 \wedge b_1, a_1 \wedge b_2, \ldots, a_2 \wedge b_1, \ldots, a_n \wedge b_m, \ldots\}$ eine Alternative des Objekts I & II. So gehört z.B. zu einem System von zwei Massenpunkten in der klassischen Punktmechanik ein 12-dimensionaler Phasenraum, das direkte Produkt der zwei 6-dimensionalen Phasenräume der einzelnen Massenpunkte.

Wenn jedes Teilobjekt schon *mehrere* atomare Alternativen hat (vgl. a12: Indeterminismus), dann muß *jedes* direkte Produkt - von je einer atomaren Alternative aus jedem Teilobjekt - eine atomare Alternative des Gesamtobjekts ergeben. *Ein* solches direktes Produkt spannt schon einen Hilbertraum auf; in diesem Hilbertraum, dem *Tensorprodukt* der Teilobjekt-Hil-

---

[1] Finkelstein et al. 1962, 1963

– Axiomatik der Quantenmechanik – § VI 17

berträume, sind aber auch alle anderen direkten Produkte von Alternativen enthalten. Alle diese Konjunktionen zusammen machen sogar nur einen kleinen Teil aller Zustände im Tensorprodukt aus.

Die Zustände, die sich als Konjunktion von je einem Zustand der Teilobjekte schreiben lassen, stellen statistisch unabhängige Teilobjekte dar: Die Wahrscheinlichkeit für das Gesamtobjekt ist das Produkt der Wahrscheinlichkeiten für die Teilobjekte:

Das *direkte* Produkt (im Gegensatz zum Tensorprodukt) beschreibt also nur die begriffliche Zusammenfassung von zwei statistisch unabhängigen Objekten. Dieselben zwei Objekte haben aber sehr viele weitere mögliche Zustände, in denen sie nicht unabhängig sind, in denen sie nicht einmal als Teilobjekte je einen Zustand haben. Man kann in vielen Fällen trotzdem an einem Teilobjekt messen und dadurch dieses Teilobjekt, und das Restobjekt als anderen Teil, erst herstellen ("die Korrelationen zerstören"); die Voraussagen für eine solche Messung am Teilobjekt entsprechen im allgemeinen einem Gemenge für das Teilobjekt[1].

Dieser Zusammenhang folgt unmittelbar aus der Struktur des Aussagenverbands, wie sie oben dargestellt ist. Er unterscheidet sich stark vom gewohnten Zusammenhang in der klassischen Physik und ist daher Gegenstand ausführlicher Diskussionen seit der Entdeckung der Quantenmechanik. Wir kommen darauf unter dem Titel "Meßprozeß" und "EPR" zurück.

Für den Hilbertraum-Verband liegt der Formalismus der Zusammensetzung von Objekten eindeutig fest. Für einen allgemeineren Verband, und erst recht für eine orthomodulare Menge ist es schwierig, entsprechende Regeln für die Zusammensetzung aufzustellen. Man könnte daher versuchen, die Reihenfolge umzudrehen und aus der *Voraussetzung*, daß ein zusammengesetztes Objekt auch ein Objekt ist, Eigenschaften des Aussagenverbandes abzuleiten. Grgin und Petersen (1976) verwenden ein solches Argument erfolgreich in ihrer algebraischen Analyse des Korrespondenzprinzips. Wir wollen diese Linie aber hier nicht verfolgen.

---

[1] Für eine Darstellung des mathematischen Zusammenhangs vgl. die ausführliche Fachliteratur; eine kurze und übersichtliche Darstellung gibt z.b. Jauch 1968, Kap. 11, §§ 7 und 8.

18.) "Statistik"

Eine Besonderheit der quantenmechanischen Objekte ist, wie schon bei der "vollständigen Beschreibung" hervorgehoben, ihre Nicht-Unterscheidbarkeit. Wir nehmen an, wie es die Theorie der Elementarteilchen tut, daß es wenige Typen von Elementarteilchen gibt, die durch Kennzeichen wie Masse, Ladung, Zerfallszeit, Baryonenzahl ect. charakterisiert sind. Innerhalb der Typen sollen sich die einzelnen Exemplare aber nicht unterscheiden, außer in kontingenten Eigenschaften, z.B. dem augenblicklichen Ort u.ä., also dem "vorliegenden" Zustand.

Wenn man Objekte wie Dinge betrachtet, ist eine solche Annahme ganz erstaunlich, denn kein Ding gleicht dem anderen, und selbst wenn Objekte stark idealisiert sind, könnten sie das von den Dingen beibehalten, daß man sie unterscheiden kann. Wir müssen uns aber daran erinnern, daß die Objekte, die wir hier betrachten, viel abstrakter aus Alternativen zusammengesetzt sind, nicht wie z.B. die Massenpunkte aus Dingen idealisiert (§ V 7). Sie entsprechen daher viel eher dem klassischen elektromagnetischen Feld, ihre Masse etc. eher der Vakuum-Lichtgeschwindigkeit als z.B. der Masse des Mondes. Da es kein Ding gibt, aus dem ein Elektron abstrahiert wäre, gibt es auch keine weiteren Merkmale, mit denen man Elektronen unterscheiden könnte. Wir kommen auf diese Frage später unter dem Titel "Urobjekte" zurück.

Wenn also zwischen einzelnen Exemplaren eines Objekttyps nur kontingente Unterschiede sind, dann kann sich der Zustand eines zusammengesetzten Objekts aus mehreren Exemplaren eines Typs nicht ändern, wenn man diese Exemplare vertauscht. Ein Zustand ändert sich nicht bei Multiplikationen des entsprechenden Vektors im Hilbertraum mit einem komplexen Faktor. Es handelt sich also darum, für jede Permutation der Einzelobjekte den Zustandsvektor des Gesamtobjekts mit einer komplexen Zahl zu multiplizieren, d.h. es handelt sich um eine eindimensionale (komplexe) Darstellung der entsprechenden Permutationsgruppe. Es gibt dafür nur erstens die symmetrische Darstellung (durch 1) und zweitens die antisymmetrische (gerade Permutationen durch 1, ungerade durch -1).

Fall 1 führt zur Bose-Einstein-Statistik, Fall 2 führt zur Fermi-Dirac-Statistik mit dem Pauli-Prinzip, daß nicht zwei Teilchen durch denselben reinen Fall beschrieben werden können. Denn wären zwei Teilchen in demselben Zustand, dann bedeutet ihre Vertauschung gar keine Änderung; der entsprechende Vektor müßte also *gleich* seinem negativen sein, und einen solchen Vektor($\neq$ 0) gibt es nicht. – Höherdimensionale Darstellungen der Permutationsgruppe können dort auftreten, wo höherdimensionale Unterräume des Zustandsraums dieselbe physikalische Situation darstellen, also im Fall der Entartung[1].

Wir haben bei der Analyse der Wahrscheinlichkeitstheorie Kollektive von *unterscheidbaren* Experimenten vorausgesetzt. Wir wollen nun untersuchen, ob sich die Ergebnisse ändern, wenn das Kollektiv aus nicht-unterscheidbaren Teilchen besteht:

Wie sich die statistischen Gewichte durch die Ununterscheidbarkeit ändern, wurde schon oben (§ IV 1) diskutiert. Für die Fermionen ist damit die Diskussion schon beendet, denn es gibt nur höchstens ein Teilchen in einem bestimmten Zustand, d.h. es kann kein konkretes Kollektiv gleicher Teilchen geben. Untersuchen wir also Kollektive von Bosonen. Der Zustandsraum von n Bosonen ist das *symmetrische* Produkt von n Einteilchen-Zustandsräumen; ein Zustandsraum für Kollektive beliebig vieler Bosonen ist die direkte Summe aller Zustandsräume für beliebiges n, der "Fock-Raum". Wir können in diesem Rahmen quantenmechanisch dieselben Probleme behandeln, die wir für klassische Gesamtheiten bei der Wahrscheinlichkeitstheorie behandelt haben (§ IV 5), nämlich: 1.) Was ist der (jetzt: quantenmechanische!) Erwartungswert der relativen Häufigkeit? 2.) Was ist der Erwartungswert der *Abweichung* der relativen Häufigkeit in realen Kollektiven von ihrem Erwartungswert?

Es ergeben sich für Kollektive von Bosonen genau dieselben Formeln wie im Fall unterscheidbarer Experimente. Das ist auf den ersten Blick überraschend, weil die Formalismen sehr verschieden sind. Eine Erklärung kann man aus unserem Aufbau ablesen: Wir haben die Quantenmechanik ausdrücklich als eine besondere Wahrscheinlichkeitstheorie eingeführt; die Grundgesetze der Wahrscheinlichkeitsrechnung sollten also, soweit anwendbar, weiter gelten. Bosonen-Kollektive werden im symmetrisierten Zustandsraum ununterscheidbarer Objekte beschrieben. Das bedeutet aber für unsere beiden Fragen keinen Unterschied, denn wir haben auch bei der Betrachtung unter-

---

[1] Para-Statistik, vgl. Drühl, Haag & Roberts 1970, siehe auch Kap. VIII, Ur-Objekte.

scheidbarer Ereignisse ausdrücklich symmetrisiert: Wir haben das Ereignis A_n^N betrachtet, daß, bei insgesamt N Experimenten, n Experimente das Ergebnis A haben, *unabhängig von der Reihenfolge*. So ist es schließlich doch nicht überraschend, für Bose-Kollektive dasselbe Ergebnis zu finden, sondern eher ein Beweis der Konsistenz[1].

19.) Dynamik

Wir haben in der Grundlegung der Axiome des Aussagenverbandes ausgiebig von der Struktur der Zeit Gebrauch gemacht, indem wir als Inhalt der Physik Gesetze für *Voraussagen* herausgestellt haben. Bisher sehen wir aber keinen Zusammenhang der Voraussagen für verschiedene (zukünftige) Zeiten. Wir wollen jetzt diesen, Dynamik genannten Zusammenhang analysieren, unter der nicht-relativistischen Voraussetzung eines reellen Zeitparameters t, der Uhrzeit: Man kann dabei an Experimente in einem Labor denken, wobei die Zeit t durch die Uhrzeiger oder durch die Laufzeit in einem "beam" auf eine Strecke im Raum abgebildet wird. Im Sinne einer relativistischen Betrachtung ist dies eine lokale Zeit, allenfalls auf ein größeres *Ruhsystem* des Labors übertragbar (vgl. Piron 1969, 1976, und Horwitz & Piron 1973).

19 a.) Vollständige Beschreibung

Das Fadenende, von dem aus sich das ganze Knäuel der Dynamik abrollen läßt, ist wieder die vollständige Beschreibung (vgl. § V 6). Sie macht, daß keine Eigenschaft des Objekts von früheren Zeiten, die nicht in der gegenwärtigen Beschreibung enthalten ist, auf den künftigen Zustand Einfluß hat, denn der mögliche Einfluß muß aus einer *vollständigen* Beschreibung schon ableitbar sein. Die Entwicklung der Wahrscheinlichkeit ist also ein Markow'scher Prozeß, die Dynamik eine Abbildung der Menge der Atome auf sich

$$U_t : \Omega \to \Omega \ .$$

Wir können die Dynamik als eine Art von Implikation betrachten: Bei festgehaltener "Umwelt" gilt für ein bestimmtes Paar a , b von Atomen:

---

[1] Vgl. zu den Fragen einer quantenmechanischen Wahrscheinlichkeitsrechnung auch Hartle 1968 und Ochs 1977.

— Axiomatik der Quantenmechanik — § VI 19b

$$w_{t_1}(a) = 1 \Rightarrow w_{t_2}(b) = 1 .$$

Da beide Beschreibungen vollständig sind, darf nicht mit der Zeit Information verloren gehen; es können also nicht zwei verschiedene Anfangszustände in denselben Endzustand übergehen. Mit der obigen Implikation formuliert: Es können nicht zwei verschiedene Atome dasselbe Atom implizieren (im Sinne der Implikation müßte man die durch U_t verbundenen Atome identifizieren, analog dem Heisenberg-Bild). Es gilt also

$$U_t \text{ ist injektiv.}$$

Das ist die Beziehung zwischen Vollständigkeit der Beschreibung und Reversibilität.

Bezeichnen wir die Zeiten durch reelle Zahlen t ("Uhrzeiten")! Dann gilt wegen des Markow'schen Charakters (also wieder wegen der vollständigen Beschreibung):

$$\mathcal{U}_{t_1+t_2} = \mathcal{U}_{t_1} \circ \mathcal{U}_{t_2} .$$

Das zur Zeit $t_1 + t_2$ vorliegende Atom entsteht aus dem zur Zeit 0 vorliegenden über das zur Zeit t_1 vorliegende nach der Zeit t_2 (vorausgesetzt, die "Umwelt" bleibt fest). Es ergibt sich also: Die U_t bilden eine einparametrige Gruppe.

19 b.) Negation

Die Dynamik gibt eine Implikation von Atomen für vergangene und künftige Zeiten:

$$a\Big|_0 \Rightarrow \mathcal{U}_t a \Big|_t .$$

Mit der logischen Inversion folgt daraus: Wenn zur Zeit t *nicht* $U_t a$ vorliegt, dann liegt auch zur Zeit 0 nicht a vor. Das gilt jedenfalls für die negative *Meta*aussage: "Es liegt nicht das Atom a vor". Es gilt aber auch für die negative *Objekt*-Aussage ¬a, weil die Aussage a entscheidbar ist: Wenn bei einer Entscheidung von U_t a zur Zeit t (mit Sicherheit) ¬U_t a herauskommen würde, dann wäre zur Zeit 0 bei einer Entscheidung von a (mit Sicherheit) ¬a herausgekommen – denn a hätte U_t a impliziert. Wegen der Gruppeneigenschaft von U_t

§ VI 19c — Axiomatik der Quantenmechanik —

gilt also:

$$\neg U_t a = U_t (\neg a) .$$

19 c.) Automorphismen

Die Elemente der projektiven Geometrie lassen sich mit Negation und Mengendurchschnitt aus den Atomen erzeugen. Da U_t atomweise wirkt und mit der Negation vertauscht (s.o.), ist jedes U_t ein Automorphismus der projektiven Geometrie, der die Orthokomplementation nicht ändert. Diesen Automorphismen entsprechen im Hilbertraum die unitären und antiunitären Transformationen (vgl. z.B. Varadarajan 1968). Wegen der Kontinuität von t kommen hier nur unitäre Transformationen in Frage, es gilt also:

> Die Dynamik U_t ist eine unitäre Darstellung der additiven Gruppe der reellen Zahlen t.

Eine solche Darstellung läßt sich immer schreiben als:

$$U_t = e^{itH} ,$$

mit einem selbstadjungierten (Hamilton-)Operator H. Das ist die allgemeine *Schrödingergleichung*.

Damit ist der Aufbau der Quantenmechanik abgeschlossen, soweit nicht spezielle Aussagen (Observable) eine Rolle spielen. Auf die spezielle (und grundlegende!) Observable "Ort" kommen wir im übernächsten Kapitel zurück.

VII. Interpretation der Quantenmechanik

Die Diskussion über die "Interpretation" oder die "philosophischen Probleme" der Quantenmechanik bezieht sich vor allem auf ihre Verbandsstruktur, die in der beschiebenen Weise von der klassischen Logik abweicht. Die Literatur zu diesem Thema ist fast unübersehbar[1], und wir wollen hier nicht ein Referat dieser Literatur versuchen; sondern wir wollen im Folgenden den bisher vorgeführten Aufbau - der hier umgekehrt aus der "Interpretation" entwickelt wurde - mit einigen viel diskutierten Problemen konfrontieren.

1.) Vorfragen

Die Verwunderung über die Quantenmechanik geht aus von einer Auffassung der Wirklichkeit, wie sie vor allem in Verbindung mit der klassischen Mechanik aufgetreten ist, einer *Ontologie der klassischen Physik*. Danach ist die Wirklichkeit etwas, das "objektiv" außerhalb des Beobachters, des Subjekts abläuft, das evtl. sogar vom Subjekt beinflußt werden kann, aber in jedem Fall *vorhanden* ist, *an sich* Eigenschaften hat, wie z.B. das Planetensystem am Himmel oder wie eine Maschine - die große Uhr "Welt", die der Gott einmal aufgezogen hat und die nun abläuft. Daß kein Mensch die Funktion dieser Maschine überschauen kann, braucht an dem Bild nichts zu ändern: Man stelle sich einen übermenschlichen Geist vor, der den Ort und den Impuls jedes Partikels[2] zu einer Zeit exakt weiß, und der die zugehörigen Bewegungsgleichungen exakt lösen kann: Dieser Geist wüßte den Zustand der Welt exakt für jede beliebige Zeit, könnte also alle Ereignisse für beliebige Zukunft vorhersagen und aus beliebiger Vergangenheit berichten. - In diesem "Laplace'schen Dämon" verdichtet sich am kräftigsten die Ontologie des *an sich Vorhandenen*.

Vor diesem Hintergrund muß die Quantenmechanik unverständlich sein. Betrachten wir zunächst einige Formulierungen dieses Unverständnisses, die zwar den Charakter der Quantenmechanik verfälschen, die aber weit verbreitet sind.

---

[1] Vgl. die Bibliographie Scheibe 1967, sowie z.B. Scheibe 1973 und Jammer 1974. Die Bibliographie am Ende dieses Buches gibt eine Auswahl neuerer Bücher, vgl. außerdem große Teile der Zeitschriften Foundations of Physics und International Journal of Theoretical Physics.

[2] Im Rahmen der klassischen Mechanik, vgl. V,4.

§ VII 1a — Interpretation der Quantenmechanik —

1 a.) <u>Unschärferelation</u>: "Nach dem Formalismus der Quantenmechanik besteht eine Mindestunschärfe bei der gleichzeitigen Messung von Ort und Impuls. Wenn Δx die Unschärfe der Ortsmessung ist, Δp die Unschärfe der Impulsmessung, dann ist ihr Produkt mindestens in der Größenordnung von $\hbar$ (je nach Definition von Unschärfe):

$$\Delta x \cdot \Delta p \gtrsim \hbar .\text{"}$$

Diese schon etwas schiefe Formulierung wird meistens damit erläutert, daß man gemäß der Quantenmechanik nicht beide Größen zugleich genauer messen könne, und was man nicht messen könne, das gebe es nicht. - Das Argument geht auf Heisenbergs (1927) grundlegende Erkenntnis zurück, die es allerdings verfälscht. Die ganz andere Struktur des Heisenbergschen Arguments erläutert C.F. von Weizsäcker so: In der Quantenmechanik eines Teilchens gibt es keinen Zustand, bei dem Ort und Impuls zugleich bestimmte Werte haben. Es gibt allenfalls Zustände, die im Phasenraum (von Ort *und* Impuls) ein *Wellenpaket* bestimmen, dessen mittlere Ausdehnung durch die "Unbe*stimmtheits*relation" beschrieben wird; - Ende der Erläuterung. Erst wenn jemand hiergegen einwendet, man könne doch sowohl den Ort wie auch den Impuls beliebig genau *messen*, also müsse doch dafür auch eine Beschreibung in der Quantenmechanik möglich sein, erst dann wird zur Widerlegung des Einwands der Gegeneinwand notwendig, daß man doch nicht beide Größen *zugleich* beliebig genau messen kann, daß also dieser Einwand die Quantenmechanik nicht widerlegt. Es wird also nicht argumentiert: "Was man nicht messen kann, das gibt es nicht", sondern: "Nach der Theorie gibt es das nicht - nämlich einen Zustand, der einem Punkt im Phasenraum entspricht -; empirisch ist diese Theorie (bisher) nicht widerlegbar, insbesondere auch nicht dadurch, daß sich ein solcher Zustand in einer Messung vorweisen ließe."

Ein Argument *gegen* die Unbestimmtheitsrelation - es stammt von Popper 1934 - wird immer wieder zitiert und soll deshalb hier kurz behandelt werden ("Nichtprognostische Messung"): Man betrachte einen Spalt in einem undurchlässigen Schirm und parallel zu dem Schirm eine registrierende Auffangfläche, z.B. eine Photoplatte oder eine Zähleranordnung (Figur VII 1).

Durch den Spalt fällt ein Teilchenstrahl auf die Auffangfläche. Die Teilchenwelle wird am Spalt gebeugt, das einzelne Teilchen bekommt einen nicht vorhersehbaren Impuls parallel zum Schirm. Für die Voraussage gilt zweifellos die Heisenbergsche Unbestimmtheitsrelation: Je genauer die Ortskoordinate bestimmt ist, also je enger der Spalt, desto größer ist die

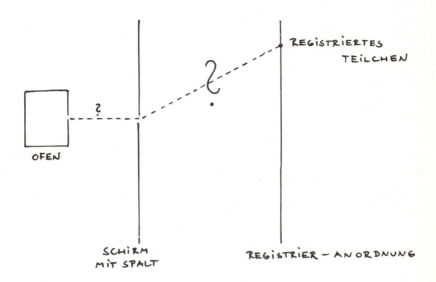

Figur VII 1: Apparat zur Ortsmessung

Streuung der Impulskomponente um ihren Mittelwert. *Nachträglich*, so das Poppersche Argument, kann man aber sehr wohl Ort und Impuls zugleich feststellen: "Wenn ein Teilchen registriert ist, dann ist damit der Ort bestimmt, und man weiß außerdem, in welchem Winkel es angekommen ist, man kann also die Impulskomponente berechnen." - Dieses Argument setzt voraus, was die Quantenmechanik gerade bestreitet, nämlich daß das Teilchen eine Bahn hat (d.h. zu jeder Zeit Ort und Impuls). Natürlich kann man niemandem verbieten, die Tatsache, daß ein Teilchen hinter einem Spalt an einem Ort registriert wird, *auszudrücken* durch: "Das Teilchen ist vom Spalt zu dem späteren Ort auf einer geraden Bahn mit Impuls p geflogen" - so, wie es die Quantenmechanik *nicht* tut. Diese Umformulierung hat aber keinerlei beobachtbare Konsequenzen[1]; wollte man sie als Erkenntnis über die Natur ausgeben, dann würde man gerade Poppers eigener Forderung widersprechen, daß solche Erkenntnisse falsifizierbar sein sollen, also jedenfalls irgendetwas beobachtbar anderes vorhersagen als die konkurrierende

---

[1] Würde man versuchen, das mit Ort und Impuls beschriebene Teilchen etwa dadurch beobachtbar zu machen, daß man, statt es zu registrieren, in den Auffangschirm ein Loch macht, dann wäre wieder je kleiner das Loch umso größer die resultierende Beugung, also Impulsstreuung, genau nach der Unbestimmtheitsrelation. Bezeichnet man diese Beugung als "Störung des Zustands durch die Messung", dann setzt man schon wieder voraus, daß es einen störbaren schärferen Zustand gab - also die klassische Ontologie.

Behauptung. – Nach der sorgfältigen Interpretation von Jammer (1974, S. 174 ff) scheint Popper selbst nicht weit von der "Kopenhagener" Position entfernt zu sein, insbesondere mit seiner "propensity"-Interpretation der Wahrscheinlichkeit. Die Lösung des Problems liegt in der entscheidenden Rolle der Voraussage: Für Voraussagen ist die Rolle der Unbestimmtheitsrelation unbestritten. Wir haben im III. Kapitel ("Voraussagen") dargestellt, daß auch jede objektive *Beschreibung* an Voraussagen hängt – auf die Frage "Was ist wirklich?" kommen wir unten zurück.

b.) <u>Komplementarität</u>: Das Scheitern der "klassischen" Ontologie hat vor allem Niels Bohr[1] als Komplementarität der verschiedenen Beschreibungen interpretiert:

"Diese Unbestimmtheit zeigt in der Tat einen merkwürdigen komplementären Charakter, der den gleichzeitigen Gebrauch von raumzeitlichen Begriffen und den Erhaltungssätzen von Energie und Impuls verhindert, der für die mechanische Beschreibungsweise charakteristisch ist." (Bohr 1931, "Einleitende Übersicht").

Ich will jetzt nicht die Bohrsche Philosophie interpretieren (vgl. Meyer-Abich 1965), sondern auf eine oft gebrauchte Verfälschung dieser Philosophie hinweisen, die etwa so lautet: "In der Quantenmechanik können wir nicht unmittelbar die Wirklichkeit beschreiben, sondern nur verschiedene ("komplementäre") Aspekte, die erst zusammen die ganze Beschreibung ergeben; so z.B. Ort und Impuls oder Wellen- und Teilchennatur eines Elektrons." Diese Auffassung wird evtl. noch erläutert durch die Analogie mit technischen Zeichnungen: Erst die verschiedenen Aspekte von z.B. Grundriß und Aufriß ergeben zusammen ein Bild des Gegenstandes. – Eine solche Beschreibung und Analogie verfehlt in dieser Verharmlosung gerade das Entscheidende an der Komplementarität, den Widerspruch: Grundriß und Aufriß sind Teile der Gesamtbeschreibung eines Gebäudes; wenn sie sich widersprechen – und das ist immer feststellbar – , dann sind sie falsch; sie beschreiben ein an sich vorhandenes Gebäude. Komplementäre Beschreibungen dagegen, z.B. mit Erhaltungssätzen einerseits, in Raum und Zeit andererseits (s.o.) *widersprechen* sich; jede dieser Beschreibungen gibt ein vollständiges Bild von etwas an sich vorhandenem, und gerade darin sind beide falsch – die darin liegende klassische Ontologie ist bei beiden Bildern mit der Quantenmechanik unvereinbar.

---

[1] Vgl. die in der Bibliographie angegebenen Sammelbände. Eine ausführliche philosophische Analyse bringt Meyer-Abich 1965.

c.) "Welle - Teilchen - Dualismus": Die oben in dem Pseudo-Zitat angeführten Beispiele für Komplementarität, Ort - Impuls und Welle - Teilchen, sind nicht von Bohr. Ort und Impuls sind zwei Observable, statistisch so verknüpft, daß eine schärfere Voraussage der einen mit einer größeren Streuung der anderen Observablen einhergeht. Man kann diesen Zusammenhang Komplementarität nennen, das trifft aber nicht den Bohr'schen Begriff[1]. Der "Dualismus" von Welle und Teilchen läßt sich auf einer ähnlich technischen Ebene aufklären: Die Schrödingergleichung im Raum ist eine Feldgleichung für ein komplexes Feld, dessen Absolutquadrat die Wahrscheinlichkeitsdichte dafür ist, das Teilchen vorzufinden; diese Wahrscheinlichkeit breitet sich wie eine Welle im Raum aus. Der Zusammenhang zwischen Wellen und Teilchen läßt sich daher so formulieren: Die *Wellen* beschreiben die Wahrscheinlichkeit, bei einer Messung an einem bestimmten Ort ein *Teilchen* zu finden. Stehen sehr viele Teilchen unter demselben Wellengesetz, dann beschreibt die Welle die Teilchendichte in einem Strom. Dann entsteht das ungewohnte Bild, daß Teilchendichten sich auslöschen können; denn die Wahrscheinlichkeit ist das Absolutquadrat eines Feldes, das selbst durchaus negative Werte annehmen kann. - Zur begrifflichen Analyse dieses Phänomens dient der bisherige Text dieses Buchs.

2.) Voraussagen

Die Behauptung dieses Buches ist, daß die bekannten Interpretationsprobleme der Quantenmechanik in einer ersten Näherung vollständig gelöst werden können, wenn man nur konsequent genug auf den Charakter der Physik als Theorie für Voraussagen eingeht.

a.) Schrödingers Katze

Betrachten wir zunächst das berühmte Katzenbeispiel von Schrödinger (1935). Schrödinger diskutiert in diesem Aufsatz sehr sorgfältig die Trennung und Vereinigung von Objekten, zum Teil im Anschluß an die Arbeit von Einstein, Podolski und Rosen (EPR 1935; wir kommen darauf unten zurück). Von Schrödingers gründlicher, und übrigens sehr lesenswerter Analyse wird vor allem das folgende Beispiel besprochen (S. 812).

---

[1] Weizsäcker 1955, vgl. Meyer-Abich 1965, S. 155-159

"Man kann auch ganz burleske Fälle konstruieren. Eine Katze wird in eine
Stahlkammer gesperrt, zusammen mit folgender Höllenmaschine (die man gegen
den direkten Zugriff der Katze sichern muß): in einem Geigerschen Zählrohr
befindet sich eine winzige Menge radioaktiver Substanz, so wenig, daß im
Lauf einer Stunde *vielleicht* eines von den Atomen zerfällt, ebenso wahrscheinlich aber auch keines; geschieht es, so spricht das Zählrohr an und
betätigt über ein Relais ein Hämmerchen, das ein Kölbchen mit Blausäure
zertrümmert. Hat man dieses ganze System eine Stunde lang sich selbst überlassen, so wird man sich sagen, daß die Katze noch lebt, wenn inzwischen
kein Atom zerfallen ist. Der erste Atomzerfall würde sie vergiftet haben.
Die ψ-Funktion des ganzen Systems würde das so zum Ausdruck bringen, daß
in ihr die lebende und die tote Katze (s.v.v.) zu gleichen Teilen gemischt
oder verschmiert sind.
Das Typische an diesen Fällen ist, daß eine ursprünglich auf den Atombe-
reich beschränkte Unbestimmtheit sich in grobsinnliche Unbestimmtheit um-
setzt, die sich dann durch direkte Beobachtung *entscheiden* läßt. Das hindert uns, in so naiver Weise ein "verwaschenes Modell" als Abbild der Wirklichkeit gelten zu lassen. An sich enthielte es nichts Unklares oder Wider-
spruchsvolles. Es ist ein Unterschied zwischen einer verwackelten oder un-
scharf eingestellten Photographie und einer Aufnahme von Wolken und Nebel-
schwaden."

Schrödinger will mit diesem Beispiel zunächst nur eine "realistische" Interpretation der ψ- Funktion ausschließen, so als wären die möglichen Eigenschaften des Objekts alle zugleich vorhanden, ineinander verschmiert
(z.B. eine ausgedehnte Elektronenwolke anstelle des umlaufenden Elektrons).
Ins Makroskopische fortgesetzt ergäbe eine solche realistische Interpretation das "burleske" Bild von toter und lebender Katze zu gleichen Teilen
gemischt. Dieses Paradox müßte jede Wahrscheinlichkeitsverteilung betreffen: Auch eine Sterbetafel behauptet ja nicht, daß ein 40-jähriger nach
weiteren 30 Jahren je zur Hälfte aus lebend und tot gemischt sein wird.
In Wirklichkeit handelt es sich einfach um eine Voraussage, nämlich daß
man in der Hälfte derartiger Fälle die Katze lebend antreffen wird, in der
anderen Hälfte der Fälle tot.

b.) <u>Wigners Freund</u>

Eine Komplikation ergibt sich, wenn man die ψ- Funktion als Beschreibung
des Zustands ansehen will, der "objektiv vorhanden" ist; sie ändert sich
nämlich durch das Hinschauen: Zunächst ist die Wahrscheinlichkeit 50 : 50;
wenn man aber das Ergebnis angeschaut hat, ist nur noch eine Möglichkeit
da, die wirkliche. Wie geschieht diese "Reduktion des Wellenpakets", durch
das Hinschauen? oder "objektiv" durch die Messung? oder "nur subjektiv"
im Beobachter?[1] - Wigner (1961) pointiert die Frage in seinem ebenfalls

---

[1] Vgl. London und Bauer 1939

— Interpretation der Quantenmechanik — § VII 2

vielzitierten Beispiel von seinem Freund. Wigner vertritt eine subjektivistische Sicht: Die Theorie behandelt nur mögliche Informationen, die jemand haben kann. (Vgl. die letzten Worte des folgenden Zitats): "Es liegt nahe, die Situation zu untersuchen, daß man nicht selbst beobachtet, sondern jemand anderen beobachten läßt. Was wäre die Wellenfunktion, wenn mein Freund dorthin schauen würde, wo der Blitz zur Zeit t erscheinen kann?[1] Die Antwort ist, daß die Information über das *Objekt* nicht durch eine Wellenfunktion beschrieben werden kann. Man könnte dem Gesamtsystem Freund + Objekt eine Wellenfunktion zuordnen, und dieses Gesamtsystem hätte auch nach der Wechselwirkung, d.h. nachdem mein Freund geschaut hat, eine Wellenfunktion. Ich kann dann mit diesem Gesamtsystem in Wechselwirkung treten, indem ich meinen Freund frage, ob er einen Blitz gesehen hat. Wenn mir seine Antwort den Eindruck macht, er habe einen gesehen, dann wird sich die Gesamt-Wellenfunktion von Freund + Objekt ändern in eine, in der sie sogar getrennte Wellenfunktionen haben (also die Gesamt-Wellenfunktion ein Produkt ist), und die Wellenfunktion des Objekts ψ_1 ist. Wenn er nein sagt, dann ist die Wellenfunktion des Objekts ψ_2, d.h. von dann an benimmt sich das Objekt so, als ob ich es beobachtet und keinen Blitz gesehen hätte. Allerdings ist auch in diesem Fall, in dem jemand anders beobachtet hat, die typische Änderung der Wellenfunktion erst eingetreten, als eine Information (das *ja* oder *nein* meines Freundes) in *mein* Bewußtsein getreten ist. Daraus folgt, daß die quantenmechanische Beschreibung von Objekten beeinflußt wird von Eindrücken, die in mein Bewußtsein treten. Solipsismus mag logisch vereinbar sein mit der heutigen Quantenmechanik, Monismus im Sinne von Materialismus ist es nicht. Die Widerlegung des Solipsismus steht am Ende des ersten Abschnitts[2]."

Zunächst hat man es wieder mit einer Wahrscheinlichkeitsaussage zu tun, Wigners Freund kann man ebenso wie die Katze als Meßapparat betrachten. Wir wollen daher jetzt einige Bemerkungen zum Meßprozeß anschließen und danach auf Wigners Fragen zurückkommen.

---

[1] Das ist Wigners Beispiel einer Messung – Anm. MD

[2] Wigner 1961, Abs. 3 – Übersetzung MD

§ VII 3a   - Interpretation des Quantenmechanik -

3. Meßprozeß

a.) Klassische Begriffe

Die Quantenmechanik hat ein eigenartiges Verhältnis zu den Begriffen der klassischen Physik, das vor allem Bohr (1927) hervorgehoben hat: Einerseits widerlegt die Quantenmechanik die klassische Physik, streng genommen ist die klassische Physik falsch, nach der Quantenmechanik; andererseits setzt aber die Quantenmechanik die klassische Physik voraus, nämlich für die Beschreibung der Meßgeräte. Wir haben bisher vorausgesetzt, daß Alternativen entscheidbar sind, ohne näher auf die Entscheidung einzugehen. Es scheint aber klar, daß eine entschiedene Alternative nicht in derselben Allgemeinheit behandelt werden kann wie beliebige Alternativen, nämlich wiederum als Voraussage mit beliebiger Wahrscheinlichkeit; sondern das Ergebnis der Entscheidung muß "vorliegen", es muß in einem engeren Sinn *wirklich* sein (vgl. § VII 6 unten). Bohr (1931) schreibt dazu:

"Nach der Auffassung des Verfassers würde es also ein Mißverständnis sein, wenn man meinen würde, die Schwierigkeiten auf dem Gebiete der Atomtheorie könnten dadurch vermieden werden, daß die Begriffe der klassischen Physik durch eventuelle neue Begriffsbildungen ersetzt würden. Wie schon hervorgehoben, bedeutet ja die Erkenntnis der Begrenzung unserer Anschauungsformen in keiner Weise, daß wir bei der Einordnung der Sinnesempfindungen die gewohnten Vorstellungen oder deren unmittelbaren Ausdruck in der Sprache entbehren können. Ebensowenig dürften die Grundbegriffe, die die klassischen physikalischen Theorien uns geschenkt haben, jemals für die Beschreibung der physikalischen Erfahrungen überflüssig werden. Nicht allein beruhte die Erkenntnis der Unteilbarkeit des Wirkungsquantums und die Bestimmung seiner Größe auf einer auf klassischen Begriffen basierten Analyse von Messungen, sondern es ist gerade die Anwendung dieser Begriffe, die die Verbindung zwischen der quantentheoretischen Symbolik und dem Inhalt der Erfahrungen ermöglicht. Gleichzeitig müssen wir indessen bedenken, daß die Möglichkeit des *eindeutigen* Gebrauchs dieser Grundbegriffe allein auf dem inneren Zusammenhang der klassischen Theorien, von denen sie übernommen sind, beruht, und daß deswegen die Grenzen für die Anwendung dieser Begriffe von dem Umfang bedingt sind, in welchem wir bei der Darstellung der Erscheinungen von dem Wirkungsquantum absehen können, das ein den klassischen Theorien fremdes Element symbolisiert."

Es verwundert deshalb nicht, daß ein Hauptaugenmerk der Interpreten der Quantenmechanik von jeher auf dem Meßprozeß ruht[1]. Es ist gut, wenn wir uns zunächst klar machen, was eine Theorie des Meßprozesses liefern soll: Sie soll offenbar den Übergang beschreiben vom Formalismus der Quantenmechanik, der *Möglichkeiten* beschreibt, nämlich mit Wahrscheinlichkeiten belegte Voraussagen, zu *wirklichen* Meßergebnissen. Es gibt zwei Haupt-

---
[1] Vgl. hierzu Weizsäcker 1977

richtungen, in denen die Antwort gesucht wird, nämlich 1. eine *begriffliche* Präsizierung dessen, was die Struktur der Quantenmechanik *erfordert*, 2. eine *physikalische Beschreibung* des Übergangs von der quantenmechanischen Möglichkeit zur klassischen Wirklichkeit, im Rahmen der fundamentalen Quantenmechanik. Beide Fragerichtungen sind für die Beschreibung des Meßvorgangs unentbehrlich.

b.) <u>Die Forderungen der Quantenmechanik an den Meßprozeß:</u>

Süßmann (1958)[1] gibt eine sehr gründliche Analyse des Meßprozesses in Fortsetzung von Analysen, die sich schon bei J.v. Neumann (1932) finden. Seit Neumann unterscheidet man zwei verschiedene Prozesse in der Entwicklung der Wellenfunktion, nämlich 1. gemäß der Schrödingergleichung, 2. die "Reduktion des Wellenpakets" im Meßprozeß. Die zweite Veränderung ist jetzt unser Thema. Betrachten wir, der Einfachheit halber, ein Objekt mit einfachen Alternativen, z.B. den zwei unterscheidbaren Zuständen ψ_1 und ψ_2; und ein Meßgerät, das zwischen diesen beiden Zuständen entscheidet, mit zwei Ergebniszuständen χ_1 und χ_2. Damit das Meßgerät wirklich die Zustände des Objekts mißt, müssen wir fordern: Die Wechselwirkung zwischen Objekt und Gerät ist so, daß, wenn zunächst das Objekt im Zustand ψ_1 ist, das Gesamtsystem schließlich in den Zustand $\psi_1 \times \chi_1$ gelangt; und wenn das Objekt zunächst in Zustand ψ_2 ist, muß das Gesamtsystem schließlich in den Zustand $\psi_2 \times \chi_2$ gelangen[2]. Daraus folgt: Wenn das Objekt zunächst im Zustand $\alpha \cdot \psi_1 + \beta \cdot \psi_2$ war (mit $|\alpha|^2 + |\beta|^2 = 1$), dann ist das Gesamtsystem hinterher im Zustand $\Phi = \alpha \cdot \psi_1 \times \chi_1 + \beta \cdot \psi_2 \times \chi_2$. Das folgt aus der Linearität der Quantenmechanik, die wir in Kap.VI begründet haben, und die sich auch empirisch in jeder Beziehung bewährt hat.

Was bedeutet der Zustand $\alpha \cdot \psi_1 + \beta \cdot \psi_2$ des Objekts? Er bedeutet, daß man bei einer Entscheidung zwischen ψ_1 und ψ_2 mit der Wahrscheinlichkeit $|\alpha|^2$ den Zustand ψ_1 finden wird und mit der Wahrscheinlichkeit $|\beta|^2$ den Zustand ψ_2. Das ist die "richtige Interpretation" des quantenmechanischen Formalismus oder, in unserem Aufbau, der ursprüngliche Ansatz,

---

[1] referiert in Mittelstaedt 1963

[2] Es ist denkbar, daß das Meßgerät erst zu einer Zeit in den Zustand χ_1 kommt, zu der das gemessene Objekt nicht mehr im Zustand ψ_i ist (vgl.VI 4 :"Wiederholbarkeit"); diese Variante ergibt aber nichts entscheidend neues für unser Argument.

§ VII 3b   — Interpretation der Quantenmechanik —

aus dem wir den ganzen Formalismus entwickelt haben. Der *wirkliche* Endzustand wird also entweder $\psi_1 \times \chi_1$ sein (mit Wahrscheinlichkeit $|\alpha|^2$), oder $\psi_2 \times \chi_2$ (mit Wahrscheinlichkeit $|\beta|^2$). Den Unterschied zum Zustand $\phi = \alpha \cdot \psi_1 \times \chi_1 + \beta \cdot \psi_2 \times \chi_2$ beschreibt die "Reduktion des Wellenpakets". Diese Reduktion betrachten wir in zwei Stufen:

1. Die Entscheidung unter mehreren möglichen Ereignissen, von denen man nicht weiß, welches eintreten wird, beschreibt man üblicherweise so, wie z.B. beim Würfeln: Bevor man nachschaut, hat jede Augenzahl Wahrscheinlichkeit 1/6; wenn man nachgeschaut hat, ist ein bestimmtes Meßergebnis wirklich, alle anderen nicht. — Hier wird das "Gemenge", vor dem Nachschauen, beschrieben durch den statistischen Operator des Meßgerätes

$$W_{\overline{I}} = |\alpha|^2 \cdot P_{\chi_1} + |\beta|^2 \cdot P_{\chi_2} \qquad 1)$$

und den statischen Operator des Objekts

$$W_{\overline{II}} = |\alpha|^2 \cdot P_{\psi_1} + |\beta|^2 \cdot P_{\psi_2} .$$

2. Zu dem Zustand des Gesamtobjekts (I & II, Objekt und Meßgerät) $\phi = \alpha \cdot \psi_1 \times \chi_1 + \beta \cdot \psi_2 \times \chi_2$ (s. oben), gehört der statistische Operator P_ϕ; der oben (1) beschriebene statistische Operator $W_{\overline{I}} \times W_{\overline{II}}$ des Gemenges *unterscheidet* sich von P_ϕ, nämlich durch das Fehlen der "Interferenzterme".

Dieser zweite Unterschied, die Reduktion im engeren Sinn, gibt die vieldiskutierten Rätsel auf. J. v. Neumann[2] stellt fest, daß der Übergang als Ergebnis eines *Schnitts* gewonnen werden kann: Zerlegt man ein Gesamtobjekt im Zustand ϕ in die Teilobjekte I und II, für die ψ_i bzw. χ_i definiert waren, dann werden die Teilobjekte durch die statistischen Operatoren $W_{\overline{I}}$ und $W_{\overline{II}}$ richtig beschrieben. Das heißt, der Unterschied zwischen P_ϕ und $W_{\overline{I}} \times W_{\overline{II}}$ liegt gerade in den *Korrelationen* zwischen Meßapparat und gemessenem Objekt. Neumann, und dann besonders Süßmann interpretiert den Schnitt als die Trennung zwischen Objekt und Subjekt: Die Messung kann erst als vollendet angesehen werden, wenn eine Eigenschaft *des Objekts*, unabhängig vom Subjekt, festgestellt ist. Dabei ist es gleichgültig, ob man den Schnitt zwischen das gemessene Objekt und den

---

[1] P_ϕ ist der Projektor auf den durch ϕ aufgespannten Unterraum, vgl. Anhang, § A VI 1, und Süßmann 1958.

[2] Neumann 1932, Kap. VI, vgl. Lüders 1951, Süßmann 1958 und Jauch 1968, ch. 11.

Meßapparat legt oder zwischen das Gesamtsystem und den Beobachter ("Verschieblichkeit des Schnitts"). In jedem Fall erzeugt der Schnitt aus dem reinen Fall des Gesamtsystems die Gemische des Objekts allein und des Meßapparats bzw. Beobachters allein.

Es bleibt, trotz dieser Einführung des Schnitts, ein ungelöstes Problem zurück: Aus den Forderungen an ein Meßgerät folgt, wie wir gesehen haben, einerseits ein reiner Fall als Endzustand, andererseits mit ebensoguten Argumenten ein Gemisch; zwischen beiden ist unzweifelhaft ein Unterschied.

Man kann diesen Unterschied beschreiben als Informationsverlust: Im reinen Fall sind Korrelationen zwischen Objekt und Meßgerät enthalten, die durch den gedanklichen Schnitt als Information "weggeworfen" werden. Es liegt nahe, diesen Informationsverlust auf den Mangel an Information über das Meßgerät *vor der Messung* zurückzuführen: "Das Objekt mag ja als reiner Fall richtig beschrieben sein, aber das Meßgerät ist, als Makro-Objekt, immer ein Gemisch; also ist das Gesamtobjekt in einem Gemisch-Zustand, und man braucht sich über ein Gemisch als Ergebnis nicht zu wundern." Schon Neumann (1932, S. 233) gibt Argumente gegen diese Lösung, Süßmann (1958) bespricht und widerlegt ausführlich die subtilere "Auswahlthese": Der Informationsverlust läßt sich *nicht* auf den Informationsmangel über das Meßgerät zurückführen. Vor allem Wigner[1] hat unermüdlich auf das Problem hingewiesen: Streng genommen entsteht hier innerhalb der Quantenmechanik ein Widerspruch. Der Hinweis, daß die anstößigen Korrelationen bzw. Interferenzterme immer genügend klein seien, löst den prinzipiellen Widerspruch nicht auf.

Auch der Hinweis auf die Rolle des Schnitts formuliert nur noch einmal die *Forderung* an eine Beschreibung des Meßprozesses, gibt aber keinen Mechanismus an, wie diese Forderung erfüllt werden kann. Schlimmer noch, es ist gezeigt, daß es einen solchen Mechanismus (gemäß der Schrödlingergleichung) *nicht geben kann*: Eine Superposition *kann* nicht in einen Zustand übergehen, in dem "bestimmte Zeigerstellungen" gemischt sind (Espagnat 1966).

Die Lösung liegt im Objektbegriff: Der ist, als Grundlage der Physik, mit einer *Näherung* definiert (vgl. Kapitel V: Objekte). Auch Wigner bezweifelt nicht, daß die beiden unvereinbaren Zustände ϕ und $W_{\underline{i}} \times W_{\underline{ii}}$ in sehr

---

[1] z.B. Wigner 1963 (verallgemeinert in Espagnat 1966), Wigner 1971.

§ VII 3c — Interpretation der Quantenmechanik —

guter Näherung gleich sein können – wenn auch nicht exakt. Wegen dieses Mangels brauch man aber kein schlechtes Gewissen zu haben, denn der Begriff des Objekts beruht von Anfang an auf einer Näherung. Es ist dies genau *dieselbe* Näherung, die auch hier auftritt, nämlich die der Isolierung von Objekten: Die (vergleichsweise schwachen) Korrelationen zwischen Meßgerät und gemessenem Objekt nach der Messung stören hier das Bild; diese Korrelationen täuschen aber eine Exaktheit vor, die in keiner Physik möglich ist, denn ganz entsprechende Zusammenhänge zwischen Objekten sind von Anfang an vernachlässigt worden.

Wigner fand in Gesprächen diesen Lösungsvorschlag nicht überzeugend. Das von Wigner favorisierte Argument von Zeh (1970) geht aber eigentlich in dieselbe Richtung: Die Strenge der Behandlung ist deshalb nur-akademisch, weil in einem makroskopischen Apparat die Energieniveaus so dicht beieinander liegen, daß die winzigen Wechselwirkungen mit der Umwelt den Zustand fortwährend unkontrollierbar ändern, daß also der Unterschied zwischen reinem Fall und Gemisch in keinem Augenblick wirklich eine Rolle spielt (Wigner 1971, S. 17/18).

In denselben Problemkreis, nämlich die Präzisierung dessen, was die Quantenmechanik fordert, gehört der Aufsatz Jauch 1964: Jauch definiert dort ein klassisches System als eines, dessen Observable alle vertauschen (entsprechend einem Boole'schen Verband). Er gibt einen Formalismus an, wie die quantenmechanischen Observablen in klassische zu verwandeln sind und zeigt, daß in einem solchen klassischen System der Unterschied zwischen dem reinen Fall und dem Gemenge $W_I \times W_{II}$ verschwindet (vgl. Jauch, Wigner & Yanase 1967).

c.) <u>Die quantenmechanische Beschreibung des Meßvorgangs</u>: Wenn die eben genannten Probleme gelöst sind, muß noch ein Mechanismus angegeben werden, der die aufgestellten Forderungen wirklich erfüllt, also der den Anfangszustand des zusammengesetzten Systems, $(\alpha \cdot \psi_1 + \beta \cdot \psi_2) \times \chi_0$ [1] überführt in einen Endzustand, der einem Gemisch-Zustand des Meßgeräts $W_i = |\alpha|^2 \cdot P_{\chi_1} + |\beta|^2 \cdot P_{\chi_2}$ praktisch nahe genug kommt. Eine thermodynamische Beschreibung eines solchen Prozesses geben Daneri, Loinger & Prosperi 1961; Weidlich 1967 und Haake & Weidlich 1968 setzen diese Linie fort und geben ein Modell, ähnlich auch Hepp 1972[2]. Ich will diese Theorien hier nicht

---

[1] vgl. oben, § 3b; χ_0 ist der Anfangszustand des Meßgeräts.

[2] vgl. auch Bell 1975a, mit lesenswerten Kommentaren.

diskutieren, sondern erwähne sie nur, um auf den Unterschied zwischen den in ihnen behandelten Problemen und dem unter b. genannten hinzuweisen: Die Mißachtung dieses Unterschieds hat viele unfruchtbare Dispute verursacht.

4. Semantische Konsistenz

Das Problem der Messung entsteht durch den Universalitätsanspruch der Quantenmechanik: Wenn wir damit zufrieden wären, daß die Quantenmechanik für bestimmte Objekte gilt, nicht aber für Meßgeräte, dann gäbe es die oben besprochenen Probleme nicht - es gäbe vielleicht andere. Nun ist aber die Quantenmechanik universell gemeint, nämlich so, daß sie für *beliebige* Objekte gilt, natürlich auch für solche, die als Meßgeräte dienen. Wir haben in diesem Buch ganz generell angesetzt und eine allgemeine Theorie objektivierbarer Erfahrungen gesucht; wir würden also auch Wigners Freund quantenmechanisch behandeln, was Wigner (1971) ausdrücklich ablehnt (vgl. oben, § 2).

Die Quantenmechanik setzt Meßverfahren voraus, entscheidbare Alternativen. Wenn diese Theorie am Schluß die Beschreibung der Messungen selbst gestattet, dann muß eine solche Beschreibung das reproduzieren, was ursprünglich über die Messung vorausgesetzt war: die Theorie muß *semantisch konsistent* sein (C.F. v. Weizsäcker 1971 c, 1977 b).

Die semantische Konsistenz tritt als Problem erst auf, wenn die Theorie genügend allgemein ist; z.B. für eine Theorie der Planetenbewegung setzt man nur Messungen mit Instrumenten voraus, die durch ganz andere Theorien beschrieben werden. Man kann die Bedeutung der semantischen Konsistenz trotzdem schon an einem relativ einfachen und amüsanten Beispiel erläutern, der *Hohlwelttheorie*. Diese revolutionäre Theorie eines Privatgelehrten, die offenbar einmal sehr berühmt war, sagt folgendes: "Wir leben nicht auf der Oberfläche der Erdkugel, sondern im Innern einer Kugel, die außen vom Erdboden umgeben ist. Was weit außen kommt, weiß niemand - man hat bisher ja nur wenige Kilometer hineingebohrt. Dagegen sind die Sonne und Planeten, alle Fixsterne, das ganze sogenannte Weltall "über" uns im Innern der Kugel. Daß wir beim Schauen über das Meer den Eindruck haben, es sei konvex, kommt daher, daß alle Lichtstrahlen nach oben gebogen sind. In Wirklichkeit ist die Erdoberfläche konkav, nach oben gebogen, nur nicht so stark wie die Lichtstrahlen - daher die Vortäuschung des Horizonts".

§ VII 4 Interpretation der Quantenmechanik –

Das Auftauchen des Sputniks und der Flüge zu fernen Planeten haben offenbar die Hohlwelt-Theoretiker entmutigt. Das hätte nicht sein müssen, wenn sie ihre eigene Theorie durchschaut hätten. Man kann nämlich die Hohlwelttheorie dadurch gewinnen, daß man die übliche Theorie "an der Erdoberfläche spiegelt", d.h. dadurch, daß man in Polarkoordinaten den Radius r ersetzt durch den neuen Radius r':

$$r' = \frac{R^2}{r} \quad ,$$

wobei R der Erdradius ist. Dann bleibt die Erdoberfläche wo sie war, alles Innere wird nach außen, alles Äußere nach innen gestülpt. Die Lichtstrahlen sind Kreise durch den Mittelpunkt, und alles, was sich dem Mittelpunkt nähert, wird immer kleiner und langsamer, erreicht ihn nie. Wenn man diese Transformation konsequent anwendet, dann *kann* es, wie man leicht sieht, keine empirische Widerlegung geben; denn die Phänomene sind gemäß beiden Theorien genau gleich, sie werden nur mit anderen Worten beschrieben[1]. Man kann den Hohlweltleuten dann nur noch vorwerfen, daß sie ihre Theorie als die *einzig* richtige hinstellen.

Also wären die Hohlwelttheorie und die übliche Beschreibung gänzlich gleichberechtigt? Dieser Schluß, so einleuchtend die Begründung sein mag, überzeugt uns nicht. Wir finden ein Kriterium für den Vorrang der üblichen Beschreibung in der *semantischen Konsistenz*: Die Theorie des Raums setzt die Längenmessung voraus. Längen werden gemessen mit Maßstäben; Maßstäbe haben überall (definitionsgemäß) dieselbe Länge. – In der üblichen Theorie ist das erfüllt; in der Hohlwelttheorie dagegen gilt es als Täuschung, "in Wirklichkeit" würden auch Maßstäbe bei Annäherung an den Mittelpunkt beliebig kurz. Die Hohlwelttheorie ist also semantisch inkonsistent.

Jeden Physiker wird diese Beschreibung an die Relativitätstheorie erinnern: auch da ändern Maßstäbe ihre Länge. Ist also die Relativitätstheorie semantisch inkonsistent? Ja, wenn man auf der ursprünglichen Semantik beharrt: Der Begriff des starren Maßstabs aus der klassischen Mechanik ist mit der relativistischen Physik unvereinbar. – Nein, wenn man die ursprüngliche Semantik einschränkt auf ein Ruhsystem, und die Modifikationen dieser Semantik bei Übergang in einen anderen Bewegungszustand der Relativitätstheorie entnimmt.

---

[1] vgl. den Hinweis auf die Poppersche Falsifizierbarkeit in § 1a: Unschärferelation.

Nun könnte man dasselbe auch für die Hohlwelttheorie beanspruchen: "Die ursprüngliche Semantik gilt nur noch für die Erdoberfläche, im Übrigen wird sie durch die Theorie modifiziert." - Abgesehen davon, daß nach der Hohlwelttheorie auch in der Nähe der Erdoberfläche die Lichtstrahlen gekrümmt sind, besteht der Unterschied darin, daß in der Hohlwelttheorie die Modifikationen nicht notwendig sind: Es gibt eine insgesamt semantisch konsistente Formulierung, warum also eine eingeschränkt semantisch konsistente verwenden? - (Den Anspruch, die Hohlwelttheorie sei die einzig wahre, haben wir schon oben widerlegt). Dagegen folgt in der Relativitätstheorie die Änderung der Semantik auch aus *semantischen* Überlegungen: Einstein (1905) leitet aus einer Betrachtung möglicher Messungen, zusammen mit der Konstanz der Lichtgeschwindigkeit, die Notwendigkeit der Lorentz-Transformationen ab. Er führt also vor, was er später zu Heisenberg, zu dessen Erstaunen, äußert: "Erst die Theorie entscheidet, was meßbar ist" (Heisenberg 1969). Das ist nun die eigentliche Struktur der semantischen Konsistenz: Man fängt an mit bestimmten Messungen, dann kommen Teiltheorien über die Messungen, die mit allgemeineren Theorien konsistent sein müssen; allmählich schälen sich brauchbare Observable heraus mit immer umfassenderen Theorien[1]. Das Ziel ist schließlich eine umfassende Theorie für Voraussagen über empirisch entscheidbare Alternativen, die zugleich die möglichen Messungen richtig beschreibt, die also semantisch konsistent ist. Man kann vermuten, daß es nur *eine* solche semantisch konsistente Theorie gibt (vgl. C.F. von Weizsäcker 1971c, S. 231 f.).

5. Reversibilität

Die Überlegungen zum Meßprozeß erhellen noch einmal besonders, inwiefern die Quantenmechanik reversibel ist und inwiefern nicht:

Die Schrödingergleichung ist reversibel, denn ersetzt man t durch $-t$, dann erhält man dasselbe wie bei Komplex-Konjugation der (zeitabhängigen) Schrödingergleichung, was physikalisch nichts ändert. Beschriebe also die ψ-Funktion ein "objektiv vorhandenes" Feld, dann könnte man das Ablaufen der Wirklichkeit als reversibel beschreiben, wie die Planetenbewegung. So, wie man die Quantenmechanik benutzt, kann man aber aus einer

---

[1] Ein Paradebeispiel ist die Aufteilung des Begriffs "Wärme" in Temperatur, Wärmemenge, Wärmeleitfähigkeit u.ä., vgl. z.B. Mach 1900 - siehe auch Kap. II.

einzigen Messung nur sehr wenig über die Vergangenheit schließen, und was man über die Zukunft schließen kann, hängt von der Art der Messung ab: Ist sie "von 1. Art", dann hat man über die Zukunft die vollständigst mögliche Information. - Daher die Formulierung Neumanns (1932) und anderer, außer der Schrödingergleichung sei ein weiterer Mechanismus der Änderung zu postulieren (vgl. oben § 3b).

Eine bessere Erklärung ergibt sich aus unserer Analyse: Allgemein kann man nur etwas über *Gesetze* sagen, und zwar über Gesetze für *Voraussagen* (vgl. Kap. III): Wenn man für eine Zeit eine Voraussage mit Notwendigkeit machen kann, dann folgen daraus alle anderen Voraussagen über dieselbe Zeit (aus der Verbandsstruktur) und für alle anderen - künftigen! - Zeiten (wegen der Schrödingergleichung). Die Reversibilität der Schrödingergleichung bedeutet eine Reversibilität *unter den Voraussagen*: Zu einer bestimmten Abfolge von Voraussagen kann es, bei entsprechendem Anfangszustand, auch die umgekehrte Abfolge geben. Über den Ablauf einer "an sich vorhandenen" Wirklichkeit sagt die Schrödingergleichung nichts aus, also a fortiori auch nichts über dessen Reversibilität.

Wir lesen hier an der fertigen Quantenmechanik einen Zug ab, auf den wir schon am Anfang unserer Analyse gestoßen sind; nämlich, daß Naturwissenschaft eine Theorie der Gesetze über Voraussagen ist. Das zeigt die Konsistenz unserer Überlegungen unter diesem Aspekt. Wer die fertige Quantenmechanik für richtig hält, wird daher Schwierigkeiten haben, den Ansatz zu bestreiten.

Das ist, wenn man so will, eine andere Formulierung dessen, daß die Quantenmechanik nur *Möglichkeiten* beschreibt: Die Notwendigkeit einer Meßtheorie entsteht, wenn man - wegen der Universalität der Quantenmechanik - auch die *wirkliche* Messung in diesem Rahmen beschreiben will.

6. Was ist wirklich?

Kommen wir zurück zur anfangs gestellten Frage nach der Wirklichkeit. Wir haben jetzt ein wenig Dickicht vor dem eigentlichen Wald herausgehauen und wollen nun unter dem Gesichtspunkt der Quantenmechanik einen kleinen Rundgang machen. Im letzten Kapitel kommen wir noch einmal zurück zu einer Expedition in eine andere Richtung.

Die Ontologie der klassischen Physik setzt eine "an sich vorhandene" Wirklichkeit voraus, die *objektiv* heißt, und der das Subjektive gegenübersteht, entsprechend der kartesischen Spaltung in res extensa und res cogitans. Das Subjekt ist dabei dem Wirklichen entgegengesetzt, "nur-subjektiv" und insofern unwirklich. Für unseren Ansatz taugt diese Aufteilung nicht recht. Wir haben z.B. aus der Forderung nach Objektivität die Notwendigkeit von Voraussagen abgeleitet, und umgekehrt aus der Möglichkeit von Voraussagen die Existenz von Objekten; in der gängigen Diskussion dagegen wird gerade die Betonung von Voraussagen als zu subjektiv abgelehnt. Wir haben von Anfang an nur von dem geredet, was man weiß oder wissen kann, eine an sich vorhandene Wirklichkeit kommt dabei nicht vor. Nun wird man aber kaum leugnen können, daß es in unserem täglichen Umgang mit den Dingen einen guten Sinn hat, vom Vorhandenen zu reden: Mein Schreibtisch steht auch hier, wenn ich nicht gerade dran sitze, mein Auto wird in der Werkstatt repariert, auch wenn ich nicht dran denke - ich kann es nachher fertig abholen und weiß, daß es die ganze Zeit *wirklich* in der Werkstatt gestanden hat. Die Unentbehrlichkeit einer Welt, die so da ist, daß man sich auf sie verlassen kann, verursacht das Unbehagen an der Quantenmechanik, gerade bei vielen Physikern (Planck, Einstein, Schrödinger, Laue, Bohm; vgl. Kap. III).

a.) Verborgener Parameter

Dieses Unbehagen legt den Versuch nahe, die Quantenmechanik zu interpretieren, analog zur statistischen Thermodynamik, als Theorie mit *verborgenen Parametern*; also als eine Theorie, die nur deswegen indeterministisch erscheint, weil man die *richtige* Beschreibung der Wirklichkeit nicht kennt. "Hinter" der Beschreibung durch die Quantenmechanik würde dann eine an sich vorhandene Wirklichkeit liegen, die durch verborgene Parameter beschrieben wird. Über die Möglichkeit einer solchen Theorie wird seit langem ohne eindeutiges Ergebnis diskutiert, vgl. dazu das informative und gut lesbare Buch Belinfante 1973, außerdem Ochs 1971. Ein sehr wichtiges Ergebnis möchte ich nur erwähnen : Bell (1964, 1975 b) ermittelt, daß *jede* Theorie mit verborgenen Parametern von der Quantenmechanik abweichen muß, wenn diese verborgenen Parameter lokal sind im Sinne der Relativitätstheorie, d.h. wenn eine Wirkung auch in den verborgenen Parametern sich höchstens mit Lichtgeschwindigkeit fortpflanzt. Dieser Unterschied ist experimentell prüfbar (Clauser & Horne 1974, Paty 1975) und die Kontroverse ist inzwischen experimentell zugunsten der Quantenmechanik entschieden (Clauser 1976). Es ist also immerhin eine starke Auswahl unter den möglichen Theorien mit verborgenen Parametern getroffen. Und wenn man von einer Theorie erwartet, daß sie eine an sich vorhandene Wirklichkeit beschreibt, dann sollte sie auch mit der speziellen Relativitätstheorie vereinbar sein; eine solche Theorie ist aber nach den Experimenten nicht möglich.

b.) Viele Welten

Unter den vielen Versuchen, eine Wirklichkeit "an sich" zu retten, ist noch ein sehr ausgefallener eine Diskussion wert, die "Many-Worlds-Interpretation" von Everett (1957; vgl. De Witt & Graham 1973). Everett betrachtet die Welt wie den Garten sich verzweigender Pfade in der Novelle von Jorge Luis Borges: Der Besucher durchläuft alle Pfade zugleich und erlebt so *alle* möglichen Ereignisse zugleich; auf einem Pfad trifft er den Weisen und unterhält sich mit ihm, auf einem anderen sucht er ihn vergeblich und auf einem dritten, zugleich, findet er ihn tot vor. So ist es, nach Everett, auch in der Quantenmechanik: jede Messung zerlegt die Wellenfunktion in ihre möglichen Zweige, die alle, jeder in seinem Universum, weiterexistieren. Daß *ich jetzt* nur das Ergebnis Nr. 137 als eingetreten sehe, liegt daran, daß auch ich mich in die verschiedenen Universa verzweigt habe und dies jetzt schreibe in demjenigen Universum, in dem zufällig auch das Ergebnis Nr. 137 liegt. In Wirklichkeit gibt es nur die Entwicklung der Welt nach der Schrödingergleichung; J. v. Neumanns Prozeß Nr. 2, die "Reduktion des Wellenpakets", ist nur ein Schein, der dadurch entsteht, daß die verschiedenen Zweig-Welten nie mehr in Wechselwirkung miteinander treten.

Die Sprechweise wirkt zunächst abstrus: Verschiedene "Welten", die dauernd neu entstehen und keinerlei Kontakt miteinander haben. Andererseits ist sie recht verlockend, sie würde eine einheitliche Beschreibung gestatten und doch das Phänomen, das die "Reduktion des Wellenpakets" beschreibt, mit erfassen. Kann man nicht die Abstrusität etwas mildern?

Betrachten wir den Unterschied der Welten: Es gibt eine, in der *ich* mich *jetzt* befinde; die anderen sind für mich jetzt irrelevant. Vor ihrem Auseinanderlaufen wußte ich nicht, daß ich (schreibend) mich heute, Montag, in dieser Welt befinden würde, sondern alle künftigen Welten waren für mich gleich - ... - ja, das ist es: gleich-*möglich*. Wir nennen doch diese, unsere Welt die wirkliche, und die übrigen oben beschriebenen bezeichnen wir als solche, die möglich waren, aber nicht wirklich geworden sind. Wir können also über die Analyse von Everett eine ganz natürliche Sprechweise

— Interpretation der Quantenmechanik — § VII 6c

zurückgewinnen, wenn wir nur folgendes Lexikon benutzen[1]: Die "vielen Weltzweige" von Everett sind bei uns verschiedene Möglichkeiten. Das ist ganz in Ordnung, denn die Möglichkeit ist die Modalität der Zukunft, Wahrscheinlichkeit ist quantifizierte Möglichkeit (Weizsäcker 1971c); ich *kann* jede der verschiedenen Möglichkeiten selbst erleben, bin also in jeder Möglichkeit auch vertreten, in der ich noch lebe. Die Welt "in der wir Kommunikationspartner uns begegnen" übersetzen wir als die *wirkliche*, alle anderen ("mit denen wir keine Wechselwirkung haben") sind in unserer Umformulierung nicht realisierte Möglichkeiten, sie *waren* möglich.

Das Abstruse in Everetts Formulierung kommt also gerade von seinem Versuch, eine *Wirklichkeit an sich* zu beschreiben. Liest man diese Formulierung, mit dem obigen "Lexikon", als Beschreibung von Möglichkeit und Wirklichkeit, wird sie vernünftig und lehrreich.

c.) EPR: Aus den Diskussionen zwischen Einstein und Bohr, die Bohr (in Schilpp 1949) schildert, ist die Arbeit Einstein, Podolsky & Rosen 1935 hervorgegangen[2]. Die Autoren analysieren darin die Beschreibung der Wirklichkeit durch die Quantenmechanik und stellen fest, daß diese Beschreibung unvollständig ist. Die Arbeit ist so sehr Zusammenfassung vorhergehender und Grundlage folgender Diskussionen, daß ich die Lektüre dieser vier Seiten nur empfehlen kann. Hier will ich in einem leicht geänderten Modell[3] diejenigen Argumente referieren, die für unsere Diskussion wichtig sind.

Man betrachte ein Objekt mit Eigendrehimpuls (Spin) Null, $s = 0$, das in zwei Teilobjekte mit $s = \frac{1}{2}$ zerfällt. Die "Spinkomponente" der Teilobjekte kann man mit den Geräten A und B messen. Wir zeichnen dazu Fig. 2, aber mit Warnung:

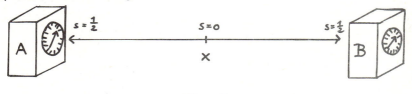

Fig. 2

---

[1] Everett 1957, S. 459, zitiert selbst diese Möglichkeit aus Zuschriften, verwirft aber die Unterscheidung von Möglichkeit und Wirklichkeit als *unnötig*: Gerade was uns ein Verständnis ermöglicht, erscheint Everett besonders dunkel.

[2] Vgl. auch die Einleitung von Einstein, "Autobiographisches", in Schilpp 1949.

[3] Zuerst bei Bohm & Aharonov 1957; vgl. auch Bell 1964, Jammer 1974.

§ VII 6c — Interpretation der Quantenmechanik —

Wegen der Unbestimmtheitsrelation darf man den Zerfallsprodukten nicht in strenge Bahnen zuordnen, sondern in Wirklichkeit stellt man nur in der Nähe eines Zerfallsprozesses X Koinzidenzen beim Ansprechen der Geräte A und B fest. Die Geräte A und B sind von der Art der Stern-Gerlach-Geräte[1], d.h. sie messen die Spinkomponente der einfallenden Partikel in einer bestimmten Richtung. Die Richtung ist am Apparat einstellbar (z.B. durch Drehen des ganzen Apparats); es gibt jeweils zwei mögliche Meßergebnisse, nämlich Spinkomponente (in der eingestellten Richtung) $+\hbar/2$ und $-\hbar/2$.

Aus der Erhaltung des Gesamt-Drehimpulses ergibt sich eine Korrelation zwischen den Ergebnissen der Messungen bei A und B: Der Gesamtspin ist und bleibt Null; wenn also beide Apparate parallel eingestellt sind, müssen die Spinkomponenten entgegengesetzt sein. Der quantenmechanische Formalismus wird in den genannten Arbeiten abgehandelt (vgl. § A VII). Wir können das Wesentliche auch ohne Formalismus zeigen: Wird an einem der beiden Apparate in irgendeiner Richtung die Spinkomponente $+\hbar/2$ festgestellt, dann folgt daraus wegen der Drehimpulserhaltung, daß bei dem anderen Apparat die Spinkomponente, wenn *in derselben Richtung* gemessen wird, notwendigerweise $-\hbar/2$ sein muß, daß dies also nach der Messung der "vorliegende" Zustand des anderen Teilobjekts allein ist.

In der klassischen Theorie könnten wir fast genauso formulieren: "Wenn wir an einem Teilobjekt Drehimpuls $\mathcal{D}$ in einer bestimmten Richtung feststellen, und das Gesamtobjekt hat Drehimpuls Null, dann hat das Rest-Teilobjekt Drehimpuls $-\mathcal{D}$ in derselben Richtung." Im klassischen Fall ist allerdings die Richtung des Drehimpulses ein *Ergebnis* der Messung, während im quantenmechanischen Fall – das ist der entscheidende Unterschied – die Richtung der Messung von der *Willkür* des Messenden abhängt; es gibt zu jeder (willkürlich festgelegten) Richtung genau zwei mögliche Meßergebnisse.

Daran knüpft Einstein (mit Podolsky und Rosen) nun den Eindruck des Paradoxen: Angenommen, die Meßapparate A und B stehen weit auseinander, so, daß ein bei A messender Mensch, der kurz vor dem Eintreffen eines Spinteilchens den Meßapparat willkürlich orientiert, *dadurch* den Zustand des entfernten anderen Spinteilchens festlegen kann (bis auf + oder -),

---

[1] Stern und Gerlach 1922; vgl. auch Lehrbücher der Quantenmechanik.

ohne daß irgendeine Wirkung der Messung auf das entfernte Teilchen denkbar ist. EPR hatten zuvor ein "Element der Wirklichkeit" so definiert: "Wenn wir an einem System, ohne es irgendwie zu stören, den Wert einer physikalischen Größe mit Sicherheit (d.h. mit Wahrscheinlichkeit Eins) voraussagen können, dann gibt es ein Element der physischen Wirklichkeit, das dieser physikalischen Größe entspricht"[1]. Nach dieser Definition ist die Spinkomponente in einer Richtung ein Element der Wirklichkeit, denn ich kann sie ohne Störung des Systems "Teilobjekt B" mit Sicherheit voraussagen, sobald ich bei A in derselben Richtung die Spinkomponente gemessen habe. "Element der Wirklichkeit" kann aber hier nicht in dem Sinn verstanden werden, daß es eine "an sich" vorliegende Eigenschaft des Objekts ist, denn diese Eigenschaft wird ja erst nach der Willkür eines evtl. weit entfernten Experimentators hergestellt, ein physischer Einfluß ist nicht recht vorstellbar.

Dieser paradoxe Eindruck ist Gegenstand einer langen Diskussion seit 1935. Man kann schnell sehen, daß eine Inkonsistenz der Quantenmechanik hier nicht vorliegt, auch von EPR nicht behauptet wird: Die vorausgesagten Wahrscheinlichkeiten sind durchaus miteinander verträglich. Man muß hier ganz besonders beachten, auf welches konkrete Kollektiv man die Voraussage bezieht. Im allgemeinen wird die Verteilung symmetrisch um die gemeinsame Impulsachse der Teilobjekte sein; nennen wir sie die x-Achse. Dann ist die Wahrscheinlichkeit, für jede Richtung in der y-z-Ebene, $\frac{1}{2}$ für das Ergebnis "+", und $\frac{1}{2}$ für das Ergebnis "-". Die Korrelation sieht man, wenn man aus dem konkreten Kollektiv Ereignisse *auswählt*, z.B. diejenigen, die bei A in z-Richtung die Spinkomponente "+" haben. Die Voraussage ist, daß in dem so ausgewählten Kollektiv die Meßergebnisse bei B dem reinen Fall "Spinkomponente in z-Richtung: -" entsprechen. Da man für diese Auswahl die Information über das Ergebnis bei A braucht, kann der Effekt nicht zur Übermittlung von Signalen o.ä. benutzt werden; die Wahrscheinlichkeitsverteilungen haben also nichts Geheimnisvolles. Das Paradox entsteht erst durch den Versuch, der allerdings nach der oben zitierten Definition sehr nahe liegt, einem Teilobjekt Eigenschaften "an sich" zuzuordnen.

---

[1] "If, without in any way disturbing a system, we can predict with certainty (i.e., with probality equal to unity) the value of a physical quantity, then there exists an element of physical realitiy corresponding to this physical quantity" (S. 777; Übersetzung MD).

§ VII 6c — Interpretation der Quantenmechanik —

Eine Präzisierung hat das "Paradox" bei Bell (1964) gefunden: Er untersucht die Hypothese, daß den Teilobjekten irgendein Parameter λ "an sich" zukommt, der die Wahrscheinlichkeiten der Messungen bestimmt, und zeigt, daß daraus ein Widerspruch zur Quantenmechanik folgt, wenn man nicht einen Einfluß der Messung bei A auf die Messung bei B annimmt. Bell entwickelt also aus dem EPR-"Paradox" ein Kriterium, das eine experimentelle Entscheidung zwischen der Quantenmechanik und beliebigen Theorien mit lokalen verborgenen Parameters erlaubt - wir haben das oben unter dem Titel "verborgene Parameter" besprochen. Nach der experimentellen Bestätigung der Quantenmechanik bleibt also das Paradox voll bestehen.

Wir müssen in dieser Abhandlung das EPR-Paradox besonders ernst nehmen, da wir praktisch dasselbe Verständnis von Wirklichkeit eingeführt haben: der vorliegende Zustand ist charakterisiert durch die notwendige Voraussage. Das Paradox wird pointiert durch unser grundlegendes Postulat der Objektivität (§ V 9): "Jedes Objekt wird zu jeder Zeit durch eine atomare Aussage richtig beschrieben." Für die Teil-Spins des EPR-Paradoxons gilt das offenbar nicht, solange nicht wenigstens an einem von ihnen eine Messung gemacht worden ist; hier scheint also wirklich ein Widerspruch zu folgen.

Wir leiten die Lösung aus unserer Betrachtung des Objektbegriffs ab: Darin kam die Lokalisierung als definierendes Kriterium nicht vor, wenn auch in vielen Beispielen der Ort als Observable vorkam. Nach unserer Auffassung vom Objekt gibt es überhaupt nur das eine Objekt, "Spin 0", solange, bis durch die Messung ein Teil-Spin 1/2 in einer bestimmten Richtung *geschaffen* wird[1], und damit zugleich der Rest-Spin in der entgegengesetzten Richtung. Da wir Objekte "an sich" gar nicht betrachten, sondern nur Objekte als Zusammenfassung möglicher Voraussagen, ist dies die einzige überzeugende Beschreibung. Sie trägt der Willkür des Messenden Rechnung, und sie entspricht dem quantenmechanischen Formalismus: Den Zustandsraum eines Gesamtobjekts kann man sich aus Zustandsräumen von Teilobjekten aufgespannt denken, aber nur in einem verschwindend kleinen Teil aller Zustände des Gesamtobjekts kommen diesen Teilobjekten überhaupt Zustände zu; in "fast allen" Zuständen des Gesamtobjekts gibt es die Teile gar nicht[2]. Wir waren darauf schon bei der Analyse des Meßprozesses ge-

---

[1] Weizsäcker 1931.

[2] Das ist wieder anders als in der klassischen Physik, wo ein Zustand eines zusammengesetzten Objekts vollständig beschrieben wird durch die Zustände seiner Teilobjekte, z.B. ein System von Massenpunkten durch die Koordinaten der Einzel-Massenpunkte - vgl. § A VI 5.

stoßen, bei dem auch die "Interferenzterme", bzw. ihre Zerstörung beim "Schnitt" wichtig waren. Ebenso wie dort machen wir hier Gebrauch von der definierenden Forderung an ein Objekt, daß es hinreichend getrennt vom Rest der Welt ist - was gerade bei der starken Drehimpuls-Korrelation nicht zutrifft. Wie es bei solchen sich lang unentschieden hinziehenden Kontroversen oft geschieht, sehen wir also die Lösung an einem Punkt, der ursprünglich vollkommen selbstverständlich schien, bei der Existenz beider Teile auch vor einer Messung. Mit einem klaren Bild von der Quantenmechanik scheint dagegen nur die Auffassung vereinbar zu sein, daß die Teilobjekte erst durch die Messung *hergestellt* werden[1].

Das wirft ein neues Licht auf die Behauptung, alle Materie bestehe aus Atomen bzw. Elementarteilchen: Die Fundamentaltheorie Quantenmechanik kann gar nichts über "vorhandene" Teile aussagen. Sie sagt nur voraus für Experimente, die "Teile" von Materie *erzeugen* können. Man kann also nur sagen, daß sich von Materiestücken Elementarteilchen abteilen lassen, oder allenfalls - sehr vorsichtig - daß Materie *potentiell* aus Elementarteilchen besteht[2]. Die klassisch-physikalische Auffassung, daß die Teile im Ganzen weiterexistieren, läßt sich allerdings aufrechterhalten im Fall von "klassischen" Observablen in der Quantenmechanik, d.h. von solchen, für die Superauswahlregeln gelten[3], also z.B. Baryonenzahl, Ladung, Leptonenzahl u.ä.: Die *Anzahl* von z.B. Baryonen liegt "objektiv" fest.

d.) Wigners Freund, revisited

Wo ist jetzt die Wirklichkeit geblieben? Wir haben bei EPR gesehen, daß die Quantenmechanik definitiv eine an sich vorhandene Wirklichkeit nicht zuläßt. Wir können also der oben aufgestellten Behauptung, die Quantenmechanik behandle nur Möglichkeiten, in dieser Präzisierung vertrauen. Wigner zieht sich vor dieser Erkenntnis auf einen Subjektivismus zurück, spricht von "Eindrücken, die in mein Bewußtsein treten". Dies ist, scheint mir, nur die andere Seite der Medaille "Objektivismus"; an die Stelle der an sich vorhandenen Welt wird das ebenso an sich vorhandene Bewußtsein ge-

---

[1] Vgl. Jauch 1971, §§ 1˙7 - 1˙9 : Jauch schlägt eine Änderung des quantenmechanischen Formalismus vor, um das Objektivitätspostulat festhalten zu können; eine solche Änderung wäre nach dem obigen Argument falsch, vgl. auch Drieschner 1967.

[2] Vgl. Zucker 1974 und Kap. VIII

[3] Vgl. § VI 14 Indeterminismus

setzt. Dagegen scheint mir gerade die Gegenüberstellung von "objektiv" vorhandener Welt und "subjektivem" Bewußtsein falsch. Wir müssen vielmehr von unserer "Umgangswelt" ausgehen, in der die Rede von *Wirklichkeit an sich* durchaus einen Sinn hat. Wenn wir dann aber eine objektivierende Theorie suchen, ist die Verallgemeinerung gerade dieser Struktur zu naiv. Wir haben versucht, in diesem Buch vorzuführen, wie eine genauere Analyse der Begriffe auf eine Theorie führt, in der diese Struktur nicht mehr gilt. Dabei sind wir ebenfalls von alltäglichen Begriffen wie *objektiv, nachprüfbar, Naturgesetz, Voraussage, empirisch entscheidbar* u.ä. ausgegangen, aber auf unserem Weg hat das nüchterne Zusehen zu einem besseren Verständnis der Theorie geführt, sogar zum Ansatz einer transzendentalen Begründung.

Wir müssen aber nun fordern, daß auch im Rahmen dieser Theorie wieder ein Verständnis des ursprünglichen, erlaubten Begriffs von Wirklichkeit möglich ist. Um das zu diskutieren, eignet sich Wigners Freund ausgezeichnet. Wir haben ihn oben als Meßgerät behandelt, und die Wirklichkeit des Meßgeräts entstand als Grenzfall der quantenmechanischen Möglichkeit, nämlich in einer thermodynamischen Beschreibung. Warum muß die Beschreibung thermodynamisch sein? Fragen wir zunächst: Was macht etwas zur an sich vorhandenen Wirklichkeit? - Erstens muß diese Wirklichkeit Dauer haben. Ein Blitz ist nicht an sich vorhanden. Es ist höchstens die Tatsache an sich richtig, daß es geblitzt hat; die an sich vorhandene Wirklichkeit ist ein Dokument, wie etwa der vom Blitz zerschlagene Baum, oder die vergangene Tatsache in meiner Erinnerung. - Zweitens muß die Wirklichkeit an sich vorhanden sein, unabhängig davon, ob gerade jemand, oder wer gerade nachschaut. Dauer hätte nicht nur ein thermodynamischer Gleichgewichtszustand, sondern auch ein *quantenmechanischer* stationärer Zustand. Aber dieser wäre nicht stabil gegen die Wechselwirkung des "Nachschauens": Wenn überhaupt eine Wechselwirkung, d.h. ein Energieaustausch stattfindet, dann ist das Objekt danach in einem anderen quantenmechanischen Zustand. Der *thermodynamische* Zustand dagegen ist definiert durch eine große Zahl von (quantenmechanischen) Mikrozuständen, zwischen denen das Objekt wechseln kann, ohne den thermodynamischen Zustand zu verlassen[1].

---

[1] Vgl. Zeh 1975, dessen Analyse ich teilweise sehr aufschlußreich finde. Jauch (1968, § 11 - 5) geht von einem Satz klassischer Observablen aus und definiert einen Makrozustand als Klasse von Mikrozuständen, die für diese Observablen dieselben Erwartungswerte ergeben - vgl. 3b, Meßprozeß; und Jauch 1964; Jauch, Wigner, Yanase 1968.

Das thermodynamische Gleichgewicht ist geradezu dadurch definiert, daß dauernd kleine Wechselwirkungen zwischen dem Objekt und seiner Umwelt stattfinden können. *Wirklichkeit* ist also definiert durch ein thermodynamisches stabiles Gleichgewicht, Endprodukt eines irreversiblen Prozesses.

Ich verstehe damit das Meßgerät, und allgemeiner jede Wirklichkeit an sich, als Grenzfall einer Beschreibung, in der nur Möglichkeiten vorkommen, Voraussagen, mögliches oder wirkliches Wissen, letztlich mein Wissen. Hier wird es aber wieder wichtig, daß Wigners Freund nicht ein Meßgerät ist, sondern ein Mensch, also z.B. ich: Ich kann etwas wissen, messen, zur Kenntnis nehmen, willkürlich verändern. Das sind *meine* Voraussagen, die aus der Theorie folgen, und die *ich* bestätigen kann. Hier bin ich nicht Meßgerät, sondern ich handle, begreife, teile mit. Nur wenn ein anderer mich physikalisch (objektiv) beschreiben will, muß er das z.B. so tun, als wäre ich ein Meßgerät. Auch hier wieder gibt es kein Subjekt an sich oder Objekt an sich; als Objekt betrachtet eigne ich mich für Voraussagen, als Subjekt handle ich. - Unter dem Titel "Reduktionismus" kommen wir hierauf im letzten Kapitel zurück.

VIII. Urobjekt und Raum

Wir haben bis hierher die bekannte und empirisch gut bestätigte nichtrelativistische Quantentheorie rekonstruiert. Das Ergebnis ist also keine neue physikalische Theorie, sondern, wenn der Plan gelungen ist, ein neues Verständnis der bekannten Theorie, und damit der objektiven Wissenschaft überhaupt. Dieses neue Verständnis des bisher Erreichten könnte es auch erleichtern, bisher unbekannte Theorien zu entwickeln. Im Folgenden soll, vor allem anhand von Überlegungen in der Starnberger Gruppe, eine Analyse von Raum- und Symmetrie-Vorstellungen versucht werden.

1. Symmetrie

Wir haben jetzt mehrere Arten kennengelernt, dieselbe Struktur (einer indeterministischen objektiven Voraussagetheorie) darzustellen: Ein Verband von Aussagen; ein Verband von Ja-Nein-Entscheidungen (Jauch & Piron); der Hilbertraum-Formalismus. Es sind weitere Formulierungen möglich, wie etwa eine Algebra von Observablen u.ä. Jeder dieser Formalismen läßt eine Seite der Struktur besonders hervortreten, z.B. der Verbandsformalismus den Aussage-Charakter, wie wir es in den vorigen Kapiteln hervorgehoben haben. Ein besonders fruchtbarer Aspekt ist häufig die Darstellung einer Struktur durch die "Symmetrie"-Transformationen, gegen die sie invariant ist. Felix Klein hat diesen Gesichtspunkt in seinem Erlanger Programm (1872) für die Geometrie eingeführt, Emmy Noether hat ihn für die Physik zum Tragen gebracht. Seitdem gehört die Betrachtung der Symmetrien zu den wichtigsten Methoden der Physik[1]. Insbesondere ist Invarianz gegen die Poincaré-Gruppe die Grundforderung an jede Theorie; ein Elementarteilchen wird definiert als irreduzible Darstellung der Poincaré-Gruppe.

Wir wollen hier nicht die Poincaré-Invarianz voraussetzen, sondern uns streng an die bisher diskutierten Strukturen halten und nachschauen, ob und wie sie mit der Poincaré-Invarianz oder ähnlichen Symmetriegruppen zusammenhängen.

Die Symmetrie-Transformationen unseres Voraussagenverbands sind die Automorphismen, von denen schon oben bei der Dynamik die Rede war. Sie sollen die Struktur unseres Aussagenverbandes erhalten; d.h. in der projektiven

---

[1] vgl. Weyl 1931, Wigner 1931, van der Waerden 1932, Pauli 1941, Loebl 1975.

§ VIII 1a — Urobjekt und Raum —

Geometrie: Sie müssen Projektivitäten sein, die außerdem alle Wahrscheinlichkeitsrelationen erhalten. Diese Wahrscheinlichkeitsrelationen sind aber schon durch die Dualität bestimmt, die im Verband das Orthokomplement erzeugt, es genügt also, zu verlangen:

> Ein Automorphismus ist eine Projektivität, die mit der fundamentalen Dualität vertauscht.

Im Vektorraum müssen wir noch etwas umformulieren, da als Elemente des Verbands nur *Unterräume* auftreten. Es gibt Transformationen des Vektorraums, die jeden Unterraum in sich überführen, die also auf dem Verband ineffektiv sind; solche Transformationen wollen wir mit der Gruppeneins identifizieren.

a.) Phasenfaktoren

Betrachten wir den Verband der Unterräume eines komplexen Vektorraums. Seine Automorphismen werden erzeugt durch lineare oder antilineare Transformationen (Projektivitäten), die außerdem unitär sind (die Dualität erhalten)[1]. Wir können daher einen Teil der ineffektiven Transformationen loswerden, indem wir uns auf Vektoren einer festen Norm N beschränken: Die unitären wie auch die antiunitären Transformationen verändern die Norm nicht. Statt eines aufgespannten Unterraums betrachten wir nur die Menge der Vektoren mit Norm N daraus, also statt beliebiger Additionen nur solche Additionen von Vektoren $\vec{x}_i$ mit Summe $\vec{y}$,

$$\vec{y} = \sum_i c_i \cdot \vec{x}_i ,$$

bei der $\sum_i |c_i|^2 = 1$. – Die Wahrscheinlichkeit schreibt sich in Vektoren

$$w(a|b) = \frac{|(a,b)|^2}{\|a\| \cdot \|b\|}$$

also hier speziell

$$w(a|b) = \frac{1}{N^2} \cdot |(a,b)|^2 .$$

---

[1] vgl. z.B. Baer 1952

- Urobjekt und Raum - § VIII 1a

Das wird besonders einfach für N = 1. Die Normierung N = 1 hat den weiteren Vorteil, daß sie bei der Zusammensetzung von Objekten erhalten bleibt: Das "Produkt" aus zwei Einheitsvektoren der Faktorräume ist ein Einheitsvektor im Produktraum. Man hat aber natürlich die Freiheit, hier auch anders zu normieren, z.B. in jedem Tensorprodukt von Einteilchenräumen so, daß die Norm N die Zahl der Teilchen ist. Dann schreibt sich nicht die Wahrscheinlichkeit, sondern der Erwartungswert der Teilchenzahl (oder -dichte) besonders einfach[1]. -

Alle Vektoren eines eindimensionalen Unterraums lassen sich aus einem einzigen durch Multiplikation mit komplexen Zahlen erzeugen; entsprechend in mehrdimensionalen Unterräumen. Alle Einheitsvektoren eines eindimensionalen Unterraums lassen sich durch Multiplikation mit einem Phasenfaktor $e^{i\alpha}$ ($\alpha \in \mathcal{R}$) aus einem Einheitsvektor erzeugen. Dieser Teil der ineffektiven Transformationen läßt sich nicht durch Normierung beseitigen, etwa dadurch, daß man nur Vektoren betrachtet, deren erste Komponente reell ist. Eine solche Normierung wäre gegen die Automorphismen nicht invariant; denn z.B. eine unitäre Transformation wirkt auf ihre Eigenvektoren gerade als Multiplikation mit einem Phasenfaktor. Wir müssen diese redundanten Vektoren also beibehalten und nur uns bewußt sein, daß es "auf einen allgemeinen Phasenfaktor nicht ankommt". Die effektive Automorphismengruppe ist also immer der Quotient der Gruppe der unitären und antiunitären Transformationen über der Gruppe der "Phasentransformationen". - Die Multiplikation des ganzen Raums mit einer Phase kann man von der Transformationsgruppe abspalten, indem man nur die unimodularen Transformationen betrachtet, also statt der unitären Gruppe $U(n)$ nur ihre unimodulare Untergruppe $SU(n)$, und deren antiunitäre Entsprechung. Es bleibt dann bei geradem n noch der Phasenfaktor $-1 \in SU(n)$ als ineffektives Element.

Wir sehen also, daß die effektive Automorphismengruppe auf dem Verband kleiner ist als die Automorphismengruppe (die unitäre und antiunitäre Gruppe) auf dem Vektorraum. Für die *Darstellung* von gegebenen Gruppen gibt uns andererseits der Verband mehr Möglichkeiten als der Vektorraum, nämlich die *Strahldarstellungen* (oder *projektiven Darstellungen*): Wir können im Vektorraum V außer Homomorphismen der dargestellten Gruppe $\mathcal{G}$ auch "Homomorphismen bis auf einen Phasenfaktor" zulassen: Es sei a,b $\in \mathcal{G}$

---

[1] Vgl. aber unten "ladungsartige Quantenzahlen".

§ VIII 1b — Urobjekt und Raum —

und $\mathcal{D}: \mathcal{G} \to \mathcal{U}(\mathcal{V})$ die Strahldarstellung; das bedeutet, daß zugelassen wird
$$\mathcal{D}(a) \cdot \mathcal{D}(b) = e^{i\alpha(a,b)} \cdot \mathcal{D}(a \cdot b),$$

mit einem Faktor $e^{i \cdot \alpha(a,b)}$ (mit $\alpha \in \mathbb{R}$ beliebig), als "Multiplikator". (Für Vektordarstellungen ist $\alpha \equiv 0$). — Auf der Projektiven Geometrie betrachtet ist $\mathcal{D}$ ein Homomorphismus von $\mathcal{G}$ [1].

Die Phasenfaktoren treten unvermeidlich auf, obwohl sie nicht unmittelbar eine physikalische Bedeutung haben. Ein Phasenfaktor, z.B. bei einem Einteilchen-Zustandsraum, bekommt aber dann eine Bedeutung, wenn man *Vielteilchensysteme* betrachtet. Der Zustandsraum eines Systems von zwei Teilchen ist das Tensorprodukt von zwei Einteilchenzustandsräumen. Haben die Teil-Zustandsräume Phasenfaktoren $e^{i\alpha}$ und $e^{i\beta}$, dann hat der Gesamt-Zustandsraum einen Phasenfaktor $e^{i(\alpha+\beta)}$. Für jedes Vielteilchensystem ist das Produkt der Phasenfaktoren wieder ein "harmloser" konstanter Phasenfaktor. Betrachten wir aber die direkte Summe solcher Zustandsräume, also ein System, das verschiedene Teilchenzahlen haben kann (wie z.B. im Fock-Raum, § A VI 6): Dann wird aus dem Phasenfaktor ein ganz gewöhnlicher effektiver unitärer Operator. Der Exponent ist additiv für die Teilsysteme kann also irgendeine additive Größe darstellen, die für ein Teilsystem eine Konstante ist, also z.B. die Masse in einer nichtrelativistischen Theorie, oder die elektrische Ladung ("ladungsartige Quantenzahlen", § VI 14). Stellt man die Ladung als Exponenten des Phasenfaktors dar, dann bedeutet Komplexkonjugation außer der Zeitumkehr auch Ladungs-Umkehr: Die Transformation CT der Feldtheorie (auf die Raumspiegelung P kommen wir unten zu sprechen).

b.) "Wirkliche" Transformationen

Wir haben oben effektive Transformationen von solchen Vektortransformationen unterschieden, die den Aussagenverband gar nicht ändern. Jetzt müssen wir physikalisch unter den effektiven Transformationen zwei Arten unterscheiden:
1.) Man kann, ohne in der Wirklichkeit etwas zu ändern, den alten Dingen neue Namen geben. Im allgemeinen wird man das nicht als Symmetrietransformation auffassen. Es kann aber vorkommen, daß zwischen den neubenannten Dingen dieselben Beziehungen bestehen wie zwischen denen, die ursprünglich diese Namen hatten. Daran, daß es *möglich* ist, die Dinge so

---

[1] Hierzu eine kurze Einführung bei Jauch 1968; vgl. Parthasarathy 1969 und Bargmann 1954.

umzubenennen, daß diese Beziehungen wieder gelten, zeigt sich eine vorhandene Symmetrie in den Beziehungen.

2.) Man kann die Dinge selbst ändern, z.B. so, daß an die Stelle eines Dings im Raum ein anderes tritt. Auch hier kann es Änderungen geben, bei denen sich die Beziehungen zwischen den Dingen nicht ändern.

Werden alle Dinge zugleich geändert, läßt sich gar nicht ohne weiteres unterscheiden, ob die Dinge oder nur ihre Namen (Koordinaten) verändert worden sind: Wenn man die ganze Welt um 20 Meilen nach Westen versetzt, wird man keinen Unterschied an ihr entdecken. In diesem Fall bezeichnet die oben beschriebene "passive" und "aktive" Auffassung der Transformation genau dasselbe.

Das ist anders, wenn nur ein Teil der Dinge geändert wird, ein anderer Teil bleibt. Für die physikalische Betrachtung ist eine Namensänderung irrelevant: Man kann im Prinzip jede Theorie in beliebigen Koordinaten formulieren[1] - nur wird sie in bestimmten Koordinaten besonders einfach aussehen. Wir interessieren uns hier für die wirkliche Änderung eines Teils der Welt - sagen wir, im Anschluß an § V 3, die Änderung eines Objekts bei festgehaltener Umwelt. Hier ist nicht die Änderung in der Zeit gemeint, die "von selbst" erfolgt, sondern eine gedachte willkürliche Änderung oder genauer: der Vergleich mit einem anderen möglichen Objekt in einem anderen Zustand, aber bei derselben Umwelt. - Betrachten wir nun die Wirkung einer solchen Transformation auf ein System Objekt-Umwelt. Die Wahrscheinlichkeitsrelationen zwischen den Eigenschaften bleiben erhalten, das war die Grundforderung an die Symmetriegruppe. Es ändert sich aber evtl. die Beziehung zwischen Objekt und Umwelt, formalisiert im Hamilton-Operator, es ändert sich also die Dynamik, d.h. die Abfolge der notwendigen Voraussagen. Das freie Objekt hat die größte Symmetrie: Die Abfolge der Voraussagen über es ist invariant bei beliebigen Symmetrietransformationen gegenüber einer festen Umwelt. Die (interessantere) Symmetriegruppe bei Objekten im äußeren Feld oder in Wechselwirkung ist eine Untergruppe der Symmetriegruppe des freien Objekts. Die Symmetriebehauptung sagt, daß die Voraussagen über das Objekt bei einigen Transformationen gegen die Umwelt (die dann die Untergruppe ausmachen) nicht geändert werden.

---

[1] Vgl. die "Hohlwelttheorie", § VII 4.

§ VIII 2   - Urobjekt und Raum .

Wir sind im Rahmen unserer Betrachtung noch einmal in einer etwas anderen
Situation, denn wir betrachten nicht konkrete Dinge, sondern einen Formalismus, von dem wir nur allgemein eine Beziehung zu Messung, Voraussage
u.ä. hergestellt haben. Genauer: Wir haben die Alternativen eingeführt als
abstrakte Beschreibung konkreter Messungen, aber wir haben nicht *einer*
konkreten Messung *eine* bestimmte Alternative zugeordnet; die Alternativen
sind im Formalismus alle gleich. Greifen wir eine konkrete Messung heraus,
z.B. die Messung der Spinkomponente in einem konkreten Stern-Gerlach-Experiment, dann können wir dieser ersten konkreten Messung eine beliebige
Alternative des Formalismus zuordnen. Für eine weitere konkrete Meßvor-
schrift gibt es nur noch geringere Freiheit der Zuordnung, weil ihre Wahrscheinlichkeitsbeziehungen zur ersten schon festliegen, etc. Man könnte
nicht einmal genau formulieren, daß man eine *bestimmte* Alternative des
Formalismus herausgreift, denn man kann den Alternativen ja keine Farb-
tupfer aufmalen. Näheres als daß man *eine* Alternative herausgreift, läßt
sich nicht sagen - die Alternativen sind ununterscheidbar, so wie Elektronen, Energiequanten oder DM-Quanten.

Diese Symmetrie rührt von unserer Konstruktion des Formalismus her: Wir
haben keine unterscheidenden Merkmale von Alternativen eingeführt, also
muß diese Symmetrie bestehen, wenn wir nicht beim Formalismus gepfuscht
haben. Hier zeigt sich relativ explizit im Formalismus etwas, das im Prinzip zu allem begrifflichen Denken gehört, nämlich daß alles unter einen
Begriff Gefaßte unter diesem Begriff ununterscheidbar ist; Unterschiede
zeigen sich erst bei der Einführung weiterer Begriffe. Solange die Begriffe konkrete Dinge bezeichnen, kann man diese Dinge immer an weiteren Merk-
malen unterscheiden. Daß es überhaupt möglich ist, Begriffe zu bilden,
d.h. Individuen als gleich ("ununterscheidbar") zu sehen unter einem Begriff, ist diejenige Bedingung der Möglichkeit von Erfahrung, die wir hier
unter dem Begriff *Symmetrie* abhandeln.

2.) Raum

Wir wollen die allgemeinen Überlegungen zur Symmetrie benutzen zu einer
Analyse des Raumbegriffs[1]. Das liegt nahe, denn umgekehrt ist die Betrachtung von Symmetrien ausgegangen von räumlicher Symmetrie. Umgangssprachlich ist Symmetrie immer räumlich gemeint (vgl. Schubnikov & Koptsik
1974); Felix Klein betrachtet die Geometrie; die Poincaré-Gruppe ist eine
Raum-Zeit-Symmetrie.

---
[1] Vgl. Drieschner 1974 a

— Urobjekt und Raum — § VIII 2

Raum ist nach der Zeit die wichtigste Observable: Jede *Messung* ist letzten Endes räumlich. Es zeigt sich außerdem, daß alle *Wechselwirkungen* vom Raum abhängen, vor allem vom Abstand der wechselwirkenden Objekte. Beides läuft offenbar auf dasselbe hinaus, denn jede *Messung* setzt eine *Wechselwirkung* zwischen gemessenem Objekt und Beobachter voraus. Es gibt also den Raum, und es gibt Wechselwirkung, und "zufällig" hängt die Wechselwirkung gerade vom Raum ab; ein solcher "Zufall" deutet auf einen unerkannten Zusammenhang hin. Untersuchen wir die Heisenberg'sche These, daß der Raum der Parameter der Wechselwirkung ist! Wir können das nur indirekt, denn wir haben keine Theorie der Wechselwirkungen. Für diese indirekte Betrachtung wollen wir Symmetrieüberlegungen benutzen.

Nehmen wir an, ein Objekt habe die Symmetriegruppe $\mathcal{G}$ und ein anderes Objekt habe *dieselbe* Symmetriegruppe. $\mathcal{G}$ könnte z.B. die Gruppe der räumlichen Translationen sein. Die beiden Objekte sollen wechselwirken. Es ist plausibel, daß sich die Wechselwirkung nicht ändert, wenn man beide Objekte *derselben* Transformation aus $\mathcal{G}$ unterwirft; ein Beispiel: wenn man beide Objekte um dieselbe Strecke in dieselbe Richtung transferiert, bleibt ihre Wechselwirkung gleich. In der Sprache der Näherungsstufen aus § V 3 können wir sagen: Die Symmetrie würde für jedes Einzelobjekt bestehen, entweder weil es frei ist, oder weil das äußere Feld die Symmetrie hat. Dann ist auch das Gesamtobjekt aus den beiden wechselwirkenden Teilobjekten in demselben äußeren Feld (das evtl. Null ist), d.h. es ändert seine "Bewegung" bei einer Gesamttransformation nicht. Die Gesamttransformation ist die Transformation beider Teilobjekte mit dem *gleichen* Element aus $\mathcal{G}$.

Umgekehrt wird sich die Wechselwirkung i.a. ändern, wenn eines der Teilobjekte transformiert wird, das andere aber nicht. Wenn wir also den Raum als Zusammenfassung der Wechselwirkungs-Parameter interpretieren, bedeutet das hier: Jedenfalls *unter* den Symmetrietransformationen sind auch die räumlichen; die allgemeinsten Transformationen, die für *alle* freien Objekte Symmetrietransformationen sind, haben die größte Chance, Raumtransformationen zu sein.

Wie sieht nun die Quantenmechanik im Raum aus? Wir bekommen einen Hilbertraum, $\mathcal{L}^2$, wenn wir alle quadratintegrablen komplexen Funktionen auf dem (Orts-)Raum betrachten - die übliche Darstellung der Quantenmechanik: Es ist dann $\int \psi^* \varphi \, dx$ das innere Produkt der Vektoren (Funktionen) $\psi(x)$ und $\varphi(x)$, und die interessanten Operatoren sind Differentialoperatoren. Eine Darstellung der räumlichen Transformationsgruppe $\mathcal{G}$ des Ortsraums $\mathbb{R}^3$ im

Hilbertraum $\mathcal{L}^2(\mathbb{R}^3)$ bekommt man durch die Vorschrift, daß die transformierte Funktion diejenige Funktion ist, die entsteht, wenn man die ursprünglichen Funktion im Raum "verschiebt" entsprechend der Transformation, die dargestellt werden soll.

$$\mathcal{G} : \mathbb{R}^3 \to \mathbb{R}^3 \; ; \quad V \in \mathcal{G}$$
$$\mathcal{D}_V : \mathcal{L}^2 \to \mathcal{L}^2$$
$$\psi(x) \mapsto \mathcal{D}_V(\psi)(x) = \psi(V^{-1}x).$$

Dies ist die naheliegende Darstellung einer Gruppe in einem Raum von Funktionen auf ihrem homogenen Raum.

3. Ur-Objekte

a.) Ur-Hypothese

Wir führen nun die Weizsäcker'sche Hypothese der Urobjekte ein[1]: "Die Welt ist aufgebaut aus einfachsten Teilen, den Urobjekten, die jedes nur einen zweidimensionalen Zustandsraum haben."

Zur Rechtfertigung der Hypothese können die Überlegungen des Atomismus dienen: Eine Vereinheitlichung der Naturgesetze ist gelungen durch die Reduktion der Fülle der Materie auf Moleküle und Atome in der Chemie, und weiter auf Elementarteilchen in der Hochenergiephysik. Die Hoffnung, alle Materie auf wenige einfache Elemente, etwa Proton und Elektron, zu reduzieren, hat sich aber nicht erfüllt: zu den ursprünglichen elementaren Teilchen hat sich ein ganzer "Zoo" von weiteren gesellt, von fast stabilen Teilchen bis zu "Anregungszuständen" mit Lebensdauern von ca. 10^{-23} sec.[2] Vor allem ist bei der Suche nach den "Bausteinen der Materie" der Begriff der aus so etwas wie Bausteinen zusammengesetzten Materie verlorengegangen: Es gibt kein Werkzeug, mit dem man Elementarteilchen weiter zerlegen könnte, außer anderen Elementarteilchen. Wenn man aber Teilchen mit hoher Energie aufeinanderschießt, dann werden vor allem große Mengen von neuen

---

[1] So genannt zuerst in Weizsäcker 1967. Vgl. auch Castell, Drieschner und Weizsäcker 1975 und 1977.

[2] In Particle Data Group 1976 werden ca. 200 "Elementarteilchen" genannt, davon 4 wirklich stabile, nämlich p, e, ν und γ.

Teilchen erzeugt. Will man die Sprechweise beibehalten, daß man so die Teilchen in ihre Bestandteile zerlegt, dann muß man mit Heisenberg[1] formulieren: "Jedes Elementarteilchen besteht aus allen Elementarteilchen."

Betrachten wir nun die quantenmechanische Zusammensetzung von Objekten. Wir haben gesehen, daß die Rede von aktuellen Bestandteilen nur noch als Spezialfall möglich ist (bei Superauswahlregeln; vgl. § VI 14). Andererseits ist die quantenmechanische Zusammensetzung so abstrakt formuliert, daß wir auf konkretes "Zerschneiden" nicht rekurrieren müssen; es kommen ja nicht einmal räumliche Begriffe vor[2]. In dieser abstrakten Betrachtung gibt es ein kleinstes überhaupt mögliches Objekt, nämlich eines mit nur einfachen Alternativen, d.h. mit einem zweidimensionalen Zustandsraum: das Urobjekt oder Ur[3].

Die Ur-Hypothese formuliert also einen radikalen Atomismus: Alle Objekte sind als zusammengesetzt verstehbar aus den kleinsten überhaupt denkbaren Objekten. Der Sinn der Hypothese ist aber nicht selbstverständlich, denn es kann in dieser abstrakten Analyse natürlich nicht die Behauptung gemeint sein, man könne konkret jedes Objekt in Urobjekte zerlegen. Auf der anderen Seite gibt es eine triviale Auslegung, die niemand bestreiten wird, nämlich daß jeder Zustandsraum sich aus zweidimensionalen Räumen zusammensetzen läßt, etwa ein n-dimensionaler als symmetrisches Produkt von n - 1 zweidimensionalen. Eine weder unmögliche noch triviale Interpretation bietet sich aus der obigen Erörterung an: Die *Symmetrien* der Theorie werden von der Zusammensetzung ihrer Objekte abhängen. Dies ergibt eine besonders einfache Begründung für den radikalen Atomismus der Ur-Hypothese: Die Symmetrie des Urs entspricht der bekannten Symmetrie des Spins 1/2. Es ist bekannt, daß jeder höhere Spin aus Spins 1/2 zusammengesetzt werden kann; entsprechend kann *jedes* Objekt mit n-fachen Alternativen (das als Atom in Frage kommt) aus Urobjekten zusammengesetzt werden und hat auch die Ur-Symmetrie; es hat i.a. noch weitere Symmetrien

---

[1] Vgl. Heisenberg 1976

[2] Vgl. Drieschner 1977

[3] Den einfachen Alternativen entspricht die projektive Gerade, der kleinste Aussagenverband mit kontingenten Aussagen. Eine noch kleinere projektive Geometrie bestünde nur aus der immerwahren und der immerfalschen Aussage; das ist nur noch der Wertebereich "w - f" der klassischen Logik (vgl. die *Bedeutung* der Aussagen bei Frege 1892).

§ VIII 3b — Urobjekt und Raum —

darüber hinaus. Die Ur-Hypothese ist also die *allgemeinste überhaupt mögliche* Hypothese über die Zusammensetzung von Objekten, jede andere Hypothese wäre stärker.

Eine weitere Konsequenz der Ur-Hypothese, nämlich den Einfluß der Zusammensetzung auf die Statistik, erörtern wir im nächsten Abschnitt.

Die (effektive) Symmetriegruppe des Urs ist, wie oben gezeigt, die SU(2) modulo Vorzeichen (da wir -1 mit 1 identifizieren), also eine SO(3), und dazu die anti-unitären Transformationen. Diese antiunitären Transformationen lassen sich alle aus einer einzigen erzeugen durch Anwendung der SU(2). Wir können die Gesamtgruppe schreiben als

$$g = (SU(2) \times K)/V_4$$

wobei K eine zyklische Gruppe C_4 ist (praktisch die Komplexkonjugation), und die V_4 im Nenner aus je einem Element -1 von SU(2) und K erzeugt wird (vgl. Anhang VIII).

Im üblichen Formalismus des Übergangs von der quantenmechanischen SU(2) zur SO(3) des Raums wird die folgende Beziehung zwischen dem Raum-Vektor $\vec{k}$ und dem Zustandsvektor (Spinor) $\vec{u}$ benutzt:

$$k_i = u^+ \sigma_i u$$

wobei σ_i die Paulimatrizen sind. Man kann leicht zeigen, daß eine anti-unitäre Transformation der u eine räumliche Dreh-Spiegelung der k bedeutet[1]. Zusammen mit den oben besprochenen Eigenschaften der Komplex-Konjugation finden wir also hier in einem einfachen Formalismus den Zusammenhang der Transformationen C, P und T wieder: Sie entsprechen alle der Komplex-Konjugation - wenn auch P in indirekter Weise.

b.) Raum, nicht-relativistisch

Eine richtige Theorie muß relativistisch sein; jedenfalls wollen wir hier die Poincaré-Invarianz nicht bestreiten. Wir wollen aber trotzdem zu-

---

[1] Vgl. hierzu auch Weizsäcker 1958

— Urobjekt und Raum — § VIII 3b

nächst an einem nicht-relativistischen Argument illustrieren, wie *Raum* überhaupt mit den abstrakten Überlegungen zu Urobjekten zusammenhängen kann; denn entsprechende relativistische Argumente sind bisher zu schwierig.

Betrachten wir zunächst nur die unitären Transformationen, also die SO(3), und kommen wir auf die Analyse des Raumbegriffs zurück (s.o.), unter der Voraussetzung, daß jedes Objekt aus Uren zusammengesetzt ist! Die Wechselwirkung zwischen Objekten wird genau durch diejenigen Transformationen geändert, die für *ein* Objekt Symmetrietransformationen sind, die also alle Ure zugleich derselben Transformation unterwerfen, die nun eine Symmetrietransformation für Ure ist. Das heißt, *eine räumliche Transformation ist eine, bei der alle Ure eines Objekts derselben Symmetrietransformation unterworfen werden.*

Ein aus n Uren zusammengesetztes Objekt "lebt" in einem Zustandsraum, der das Tensorprodukt aus n zweidimensionalen Zustandsräumen ist. Die Transformation aller Ure mit demselben Element s aus $\mathcal{G}$ wirkt hier als Element einer Tensordarstellung von $\mathcal{G}$. Wir suchen nach einer Darstellung von $\mathcal{G}$, in der *alle* solchen Tensordarstellungen, für beliebige n, vorkommen. Eine solche ist die Reguläre Darstellung.

Die Reguläre Darstellung der Gruppe (hier: SO(3)) sieht so aus: Betrachten wir die Gruppe selber als Raum, also hier einen Raum S_3, und einen Hilbertraum von Funktionen auf diesem Raum, also hier: $\mathcal{L}^2(S_3)$, den Raum aller quadratintegrablen Funktionen auf der Gruppe. Wir bekommen nun die Reguläre Darstellung der Gruppe durch eine Vorschrift, die genau der oben erwähnten für quantenmechanische Darstellungen entspricht: Die Funktionen werden im Raum durch Transformation der Raumpunkte "verschoben". Da aber jeder Raumpunkt selbst Element der Gruppe ist, definiert jedes Gruppenelement eine "natürliche" Transformation des Raums durch die Gruppenverknüpfung: Seien s und r Elemente der Gruppe, f eine Funktion auf der Gruppe. Dann ist eine Darstellung D(s) der Gruppe definiert durch

$$D(s) \cdot f(r) = f(s^{-1} \cdot r).$$

Der Punkt, "$\cdot$", in $s^{-1} \cdot r$, ist dabei die Gruppenverknüpfung.
Jede irreduzible Darstellung der Gruppe $\mathcal{G}$ ist in der regulären enthalten, also ist auch jeder Zustandsraum eines aus Uren zusammengesetzten Objekts im Funktionenraum über der Gruppe enthalten. Dasselbe könnte man auch mit jedem beliebigen anderen Hilbertraum erreichen. Die Besonderheit

§ VIII 3 c   - Urobjekt und Raum -

der regulären Darstellung ist, daß hier alle Symmetrietransformationen
wirken als *Punkttransformationen* des Raums, über dem die Funktionen definiert sind. Dieser Raum ist daher interpretierbar als *der Raum* ("Ortsraum"). Wir leiten also aus der Ur-Hypothese einen dreidimensionalen Raum,
S_3, ab.

c.) Relativistische Betrachtung

Unsere Analyse der Quantenmechanik war nicht relativistisch bzw., vom relativistischen Standpunkt, lokal; Raum kam ausdrücklich erst in diesem
Kapitel vor. Es gibt bisher keine befriedigende Theorie, die zugleich
quantenmechanisch und relativistisch ist. Die folgenden Andeutungen erheben
auch nicht den Anspruch, dieses Problem zu lösen, sondern sie sind eher
tastende heuristische Versuche. Wegen der prinzipiellen Überlegungen -
im Zusammenhang mit dem Thema dieses Buchs - will ich aber einige dieser
Versuche hier anführen.

Betrachten wir noch einmal die volle Symmetrie des Urs. Wir haben darin
außer der oben benutzten SO(3) ebenso viele anti-unitäre Transformationen.
Da wir *lineare* Darstellungen der Symmetriegruppe betrachten, nehmen wir
(wie üblich) einen weiteren Raum $\mathbb{C}^2$ dazu, und stellen die anti-linearen
Transformationen durch Übergänge von einem Raum $\mathbb{C}^2$ in den anderen dar;
der zweite $\mathbb{C}^2$ ist also der Zustandsraum des Anti-Urs. Castell (1975)
leitet hieraus eine SU(2,2)-Invarianz des gesamten Ur-Antiur-Zustandsraums
ab. Das erweitert die Symmetrie des Urs beträchtlich. Anscheinend kommt
diese Erweiterung "von selbst" aus den üblichen Argumenten: Aus der ursprünglichen Symmetrie (in der linearisierten Form) werden Gleichungen
für die Zustandsfunktionen abgeleitet, und an diesen Gleichungen liest
man die SU(2,2)-Symmetrie ab. Die Rolle der Linearisierung und der Gleichungen wäre dabei noch zu untersuchen.

Setzen wir nun die SU(2,2) als Symmetriegruppe voraus. Sie ist die universelle Überlagerungsgruppe der konformen Gruppe SO(4,2), deren homogenen
Raum $S_3 \times S_1$ wir nun als Raum-Zeit auffassen: Es ist der schon oben betrachtete Raum S_3 und eine (nur formal) zyklische Zeit S_1[1]. Man kann die
verschiedenen Viel-Ur-Zustände den verschiedenen irreduziblen Darstellungen der Gruppe SO(4) x SO(2) innerhalb *einer* irreduziblen Darstellung

---

[1] Vgl. Segal 1975-77 und Castell 1977

der SO(4,2) zuordnen, und auf diese Weise verschiedene Systeme aus Uren und Antiuren den verschiedenen Zuständen eines masselosen Teilchens zuordnen, z.B. Neutrino oder Photon. Es wird vermutet, daß man eine Welt mit mehr als einem Teilchen nur bekommt in Darstellungen, welche die Ure nicht nur symmetrisch oder antisymmetrisch enthalten[1]. Versuche in dieser Richtung sind aber noch nicht ausgearbeitet.

d.) Statistik

Neben diesen gruppentheoretischen werden auch statistische Erwägungen angestellt: Wie kommt es, daß sich Ure gerade immer zu Elementarteilchen zusammenlagern, mit scharf bestimmten Massen? Man könnte vermuten, daß das ein statistischer Effekt ist, und daß wegen der sehr großen Zahl der Ure der Effekt statistischer Schwankungen verschwindend gering wird.

Weizsäcker (1973a) schätzt die Zahl der Ure so ab: Teilen wir den Weltraum so in Zellen auf, daß wir gerade noch von jeder Zelle sagen können, ob sie besetzt oder unbesetzt ist. Jede solcher Entscheidung ist ein bit, entsprechend einem Ur; also ist die Zahl der Zellen gleich der Zahl der Ure. Der Durchmesser einer Zelle hat die Größenordnung 10^{-13} cm; für genauere Ortsmessungen müßte man sehr viel Energie konzentrieren, könnte also nicht mehr *alle* Orte messen. Der Weltradius ist ca. 10^{40} mal so groß, die Welt hat also $(10^{40})^3 = 10^{120}$ Zellen, d.h. Ure. Ein Ur entscheidet eine einfache Alternative, z.B. links-rechts, in der Gesamtwelt. Um ein Teilchen auf 10^{-40} x Weltradius festzulegen, braucht es demnach 10^{40} Ure (oder, bei 3 Dimensionen, $3 \cdot 10^{40}$, aber nicht $(10^{40})^3$); ein Teilchen enthält also 10^{40} Ure, und es gibt 10^{80} Teilchen in der Welt. – Die letzte Zahl stimmt recht gut mit der Beobachtung überein.

Bei so großen Zahlen würde das $\sqrt{N}$-Gesetz der Statistik für verschwindend geringe Streuung sorgen: bei 10^{40} "Fällen" wäre die mittlere Streuung 10^{20} d.h. die Ur-Anzahl pro Teilchen würde nur um einen Anteil 10^{-20} schwanken. Leider ist kein Modell bekannt, für welches das $\sqrt{N}$-Gesetz zutrifft. Eine ganz primitive Abschätzung — "Klumpen" von Bose-Uren mit beliebiger Ur-Anzahl bei fest vorgegebener Gesamt-Uranzahl — hat vielmehr für die wahrscheinlichste Verteilung ergeben: Die mittlere Uranzahl ist ca. $N^{1/3}$,

---

[1] Vgl. Weizsäcker 1977

ebenso wie bei der Weizsäcker'schen Schätzung auf ganz anderer Grundlage; aber die Verteilung ist sehr breit, die mittlere Streuung ist von der Grössenordnung der Uranzahl selbst[1]. Dies ergibt also keine scharfen Massen. Daran ändert sich auch nichts, wenn man Bindungsenergie einführt, außer wenn diese ein scharfes Maximum hat. Bisher ungeklärt ist die Frage, ob die Einführung einer Zwischenstufe, z.B. von Partonen aus Uren, und dann Teilchen aus Partonen, zu einem scharfen Maximum führen kann (vgl. Guggenheim 1959).

P. Roman (1977) arbeitet die Weizäckerschen Ansätze zu einer Thermodynamik von Uren aus, und er bekommt interessante Zahlenergebnisse; allerdings ist das Modell wohl auch noch zu primitiv um realistisch zu sein.

Einen neuen und sehr interessanten Ansatz verfolgen Castell und Becker (1977) mit der Untersuchung von Bose-Kondensation von Photonen in einem Einstein-Kosmos (s.o.): Wegen der Periodizitätsbedingung im geschlossenen Raum haben Photonen einen Grundzustand. Aus der Gruppentheorie der Ure folgt, daß dieser Grundzustand dreifach entartet ist, so daß Bose-Kondensationen einen Hilbertraum von hoher Dimensionszahl für das Kondensat erzeugt, das man als die Materie interpretieren könnte. Die Zahlenwerte sehen nicht unrealistisch aus: Die Kondensationstemperatur liegt in der Nähe der Hagedorn'schen kritischen Temperatur, d.h. sie entspricht etwa der Ruhenergie des Pions. Es besteht die Hoffnung, in der "Feinstruktur" der Zustandssumme ein Massenspektrum vorzufinden.

Soweit die Andeutungen über heutige Versuche zur Urtheorie. Sie haben bisher genausowenig zu einer geschlossenen Theorie geführt wie andere Versuche, aber es ist ein Erfolg in dieser Richtung durchaus denkbar: Die Urtheorie versucht, das, was die üblichen Ansätze als vorgegeben akzeptieren (z.B. Poincaré-Invarianz) noch zu begründen. Auf dem damit angestrebten noch abstrakteren Niveau können vielleicht die Widersprüche aufgelöst werden, die bisher eine konsistente Theorie unmöglich machen. In diesem Zusammenhang haben auch die Überlegungen dieses Buchs, die zunächst philosophisch gemeint sind, ihren Platz in der konstruktiven Arbeit an der physikalischen Theorie: Die Klärung der (systematischen) Herkunft der Strukturen kann u.a. die Aussichten neuer Versuche abschätzen helfen.

---

[1] Drieschner 1972

IX. Reduktionismus

Wenden wir uns zum Abschluß unserer Überlegungen noch einmal der Rolle der objektivierenden Theorie zu. Wir betrachten dazu die besondere Betonung dieser Rolle im *Reduktionismus*, der für die Physik eine universelle Zuständigkeit beansprucht.

1.) Mechanismus

Wenn die Einheit der Physik aus der allgemeinen Theorie empirisch prüfbarer Aussagen kommt, wie wir es hier zugrundegelegt haben, (vgl. Kap. III), dann reicht sie weiter als die traditionellen Grenzen der Physik. Wenn wir es hier mit einer allgemeinen Theorie objektiver Beschreibung zu tun haben, dann gilt diese Beschreibung für *alles* objektiv Beschreibbare. Unsere Diskussion führt uns also in die Probleme, die mit Stichworten wie Mechanismus, Physikalismus, Reduktionismus oder Materialismus angedeutet werden. Descartes begründet einen solchen Materialismus, indem er programmatisch eine einheitliche mathematische Naturwissenschaft entwirft: Die Wirklichkeit ist *res extensa*, d.h. Gegenstand der Geometrie. Geometrie ist das Muster der axiomatischen Theorie und zugleich der mathematischen Naturwissenschaft (vgl. § VI 1), und sie ist durch Descartes' eigene analytische Geometrie eingereiht in die Mathematik allgemein. Descartes' res extensa ist *der* Gegenstand mathematischer Naturwissenschaft. - Nicht Gegenstand der Wissenschaft ist das Subjekt, *res cogitans*. In der späteren kantischen Sprechweise wäre diese res cogitans primär das transzendentale Subjekt, also der allgemeine Begriff dessen, der in der jeweiligen Situation wahrnimmt oder beschreibt. Aber bei Descartes und bis heute ist damit auch die menschliche Seele als *Gegenstand* der Beschreibung gemeint, etwa vergleichbar dem kantischen empirischen Subjekt: Noch heute wird die prinzipielle Entgegensetzung von res extensa und res cogitans als "Leib-Seele-Problem" diskutiert. Diese "cartesische Spaltung" ließ sich bei unserer Betrachtung nicht so aufrechterhalten, wir werden darauf noch zurückkommen.

Die Erfolge der Mechanik, die Entwicklung der Chemie und schließlich die Evolutionstheorie haben es allmählich immer selbstverständlicher erscheinen lassen, daß auch das ganze menschliche Leben sich naturwissenschaftlich erklären läßt. Die Gegner eines solchen "Mechanismus" haben im wesentlichen nur Rückzugsgefechte liefern können: Newton erklärte die Planetenbewegung mit seiner Gravitationstheorie, aber er wies Gott noch eine we-

§ IX 1 — Reduktionismus —

sentliche Aufgabe zu beim Verfertigen und Anstoßen des Systems. Als Laplace ein Jahrhundert später seine Theorie der Planeten*entstehung* vortrug, konnte er auf die Frage, wo denn Gott dabei geblieben sei, antworten: "Je n'avais pas besoin de cette hypothèse là." - Nicht besser ging es den Gegnern des Mechanismus, welche die Erzeugung von organischen Substanzen besonderen, außerchemischen Naturkräften vorbehalten wollten: Ihre These war widerlegt, als Wöhler 1828 Harnstoff synthetisierte. Der ähnlich strukturierte *Vitalismus* Hans Drieschs - Driesch schrieb die Fähigkeit der Embryozellen, je nach ihrer Stelle im Embryo das "richtige" Organ zu bilden, einem besonderen Kausalfaktor, der Entelechie zu - dieser Vitalismus ist durch die moderne Biochemie ebenso widerlegt.

Es scheint also heute eine plausible Hypothese, daß man keinen Gegenstand, wie etwa das Leben, die Entwicklung, oder auch die Gesellschaft, wird angeben können, an dem sich die Naturwissenschaft als falsch herausstellen wird, der also ein Reservat für *andere* Erklärungsprinzipien wäre; daß es im Gegenteil prinzipiell möglich ist, alle empirisch eindeutig prüfbaren Phänomene auch naturwissenschaftlich zu erklären, auf Physik zu reduzieren. Wir formulieren damit einen allgemeinen Reduktionismus - den wir allerdings eher als Aufgabe ansehen und nicht als Leistung behaupten. Zwar leistet die heutige Wissenschaft Erstaunliches in der Erklärung geistiger Funktionen[1]. Trotzdem dürften auch diese erstaunlich komplexen Forschungsergebnisse primitiv sein im Vergleich zu dem, was eine "Reduktion" interessanter geistiger Vorgänge erfordern würde; vielleicht kommt eine solche Reduktion in Wirklichkeit nie zustande. Ihre Aufgabe ist zu ermessen daran, daß ein Mensch - biologisch - die gesamte Geschichte der Natur mit sich trägt, und - als Tradition - die Geschichte der Menschheit; und die trägt er gemeinsam mit allen Zeitgenossen, ohne die er nicht Mensch sein könnte.

Wir wollen hier die möglichen Konsequenzen einer Reduktion betrachten, - vorausgesetzt, sie gelänge. Dabei müssen wir uns zunächst von einem traditionellen *Materialismus* absetzen, der ähnlich ansetzt - nämlich mit der Behauptung, der Mensch sei durch Physik und Chemie erklärbar, er sei ein weiterentwickeltes Tier, u.ä. - , der dann aber diesen Ansatz nicht konsequent durchhält, sondern etwa folgert: "Da menschliche Handlungen

---

[1] vgl. hierzu auch Weizsäcker 1971, III, 4, Lorenz 1973 und Ditfurth 1976. Ditfurth beschwört im letzten Abschnitt seines Buches eine unabhängige Existenz von Geist. Falls das als Anti-Reduktionismus gemeint ist, ist es durch sein eigenes Buch in eindrucksvoller Weise widerlegt.

- Reduktionismus - § IX 1

nach den Notwendigkeiten der Naturgesetze folgen, kann man niemandem seine
Taten vorwerfen; er konnte nicht anders." - oder umgekehrt: "Die ethischen
Motive des Menschen sind eine Selbsttäuschung; in Wirklichkeit hängt der
Mensch an seiner tierischen Basis, jede gute Tat läßt sich schließlich aus
niederen Beweggründen erklären.", und ähnliche Formulierungen der Überzeugung, daß das naturwissenschaftlich Erklärte das "niedere" sei. Stewart
Hampshire wendet sich z.B. in einem Vortrag[1] gegen jeden Reduktionismus,
indem er unterscheidet von einer Erklärung durch *Gründe*, die ein Mensch
für seine eigenen Handlungen geben würde, eine andere Erklärung durch *Ursachen*, die ein anderer Mensch für dieselben Handlungen geben könnte, wenn
er ein idealer Naturwissenschaftler wäre: Hampshire unterstellt in diesem
Vortrag als selbstverständlich, daß die Erklärung durch Ursachen - deren
Möglichkeit der Reduktionismus behauptet - die vermeintlichen Gründe der
Handlung als Rationalisierungen entlarvt. Wenn jemand chemisch, mit einer
Ärger-Pille, in einen Zustand des Ärgers versetzt wird (ein Beispiel
Hampshires), dann wird er sich über jemanden ärgern, der in der Nähe ist,
und sogar einen Grund für seinen Ärger angeben können; das ist aber kein
wahrer Grund, sondern in Wirklichkeit ist die "Ärger-Pille" die Ursache
des Ärgers. - Mit Hampshire würde ich keinen Materialismus akzeptieren,
der *alle* Gründe als derartige Rationalisierungen der wahren Ursachen, der
niederen Beweggründe, "entlarvt".

Ein solcher Materialismus ist aber, wie schon gesagt, inkonsequent, er
zielt zu kurz. Ein Reduktionismus, wie ich jetzt zur Unterscheidung sagen
will, so wie er uns vorschwebt, müßte *alles* auf Physik zurückführen,
selbstverständlich einschließlich aller "höheren" Regungen, wie etwa die
Wirkung des Gewissens, das Streiten um Wahrheit, das Handeln aus Gründen,
das berechtigte Ärgern über Ärgerliches. Eine gute Reduktion auf Physik
muß ihre Qualitäten zunächst daran beweisen, daß sie *dasselbe* innerhalb
der Physik ableitet, was wir aus anderer Sicht schon kennen. Zusätzlich
erwarten uns dabei sicher auch neue Erkenntnisse, aber die können wir aus
der bloßen Möglichkeit einer Reduktion nicht ableiten, sondern erst aus
einer wirklich vorgelegten: auch die Zukunft der Wissenschaft ist offen.

---

[1] Freedom of mind, 1965, anders als z.B. in dem Spinoza-Vortrag "A Kind of Materialism" von 1969, in demselben Band (Hampshire 1972): Die dort von Hampshire (als Spinozas) vertretene These ist der unseren sehr ähnlich.

§ IX 1 — Reduktionismus —

Wir haben Reduktionismus, Mechanismus, Materialismus bisher ohne Beziehung zu unserer Analyse der Physik behandelt. Diese Analyse stellt den Reduktionismus in ein neues Licht, in dem wir ihn jetzt betrachten wollen. Geben wir ihm dazu noch einmal zwei scheinbar ganz verschiedene Formulierungen:

a) "Alle Phänomene, soweit sie überhaupt objektiv beschreibbar sind, lassen sich auf *Physik* zurückführen. Soweit die Quantenmechanik die grundlegende physikalische Theorie ist, muß sich im Prinzip also auch Biologie, Psychologie und Soziologie quantenmechanisch formulieren lassen."

b) "Alle Phänomene, die überhaupt Gegenstand von Erfahrung werden können, lassen sich in objektiven Theorien beschreiben."

Die zweite Form des Reduktionismus sieht wesentlich harmloser aus, ist aber im Rahmen unserer Analyse nicht schwächer als die erste. Unsere Arbeitshypothese ist, daß beide äquivalent sind und wahr:

Wir haben unseren Aufbau der Quantenmechanik eingeführt als eine Begründung a priori (vgl. § II 2). Das heißt, es wäre gar keine Erfahrung möglich, wenn nicht die Quantenmechanik gälte (soweit die Begründung a priori korrekt ist). Etwas mehr in der Sprache der vorstehenden Kapitel ausgedrückt: Daß etwas Gegenstand von Erfahrung sein kann, bedeutet, daß es Gesetze für Voraussagen über seine empirisch entscheidbaren Alternativen gibt (vgl. § III 1). Die Quantenmechanik ist *die* Theorie (oder ein Teil *der* Theorie) solcher Gesetze, also gilt für alle Erfahrung die Quantenmechanik.

Das ist eine großartige Behauptung, auch wenn sie vor allem programmatisch gemeint sein muß. Etwas von ihrem Glanz wird sie allerdings einbüßen — selbst angenommen, sie ist wahr — durch eine kurze Betrachtung bisheriger Versuche zum Reduktionismus: Biologie ist am erfolgreichsten reduziert in der Biochemie; die Reduktion von Psychologie oder Soziologie hat allenfalls Ansätze in der Kybernetik. Jedenfalls bildet bei den bisherigen Reduktionsversuchen *klassisch* verstandene Physik die Grundlage, es kommt kein Indeterminismus vor, alle Observablen sind miteinander verträglich. Gerade in diesem klassisch "entarteten" Fall der Quantenmechanik sind aber die hier aufgestellten Behauptungen beinahe leer. Technisch gesprochen: Die projektive Geometrie aller möglichen Voraussagen (vgl. § VI 14) besteht dann nur aus einzelnen Punkten, von denen

je zwei eine "Gerade", drei eine "Ebene" ect. bilden; sie ist einfach eine
Menge, ohne jede weitere Struktur, sozusagen ein Sack voll Punkte. Im
"Frontalangriff" ist also aus der vorgeführten Theorie im klassischen
Fall nichts herauszuholen. Trotzdem kann die fundamentale Quantenmechanik
auch für klassische Theorien entscheidend sein, zum Beispiel indem sie die
Struktur von Raum und Zeit bestimmt, wie im letzten Kapitel VIII, ange-
deutet. Das ist aber bisher relativ dunkel.

Wenn also das in diesem Buch Vorgetragene richtig ist, dann ist Reduktionismus, richtig verstanden, die unvermeidliche Konsequenz. Daß er trotzdem vielen schwer akzeptabel ist, mag vielerlei Gründe haben. Einen Grund,
die inkonsequente Durchführung im "klassischen" Materialismus, haben wir
schon genannt. Einen weiteren kann wiederum die hier vorgelegte Analyse
der objektiven Wissenschaft ausräumen: Eine besondere Schärfe bekommt der
Reduktionismus erst aus der Ontologie der klassischen Physik, die sich mit
ihm verbindet und die besagt: "Was die Physik beschreibt, das ist die Natur, wie sie *an sich selbst* ist; die Natur, die eigentliche Wirklichkeit,
ist da und läuft "objektiv" ab, so wie eine Maschine läuft, der wir, die
Subjekte, meist nur zuschauen können - allenfalls können wir gelegentlich
an den Regeleinrichtungen etwas verstellen". Das ist das Entscheidende
für den scharfen Reduktionismus, etwa Ernst Haeckels (1898), der uns un-
erträglich scheint: Nicht nur lassen sich nach Haeckel alle Erscheinungen
im Prinzip in die Naturwissenschaft einordnen, sondern die Naturwissenschaft beschreibt das Eigentliche, die Wirklichkeit. Es gibt *nichts als*
("nothing but") Naturwissenschaft, alles übrige ist Epiphänomen oder
Schein, jedenfalls uninteressant.

2. Aspekte

Wir können es uns leisten, einen extremen Reduktionismus zuzugestehen,
d.h. der Naturwissenschaft das ganze Feld ungeschmälert zu überlassen
(wie oben beschrieben), ohne fürchten zu müssen, in eine schreckliche
"nothing buttery" (W. James) zu fallen; denn uns hat sich die Ontologie
der klassischen Physik ohnehin als untauglich erwiesen, wir haben gesehen,
daß der Begriff einer *Wirklichkeit an sich* nicht durchzuhalten ist. Der
hier beschrittene Weg zum Aufbau der Quantenmechanik geht von einer Analyse der Begriffe Objekt und Objektivität aus, in der eine *Wirklichkeit
an sich* nicht fundamental vorkommt, sondern nur abgeleitet, zur Beschreibung von Gegenständen der alltäglichen Erfahrung[1]. Als fundamental haben

---

[1] Vgl. § 3 unten

sich hier vielmehr Gesetze über empirisch prüfbare Voraussagen erwiesen, welche allein die Forderung einer objektiven Beschreibung erfüllen können. Wir können hier "objektive Beschreibung" als Antwort auf eine bestimmte Frage sehen, die nur eine unter vielen möglichen Fragen ist: Es ist die Frage nach Aussagen, die von jedermann (jedenfalls im Prinzip) nachgeprüft werden können. Das ist die Frage nach Wahrheit unabhängig von persönlichen Interessen und Vorurteilen, im berechtigten Mißtrauen des Fragenden gegen die eignen Wünsche. Sie ist aber zugleich Frage nach Anweisungen, wie die unberechenbaren Gewalten - zunächst der Natur, mehr und mehr aber auch der "Gesellschaft" - zu berechnen sind; also nach Herrschaftswissen gegen die Angst vor Beherrschung (vgl. § III 1). An der Wurzel von Objektivität liegt also nicht wieder Objektives, sondern ein bestimmtes Bedürfnis im Leben; "Wertneutralität ist selbst ein Wert" (C.F. von Weizsäcker). Wir schließen damit an eine Tradition in der Neurophysiologie und Kybernetik und, früher, in der Psychologie an, die besagt, daß die Welt jedes Lebewesens zuerst und vor allem aus nützlich-schädlich, Lust-Schmerz, Freund-Feind besteht, und daß erst eine besondere arterhaltenden Leistung das Herstellen objektiver Wirklichkeit ist. Auch diese Tradition zieht den Schluß, den uns die Analyse der Quantenmechanik aufgenötigt hat: Die "objektive Wirklichkeit an sich" gibt es nicht. Objektivität ist ein Aspekt unter anderen, eine spezielle Art, die Phänomene zu betrachten, - wenn auch eine, die selbst die möglichen Phänomene entscheidend verändert hat. Bei anderen Arten der Beschäftigung mit Wirklichkeit ist nicht begriffliche Schärfe und Eindeutigkeit wichtig, sondern gerade die Konnotationen der Begriffe, Assoziation von Stimmungen und die Verwicklung des "Subjekts" selbst. Man kann die Aspekte besonders schön an einem Diskurs über objektive Wahrheit unterscheiden: Für die Betrachtung des Gegenstandes ist distanzierte Objektivität Voraussetzung des Erfolgs, aber der Diskurs selbst, wie jede Begegnung mit einem Anderen, setzt voraus, daß ich gerade nicht versuche, den Anderen objektiv zu beschreiben, etwa indem ich psychologisch nach den Beweggründen seines Redens frage.

Wir können also festhalten:

1. Es ist kein Grund zu sehen, warum nicht prinzipiell jeder Gegenstandsbereich objektiv, d.h. physikalisch, beschrieben werden sollte.

2. Der Reduktionismus bekommt seine Schärfe erst aus der zusätzlichen ontologischen Behauptung, die objektive Beschreibung sei die einzig wahre: Sie beschreibe die Wirklichkeit, wie sie an sich ist; die Welt sei *nichts als*

das objektiv Beschreibbare.

3. Ohne diese Ontologie der Klassischen Physik ist die objektive Beschreibung erkennbar als ein möglicher Zugang zur Wirklichkeit unter anderen, als einer, der heilsame Distanzierung von den eigenen Gefühlen erlaubt, aber auch von einem abstrakten Mißtrauen bestimmt ist. Die objektive Beschreibung beschreibt also nur einen *Aspekt* der Wirklichkeit.

3. Einheit

Die Erklärung, Objektivität sei nur ein Aspekt, wehrt den angemaßten Anspruch des "nichts als" ab. Das soll aber nicht dazu verführen, die Kraft der Objektivität zu unterschätzen: Sie ermöglicht der Spezies Mensch, die Welt zu beherrschen, sogar zu zerstören. Was hier - vielleicht etwas unglücklich - "Aspekt" genannt wurde, umfaßt *jede* objektive Beschreibung, jede Erkenntnis einer allgemeingültigen Struktur, scharfes begriffliches Denken überhaupt. Objektivität schafft also das einheitliche "Weltbild", das in der klassischen Ontologie absolut gesetzt wird. Brüchige Stellen dieses Bildes haben sich uns erst in der Analyse der Quantenmechanik gezeigt, die das Programm der Objektivierung mit formaler Klarheit am weitesten treibt. Gerade das konsequente Weiterfragen, das "die Physik zu Ende Denken" zwingt uns zu der Einsicht, daß Objektivität nicht die Einheit liefern kann; sie ist nur ein Teil der Einheit im Leben und Handeln eines Menschen. Das mag durch die analoge Erkenntnis für die Sprache erläutert werden, die der Gödelsche Satz enthält: Formalisierte "Sprachen" können nicht die Sprache sein; zu allen Kunstsprachen gibt es und braucht es die einheitsstiftende Metasprache, die Umgangssprache, eben *die Sprache*. - Zwar kann auch das Handeln eines Menschen begrifflich, objektivierend beschrieben und erklärt werden, aber diese Erklärung ist wiederum das Handeln anderer Menschen, ist Antwort auf Bedürfnisse im Leben der Beschreibenden und Erklärenden; Wissenschaft, ja Begriffe überhaupt sind Antwort auf bestimmte Lebensbedürfnisse.

Den so näher bestimmten Reduktionismus könnte man als Weiterführung des Materialismus ansehen, "a kind of materialsm" nach Hampshire (1972). Was aber ist Materie, gemäß ihrer grundlegenden Theorie, der Quantenmechanik? Wir konnten den Begriff des Objekts ableiten aus den Begriffen der entscheidbaren Alternative und der Voraussage. Das heißt, die Materie, analysiert als Elementarteilchen, ist wiederum reduziert auf "subjektivere" Begriffe; die gemäß dem Materialismus *eigentliche* Wirklichkeit gibt es nur als abgeleiteten Begriff, als Abkürzung für etwas "noch eigentlicheres". Also statt Materialismus vielleicht "Spiritualismus"? Der Zusammenhang ist noch komplizierter; denn die Alternativen sind wiederum konkret definiert durch Meßapparate, also materielle Objekte. Deren Theorie ist nicht unmittelbar die Quantenmechanik, sondern die nur im Grenzfall mit ihr vereinbare klassische Physik. Die begrifflichen Elemente bilden also einen komplizierten *Kreis* von Zurückführungen (im Kap. VII wurde er ausführlich analysiert). Das Fundament, auf dem auch die Argumente dieses Kreises ruhen, ist die "Philosophie in der Alltagssprache". Die Grundbegriffe wie: Ding, Voraussage, empirische Entscheidung, etc. haben wir explizit so weit analysiert, wie es für die weitere Diskussion notwendig schien; im übrigen haben wir darauf vertraut, daß die benutzten Begriffe, eingebettet in die Umgangssprache, genügend verläßlich sind. Jeder einzelne Begriff kann weiter befragt werden, wenn sich Fragen ergeben - und wenn genügend weitere Begriffe zuverlässig brauchbar bleiben.

Reduktionismus erscheint also als konsequente Fortsetzung unserer Analyse, wenn auch auf Grund eben dieser Analyse in gegen das gewohnte Bild veränderter Form. Eigentlich interessant wird die reduktionistische These vor allem an den beiden Themen *Reflexion* und *Freiheit*. Über sie wollen wir zum Schluß einige Bemerkungen wagen, obwohl klar ist, daß so kurze Stichworte angesichts der Größe der Themen eine Unverfrorenheit sind; aber vielleicht können sie zur Erhellung des Vorigen beitragen.

Für die Freiheit der Entscheidung können wir die Argumente zum Reduktionismus in spezieller Form wiederholen: Es gibt zunächst die Position, die nach Art des klassischen Materialismus, sei es pro oder contra, eine physikalische Erklärung mit moralischer Verantwortung - und damit Entscheidungsfreiheit - für unvereinbar hält[1]. Ein konsequenter Reduktionismus müßte dagegen auch Begriffe wie *Freiheit* oder auch *Verantwortung* und *Schuld* zu "reduzieren" gestatten.

Die Annahme, daß das möglich sei, würde mir schwer fallen, wenn ich andererseits die Ontologie der klassischen Physik zugrundelegte: Daß nämlich

---

[1] Contra (solchen Materialismus) der oben erwähnte Aufsatz Hampshire 1972, I; ähnlich, aber pro "determinism", Ted Honderichs Aufsatz "One determinism" in dem von ihm herausgegebenen Buch Honderich 1973 ("Determinism" bei ihm ist sehr ähnlich unserem Reduktionismus). Der ganze Band bietet eine Übersicht über die angelsächsische Diskussion.

die Welt insgesamt, mich mit meinen Entscheidungen und Handlungen eingeschlossen, ein riesiges Uhrwerk sei, das "an sich" abläuft. Aber wir haben ja durch die Quantenmechanik gelernt, daß es diese *Wirlichkeit an sich* nicht gibt. In derselben Richtung interpretiere ich die kantische Lösung[1] des Problems der Freiheit - obwohl natürlich lang vor der Quantenmechanik formuliert: Kant ordnet die Physik den *Erscheinungen* zu, die einzig den Bereich der Erfahrung ausmachen; er läßt die Eigenschaften der Dinge an sich selbst dahingestellt sein[2], da sie nicht Gegenstände der Erfahrung sind. Kant läßt dann freie Handlungen zu, die Kausalketten in der Erfahrung beginnen, aber selbst kein Ursache in der Erfahrung erkennen lassen - eine Lösung, die der unseren widersprechen würde. Aber in der Behandlung der *Dinge an sich* ist unsere Antwort nicht völlig anders als die Kants: Unsere Arbeitshypothese war, daß alle Phänomene sich *auch* physikalisch müßten beschreiben lassen; nur hatte uns die Quantenmechanik gezwungen, die Dinge, wie sie an sich selbst sein mögen, nicht nur auf sich beruhen zu lassen, sondern ganz aus unserer Vorstellung zu verbannen. Schon die Annahme, es gäbe eine - wenn auch noch so unbekannte - Wirklichkeit an sich, führt zu Widersprüchen[3].

Wir fassen also die objektive Beschreibung auf als System von Gesetzen für Voraussagen, wie besprochen. In diesem Zusammenhang der Quantenmechanik sei an ein Argument von Niels Bohr (1931) erinnert. Er schreibt (S. 65)

"In Betracht des Kontrastes zwischen dem Gefühl des freien Willens, das das Geistesleben beherrscht, und des scheinbar ununterbrochenen Ursachzusammenhanges der begleitenden physiologischen Prozesse ist es ja den Denkern nicht entgangen, daß es sich hier um ein unanschauliches Komplementaritätsverhältnis handeln kann. So ist öfters die Ansicht vertreten worden, daß eine wohl nicht ausführbare, aber doch denkbare, ins einzelne gehende Verfolgung der Gehirnprozesse eine Ursachskette entschleiern würde, die eine eindeutige Abbildung des gefühlsbetonten psychischen Geschehens

---

[1] Kr.d.r.V., A 532/B560 ff

[2] z.B. Proleg. § 17

[3] Dies ist vielleicht wieder nur eine konsequente Fortführung des kantischen Ansatzes, so wie wir den Gedanken einer Physik a priori konsequent, aber etwas verändert aufgenommen haben. Über das hinaus, was Kant möglich war, zeigt sich hier, daß die Physik überhaupt nur verständlich ist, wenn man die Erscheinungen betrachtet ohne an *Dinge an sich* "hinter" den Erscheinungen zu denken. - Dies ist der entscheidende Beitrag der Quantenmechanik zur Frage der Freiheit, nicht etwa allein ihr statistischer Charakter; denn eine Welt, deren Ereignisse statistisch bestimmt sind, hat nicht mehr Freiheit als eine deterministische: Wenn ich mein Handeln von "Kopf oder Zahl" bestimmen lasse, handle ich nicht freier als unter dem Zwang eines Befehls.

§ IX 3 — Reduktionismus —

darbieten würde. Ein solches Gedankenexperiment kommt aber jetzt in ein neues Licht, indem wir nach der Entdeckung des Wirkungsquantums gelernt haben, daß eine ins einzelne gehende kausale Verfolgung atomarer Prozesse nicht möglich ist, und daß jeder Versuch, eine Kenntnis solcher Prozesse zu erwerben, mit einem prinzipiell unkontrollierbaren Eingreifen in deren Verlauf begleitet sein wird. Nach der erwähnten Ansicht über das Verhältnis der Gehirnvorgänge und des psychischen Geschehens müssen wir also darauf gefaßt sein, daß ein Versuch, erstere zu beobachten, eine wesentliche Änderung des begleitenden Willengefühls mit sich bringen würde."

und in einem Kommentar zu diesem Artikel im Vorwort (S. 14/15):

"In dieser Verbindung muß aber bedacht werden, daß die Erforschung der Lebenserscheinungen uns nicht nur, wie im Artikel betont, in dasjenige Gebiet der Atomtheorie einführt, wo die übliche Idealisation der scharfen Trennung zwischen Phänomen und Beobachtung versagt, sondern daß der Analyse dieser Erscheinungen mittels physischer Begriffe überdies eine prinzipielle Grenze gesetzt ist durch das Absterben des Organismus bei dem Eingriff, welchen eine vom atomtheoretischen Gesichtspunkt möglichst vollständige Beobachtung erfordert. Mit anderen Worten: *die strenge Anwendung derjenigen Begriffsbildungen, welche die Beschreibung der leblosen Natur angepaßt sind, dürfte in einem ausschließenden Verhältnis stehen zu der Berücksichtigung der Gesetzmäßigkeiten der Lebenserscheinungen.*
Genau so wie es nur auf Grund der prinzipiellen Komplementarität zwischen der Anwendbarkeit des Zustandsbegriffs und der raumzeitlichen Verfolgung der Atomteilchen möglich ist, in sinngemäßer Weise von der charakteristischen Stabilität der Atomeigenschaften Rechenschaft abzulegen, so dürfte die Eigenart der Lebenserscheinungen und insbesondere die Selbststabilisierung der Organismen untrennbar mit der prinzipiellen Unmöglichkeit einer eingehenden Analyse der physikalischen Bedingungen, unter denen das Leben sich abspielt, verknüpft sein. Kurz könnte man vielleicht sagen, daß die Quantenmechanik das statistische Verhalten einer gegebenen Anzahl von Atomen unter wohldefinierten äußeren Bedingungen betrifft, während wir den Zustand eines lebendigen Wesens nicht im atomaren Maßstab definieren können; ist es doch bei einem Organismus wegen seines Stoffwechsels nicht einmal möglich zu entscheiden, welche Atome zum lebenden Individuum gehören."

Das Argument leuchtet ein; es schließt aber nicht aus, daß man die physikalischen *Gesetze* eines menschlichen Organismus studiert und die Art, wie Gehirnvorgänge Gedanken eines Partners oder meiner selbst "verkörpern" können. Denn aus Tierversuchen und Beobachtungen, die sich aus zufälligen Anlässen auch an lebenden Menschen machen lassen, kann man die Gesetze des Zusammenhangs im Prinzip kennenlernen, ohne daß man den genauen Zustand zu einer Zeit kennen muß; eine konkrete exakte Voraussage ist dann nicht möglich - praktisch wird sie wohl ohnehin wegen der Komplikation unmöglich sein.

Wenn wir nun die Vereinbarkeit solcher Gesetze mit Entscheidungsfreiheit behaupten, müssen wir doch eine Beschreibung dieser Freiheit andeuten.

- Reduktionismus - § IX 3

Wann handelt jemand frei?[1] Oder fragen wir zunächst, wann er unfrei handelt: jedenfalls dann, wenn er zu einer Handlung gezwungen wird, entweder unmittelbar, mechanisch, oder mit Drogen oder durch Androhung von Übeln - mögen hier vielleicht auch die Grenzen schon fließend werden, denn gerade auch eine freie Handlung muß äußere Bedingungen, mögliche Konsequenzen berücksichtigen. Nehmen wir also einmal an, ich würde nicht zu einer Handlung gezwungen, sei auch nicht durch äußeren Mangel - etwa an Geld, Zeit oder an physischen Kräften - in meiner Entscheidungsfreiheit begrenzt; handle ich dann mit Sicherheit frei? Wie sieht denn eine freie Entscheidung aus? Es kann eine ganz triviale Entscheidung sein, etwa ob ich zum Frühstück Kaffee oder Tee trinke, - oder eine so schwerwiegende wie die, ob ich meinen Beruf aufgeben und etwas Neues anfangen soll. Im ersten Fall werde ich nach Laune entscheiden, vielleicht reizt mich doch eine Möglichkeit im Augenblick mehr; oder ich zähl es mir an den Knöpfen ab, wenn es mir wirklich gleichgültig ist. Auch in einem wichtigen Fall kann ich natürlich auf dieselbe Art entscheiden, aber da wäre das Verfahren ziemlich töricht. In keinem Fall wären wir geneigt, solche Entscheidungen frei zu nennen. - Ob man sie aber frei nennt oder nicht, man kann sich vorstellen, daß sie voraussagbar sind: Entweder statistisch, oder bei Entscheidungen nach Laune aus den Bedingungen eben der Laune: Ein gerade genossenes Festessen in angenehmer Gesellschaft könnte mir vielleicht andere Entscheidungen nahelegen als ein gerade durchlittener Verkehrsstau. Der Extremfall von "Laune", eine neurotische Zwangshandlung, ist geradezu dadurch gekennzeichnet, daß sich die (unfreie) Reaktion des Patienten leicht vorhersagen läßt, daß sie "immer demselben Schema folgt".

Ein solches - vorhersagbares - Handeln "nach Laune" heißt traditionell[2] nicht frei, sondern freies Handeln ist Handeln mit *Gründen*. Dabei müssen es wirklich die Gründe sein, die mich zum Handeln veranlassen - nicht nur z.B. für meinen ohnehin vorhandenen Ärger ein "Aufhänger" - ; und ich muß

---

[1] Die Freiheit des *Gedankens* wollen wir als Spezialfall der Handlungsfreiheit erörtern: Wenn es darum geht, Gedanken frei zu verbreitern oder aufzunehmen, dann ist ohnehin die Freiheit der *Handlung* Reden, Hören, u.a. gemeint ("Geben Sie Gedankenfreiheit!"). Die Freiheit *nur* zu denken wollen wir interpretieren als virtuelle freie Handlung, die nur durch nackte Gewalt verhindert wird. Erwägung, Entschluß, alles ist so wie bei einer freien Handlung, nur daß die Ausführung in concreto nicht gelingt. - Diese Interpretation erläutert auch die Erfahrung, daß Gedankenfreiheit ein langes Liegen in Ketten schlecht verträgt.

[2] Vgl. die Aufsätze unter dem Stichwort "Freiheit" in Ritter 1972.

"aus guten Gründen" handeln, d.h. so, wie es nach der Lage geboten ist. Ein anderes Handeln wäre entweder wiederum launisch, oder irregeleitet, oder auch rein zufällig - jedenfalls nicht frei. In einer paradoxen Zuspitzung: Frei handelt derjenige, der tut, was er tun soll.

Damit ist aber auch die eigentlich freie Handlung als objektiv bestimmbar, als im Prinzip vorhersagbar erwiesen, sofern das gebotene Handeln, das Sollen bestimmbar ist: Sofern wir die Antriebe objektiv bestimmen können, folgt aus ihnen entweder unmittelbar die Handlung oder es folgt das Maß der Freiheit für die Handlung, also das Maß, in dem die Handlung durch die auch vom Beobachter einsehbaren vernünftigen Gründe bestimmt sein wird. In jedem Fall folgt eine Voraussage für die Handlung.

Damit sehen wir aber zugleich eine Grenze der objektiven Beschreibung, nicht im obigen Sinn Grenze zu bisher unbekannten "Kräften", sondern Grenze der Objektivierung überhaupt. Wenn der Beobachter feststellt, daß sein "Objekt" in der gegebenen Situation frei handeln wird, also vernünftig, dann muß er zunächst fähig sein, die guten Gründe, die das "Objekt" bestimmen, nachzuvollziehen. Möglicherweise ist außerdem der Beobachter selbst betroffen, möglicherweise müßte er nach denselben Gründen, wenn er frei wäre, anders handeln als er es faktisch tut: Bei einer objektivierenden Beschreibung gerade des freien Handelns ist es unvermeidlich, daß der Beobachter selbst ins Bild kommt. - Bleiben wir einen Augenblick bei dieser Situation der Reflexion, in der das Subjekt, ich selbst Objekt der Beschreibung bin.

Ein reizvolles Thema wäre die Reflexion der Spezies Mensch insgesamt, die Betrachtung durch Menschen der Bedingungen menschlichen Handelns, als Psychologie, Evolutionstheorie, Geschichtsbetrachtung, oder auch in den Überlegungen dieses Buchs: Die Funktion des menschlichen Gehirns ist es, unter vielen anderen, eine Theorie des menschlichen Gehirns zu machen und zugleich noch die Bedingungen dieser Theorie zu reflektieren[1]. Hier möge die Erwähnung des Themas dazu dienen, die Komplexität einer "Reduktion" zu illustrieren; wir wollen nur die individuelle Reflexion etwas näher betrachten: Ich kann mich selbst beim Schreiben beobachten; ich kann denken, daß ich denke. Es ist klar, daß auch dieses Thema hier nicht

---

[1] Vgl. Weizsäcker 1971, III, 4.

— Reduktionismus — § IX 3

wirklich behandelt werden kann[1]; ich greife daher nur zwei Beiträge unmittelbar in unserem Zusammenhang heraus, nämlich den oben schon betrachteten Freund Wigners[2] und ein logisches Problem von Donald McKay[3]. McKay sieht in der Vorstellung, man könne die Vorgänge im Gehirn eines Partners so beschreiben, daß diese Beschreibung die "volle Wahrheit" wiedergibt, die folgende logische Unbestimmtheit:

Angenommen, derjenige, dessen Gehirnprozesse beschrieben werden, erfährt die Beschreibung und glaubt sie. Dann wird dieser Vorgang seine Gehirnprozesse verändern; die Beschreibung, die er gerade glaubt, wird falsch sein. Es ist also unmöglich, daß jemand eine richtige Beschreibung seiner eigenen Gehirnvorgänge glaubt. Daher kann eine Beschreibung von Gehirnvorgängen nicht die "volle Wahrheit" ("the true state of affairs") sein, denn die muß jeder glauben können.

Mir scheint das ein recht spezieller Gebrauch des Begriffs "volle Wahrheit". Eine Gehirnbeschreibung kann auch dann ohne weiteres richtig sein, wenn derjenige, dessen Gehirn sie betrifft, sie prinzipiell nicht glauben kann: Die Wahrheit hängt nicht davon ab, daß jeder sie - wenigstens im Prinzip - akzeptieren kann; das ist nur im allgemeinen eines ihrer Kennzeichen, das in diesem Fall notwendigerweise eine Ausnahme hat: Die Voraussage über ein Objekt ist nur richtig, wenn das Objekt isoliert ist oder im äußeren Feld - nicht aber wenn sein eigener Zustand die Wirkung der Umwelt auf das Objekt verändern kann (vgl. § V 3). Vor allem aber scheint mir das Dilemma[4] zwischen meiner freien Entscheidung und dem Vorherwissen der Gehirn-Beobachter falsch konstruiert. Solange ich noch nicht entschieden habe, ist mein Entschluß auch noch von vielen äußeren Einflüssen abhängig; ob ich mich z.B. am Ostermorgen des Jahres 2000 - wenn ich noch lebe - für Kaffee oder Tee entscheiden werde, läßt sich kaum aus der Beobachtung meines Gehirns voraussagen. Wenn andererseits

---

[1] Interessant wäre ein Vergleich unserer Analyse des Objektbegriffs mit der kantischen Theorie des Gegenstandes, die auf die transzendentale Einheit der Apperzeption aufbaut (Kr.d.r.V. B 131/132): "Das: *ich denke*, muß alle meine Vorstellungen begleiten *können*." - Es sei hier auch ein Hinweis erlaubt auf das Zitat Bohrs aus einem Roman von P.M. Møller: Bohr 1960.

[2] vgl. Kap. VII, §§ 3 und 6d;

[3] McKay 1969, S. 50/51, und McKay 1960

[4] Ein spätes Nachbeben des Dilemmas zwischen göttlicher Allwissenheit und Vorsehung, und menschlicher Sündenfähigkeit.

§ IX 3 — Reduktionismus —

an meinem Gehirn ablesbar ist, was ich tun werde, dann wird sich das für
mich darstellen als mein Wissen, daß ich so handeln werde, als schon ge-
faßter Entschluß. Dazwischen kann es ein Stadium geben, in dem der Entschluß schon feststeht, ich mich aber bewußt noch nicht entschlossen
finde; wir erleben doch selbst viele unserer Entscheidungen nachträglich
so, daß wir es "eigentlich" schon lang so wollten. Wenn mir nun ein Beobachter voraussagt: "Du wirst so und so handeln", dann werde ich ihm,
wenn mich keine Selbsttäuschung hindert, bestätigen können: "Ich habe es
mir nicht bewußt gemacht, aber so hätte ich wohl gehandelt" - und gemäß
dem Widerspruch bei McKay könnte ich wohl hinzufügen: "Wo ich mich jetzt
durchschaut sehe, werde ich es gerade anders machen." - Warum sollte nicht
auch eine solche Reaktion im Prinzip objektivierbar sein; Objekt sind dabei die beiden Gesprächspartner.

Das *logische* Problem der Reflexion verschwindet, wenn man die zeitliche
Abfolge berücksichtigt. Die Reflexion ist ja nicht so beschaffen, daß
jemand etwas denken und *zugleich* "ich denke" denken könnte. Sondern immer
denke *ich*; und wenn ich "mir beim Denken über die Schultern schaue", dann
kann *ich* nur entweder denken oder über die Schultern schauen, d.h. mir
überlegen, was ich eben *gedacht habe*: Die Reflexion kann immer nur *nach*
der Handlung sein. Die cartesische Spaltung ist also *in diesem speziellen
Sinn* unaufhebbar: Ich kann nicht *als Subjekt* zugleich mein Objekt sein.
- Wir haben schon früher gesehen, daß gerade die Struktur der Zeit uns
bei der Analyse der Naturwissenschaft leiten konnte. Ähnlich brauchen
wir uns auch hier nur das selbstverständliche Nacheinander klarzumachen.
Die Fähigkeit zur Reflexion beruht auf der Fähigkeit, nicht-wirkliche Wahrnehmungen "sich vorzustellen", Vergangenes "sich zu vergegenwärtigen". -
Aber diese Fragen können wir hier nicht verfolgen.

Kommen wir lieber noch ein drittes Mal auf Wigners Freund. Er verkörpert
Wigners Überlegungen zur Reflexion, die in dem "Freund" nur etwas hand-
licher gemacht werden: Es geht darum, daß jemand den Experimentator nach
seinen Beobachtungen fragt, und das könnte auch der Experimentator selbst
sein; gefragt wird jedenfalls *nach* der Beobachtung. Wir können hier an
das erinnern, was bei der Behandlung des Meßprozesses (VII § 3 und § 6)
gesagt wurde: Als Objekt betrachtet ist der Freund, bin ich selbst Meßgerät, also ein Objekt, das Ergebnisse registriert. "Abgelesen" wird das
Meßgerät durch Befragen; denkbar ist im Prinzip auch eine Gehirnunter-
suchung. Soweit ist von Objekten, vom Gegenstand der Physik die Rede.
Ich als Subjekt dagegen, der ich befrage oder untersuche, evtl. auch

(nachträglich!) meine eigenen Wahrnehmungen und Handlungen, kann *in dieser Rolle* nicht *zugleich* Gegenstand meiner Untersuchung sein, sondern allenfalls wieder Gegenstand eines anderen Subjekts, oder meiner selbst später. Es scheint also in der Reflexion nicht prinzipiell anders zu sein als bei der Beobachtung eines Freundes. D.h. ich selbst bin - auch als Beobachter - entweder Objekt einer Untersuchung wie andere Objekte auch, oder ich untersuche, als Handlung in meinem Leben, und ich bin so gerade nicht Objekt meiner Untersuchung - aber vielleicht Objekt der Untersuchung eines anderen.

Soweit zur Reflexion. Sie zeigt eine Grenze der Objektivierung in der persönlichen Verwicklung des Beobachters. Innerhalb des objektivierenden Ansatzes können wir die Grenze beschreiben als die Grenze der Möglichkeit, ein Objekt zu isolieren und die Einflüsse der Umwelt zu beschreiben als äußeres Feld (vgl. § V 3).

Einen wichtigen Aspekt der Freiheit haben wir dabei noch nicht berührt, die *schöpferische* Freiheit, auf die in der Diskussion um "künstliche Intelligenz" oft hingewiesen wird; Computer sind nicht schöpferisch. Wiederum können wir hier nicht versuchen, das Schöpferische zu analysieren; nur eine Frage: Kann man *einsehen*, daß es sich einer Reduktion prinzipiell widersetzen wird? - Natürlich ist ein Computer zu "dumm" zu schöpferischen Taten; aber woraus "schöpft" ein Mensch, doch nicht aus nichts? Es gehen seine vergangenen Erfahrungen ein, seine angeborene Konstitution, die Geschichte seiner Gesellschaft, die Situation seiner Umwelt. Das *ganz Neue* ist ohne diese Bedingungen nicht denkbar, es geht aus ihnen hervor - warum sollte es nicht *prinzipiell* aus ihnen voraussagbar sein? Das "prinzipiell" ist aber hier besonders wichtig, denn das Schöpferische ist gerade darum einmalig, weil es so viele Bedingungen sind, die zugleich erfüllt sein mußten. Alle diese Bedingungen zu analysieren wäre zu kompliziert, würde mehr als ein Menschenleben erfordern, würde vielleicht erfordern, daß der Beobachter zugleich das Objekt *ist* - denn ein zweites Mal lassen sich die Bedingungen nicht herstellen. Hier würde also die Komplexität zur prinzipiellen Grenze der Reduktion.

Der frei Handelnde wird beschrieben als einer, der tut was er soll. Wir haben dieses Ideal benutzt, um darzustellen, daß auch die Möglichkeit freier Handlung kein Einwand gegen unseren Reduktionismus zu sein braucht. In Wirklichkeit handle ich aber nie nur aus rationalem Antrieb, sondern gerade wo ich frei handeln könnte, ohne äußeren Zwang oder innere Einseitigkeit, wird mein Handeln mitbestimmt vor allem von der Angst, zu kurz zu kommen oder beiseite geschoben zu werden, oder von dem Selbstbehauptungswillen, der dieser Angst zuvorzukommen sucht; das Handeln ist also in Wirklichkeit nicht frei. Die Reflexion auf die Bedingungen, unter denen ich handle, kann mich dazu führen, diese Bedingungen so einzurichten, daß sie möglichst freies Handeln erlauben. Erfahrungsgemäß lautet eine dieser Bedingungen, nicht weniger paradox als die ideale Freiheit, daß man in (freiwilligem) Dienst stehen muß. In der Sprache der Religion: Der Dienst, die eigenen Kräfte ganz zur Verfügung zu stellen für den Willen Gottes, befreit mich von dem mächtigsten Herrn, von mir selbst. - Reduktionismus würde erfordern, daß es prinzipiell auch davon ein objektives, d.h. physikalisches Bild gibt, nur muß es konsequent sein: das objektive Bild muß alles, was als wahr erkannt ist, auch wieder enthalten - soweit diese Wahrheit begrifflich faßbar ist.

- Anhang - §A I 1a

Anhang zu I: Logik und Naturwissenschaft

1.) **Formalismus der klassischen Aussagen-Logik**
(vgl. hierzu z.B. Gericke 1963)

a) Wahrheitswerttafeln

Jede Aussage ist wahr oder falsch. Ihr Wahrheitswert ist 1 (für "wahr") oder 0 (für "falsch"). Auf der Menge der Aussagen werden Operationen definiert, nämlich die einstellige: $\neg$ ("nicht", Negation) und zweistellige, z.B.
- $\wedge$ ("und", Konjunktion)
- $\vee$ ("oder", Disjunktion)
- $\rightarrow$ ("wenn...dann", Subjunktion)
- $\downarrow$ ("weder...noch", Nicod-Funktion).

Diese Operationen werden als *Wahrheitswertfunktionen* interpretiert, welche den Wahrheitswerten der verknüpften Aussagen einen Wahrheitswert der Gesamt-Aussage zuordnen. Wir können sie schreiben als Funktionen auf der Menge der Werte 0 und 1 (für "falsch" und "wahr"):

$$\neg : \{0,1\} \rightarrow \{0,1\}$$
$$\psi : \{0,1\} \times \{0,1\} \rightarrow \{0,1\},$$

dabei ist $\psi = \wedge, \vee, \rightarrow, \downarrow$, etc

Die Funktionswerte werden in *Wahrheitswerttafeln* explizit angegeben, wobei die Zeile das erste Argument enthält, die Spalte das zweite (die Reihenfolge ist nur wichtig bei $\rightarrow$):

x	$\neg x$
0	1
1	0

$x \wedge y$:

x^y	1	0
1	1	0
0	0	0

$x \vee y$:

x^y	1	0
1	1	1
0	1	0

$x \downarrow y$:

x^y	1	0
1	0	0
0	0	1

$x \rightarrow y$:

x^y	1	0
1	1	0
0	1	1

Mit diesen Wahrheitswerttafeln läßt sich der Wahrheitswert jeder komplizierten Formel berechnen, wenn die Wahrheitswerte der Primterme, also der nicht-zusammengesetzten Aussagen, bekannt sind. Durch Einsetzen sämtlicher Möglichkeiten lassen sich auch die "logisch wahren" Formeln be-

§ A I 1a   - Anhang -

stätigen, also solche, die für alle möglichen Einsetzungen den Wahrheitswert 1 haben. Z.B. (der Wahrheitswert der Funktion steht unter dem Funktionszeichen):

a) ¬ (A ∧ ¬ A)   (Satz vom Widerspruch)
   <u>1</u>   1 0 0 1   (für A   1 eingesetzt;
   <u>1</u>   0 0 1 0   "   "   0   "   ; entsprechend unten)

b) A ∨ ¬ A   (Satz vom ausgeschlossenen Dritten)
   1 <u>1</u> 0 1
   0 <u>1</u> 1 0

Ebenso lassen sich Funktions-Gleichungen explizit bestätigen, z.B. das "Absorptionsgesetz":

A ∧ (A ∨ B) = A
1 <u>1</u>   1 1 1   <u>1</u>
1 <u>1</u>   1 1 0   <u>1</u>   (Ab 1)
0 <u>0</u>   0 1 1   <u>0</u>
0 <u>0</u>   0 0 0   <u>0</u>

Analog folgt die Gültigkeit des dualen "Absorptionsgesetzes"

A ∨ (A ∧ B) = A,   (Ab 2)

der Kommutativgesetze,

A ∧ B = B ∧ A   (K 1)
A ∨ B = B ∨ A   (K 2)

der Assoziativgesetze

A ∧ (B ∧ C) = (A ∧ B) ∧ C   (A 1)
A ∨ (B ∨ C) = (A ∨ B) ∨ C ,   (A 2)

und der Distributivgesetze

A ∧ (B ∨ C) = (A ∧ B) ∨ (A ∧ C)   (D 1)
A ∨ (B ∧ C) = (A ∨ B) ∧ (A ∨ C)   (D 2)

(das erste hat in der Boole'schen Schreibweise das bekannte Aussehen
A · (B + C) = AB + AC).

b.) <u>Dualgruppe</u>

Wir betrachten eine Menge (die Aussagen), auf der zwei Verknüpfungen, $\land$ ("und") und $\lor$ ("oder") erklärt sind, deren jede kommutativ und assoziativ ist (K1, K2, A1, A2), und die außerdem die Absorptionsgesetze (Ab 1, Ab 2) erfüllen. Ein solches Gebilde heißt *Dualgruppe*. In einer Dualgruppe kann es auch ein immer-wahres Element, $\underline{1}$, und ein immer-falsches Element, $\emptyset$, geben; diese sind jetzt nicht durch Wahrheitswerte definiert (es gibt in der Dualgruppe keine Wahrheitswerte), sondern durch die Gleichungen:

Für alle A gilt:

$\quad\quad A \land \emptyset = \emptyset \quad\quad\quad\quad A \lor \emptyset = A \quad\quad (N)$
$\quad\quad A \land \underline{1} = A \quad\quad\quad\quad A \lor \underline{1} = \underline{1} \quad\quad (E)$

Es gibt *höchstens* ein Element $\emptyset$, das die beiden Gleichungen (N) erfüllt, und *höchstens* ein Element $\underline{1}$, das die beiden Gleichungen (E) erfüllt; denn, sei $\emptyset'$ ein anderes Element, das die Gleichung (N) erfüllt, dann gilt:

$\quad\quad \emptyset' \land \emptyset = \emptyset \quad\quad$ nach (N) für $A = \emptyset'$
und $\emptyset \land \emptyset' = \emptyset \quad\quad$ nach (N') für $A = \emptyset$.

Nach (K) ist aber $\emptyset' \land \emptyset = \emptyset \land \emptyset'$, also $\emptyset' = \emptyset$. Analog für $\underline{1}$.

Mit Hilfe der Elemente $\emptyset$ und $\underline{1}$ kann man in der Dualgruppe zu einem Element A ein Komplement $\bar{A}$ definieren, nämlich:

$\bar{A}$ heißt ein Komplement zu A , wenn gilt

$\quad\quad\quad 1.) \quad A \land \bar{A} = \emptyset$
$\quad\quad\quad 2.) \quad A \lor \bar{A} = \underline{1}$

Das Komplement läßt sich interpretieren als Negation, $\neg$. Die beiden definierenden Gleichungen sind dann

1.) der Satz vom Widerspruch: $A \land \neg A$ ist immer falsch;
2.) der Satz vom ausgeschlossenen Dritten: $A \lor \neg A$ ist immer wahr.

Eine Dualgruppe heißt *komplementär*, wenn es zu jedem Element ein Komple-

§ A I 1 c — Anhang —

ment gibt.

In der klassischen Logik gelten außerdem die Distributivgesetze (D1 und D2). Eine Dualgruppe, in der eins der Distributivgesetze gilt (das andere folgt daraus!), heißt *distributiv*. Die klassische Logik ist eine distributive komplementäre Dualgruppe oder, was dasselbe ist, eine *Boole'sche Algebra*.

c.) Verband

Aus den Wahrheitswerttafeln lassen sich Gleichungen ableiten für Wahrheitswertfunktionen, die man als logische Äquivalenzen interpretieren kann: "Wenn die rechte Seite wahr ist, dann ist auch die linke Seite wahr, und umgekehrt." Wir haben oben als ein Beispiel kennengelernt das Absorptionsgesetz (Ab 1).

$$A \wedge (A \vee B) = A.$$

Entsprechend kann man die *Implikation*, geschrieben $\succ$, einführen: "Wenn die linke Seite wahr ist, dann ist auch die rechte Seite wahr." Z.B. ist eine "logisch wahre" Implikation, also unabhängig vom Inhalt der Aussagen A und B,

$$A \wedge B \succ A.$$

Betrachten wir nämlich die verschiedenen Wahrheitswertkombinationen:

	A	B	$A \wedge B$
a.)	1	1	1
b.)	1	0	0
c.)	0	1	0
d.)	0	0	0

$A \wedge B$ ist nur im Fall a.) wahr, und in diesem Fall ist auch A wahr. (Es gilt hier nicht die Gleichung, denn im Fall b.) ist A wahr, aber $A \wedge B$ nicht wahr.)

Eine Relation $X \succ Y$ kann natürlich auch aus anderen als logischen Gründen gelten, nämlich wenn man "inhaltlich" weiß, daß immer dann wenn X wahr ist, auch Y wahr ist.

— Anhang — § A I 1c

Die Implikation ist nah verwandt mit der Wahrheitswertfunktion "Subjunktion", $\rightharpoonup$ (s.o., § 1a). Zunächst besteht ein entscheidender Unterschied: $A \rightharpoonup B$ ist eine Wahrheitswertfunktion, also ein Teil des mathematischen Formalismus der Wahrheitswertfunktionen; $A \succ B$ dagegen ist eine (abgekürzt geschriebene) Metaaussage *über* denselben mathematischen Formalismus. Die Verwandtschaft besteht in der Tatsache:

$A \succ B$ ist wahr genau dann, wenn $A \rightharpoonup B$ eine immer-wahre Aussage ist.

Beweis: Sei $A \succ B$, also "wenn A wahr ist, dann ist auch B wahr."
Die Wahrheitswerttafel von $\rightharpoonup$ lautet:

$$A \rightharpoonup B \quad \begin{array}{c|cc} {}_A\!\diagdown\!{}^B & 1 & 0 \\ \hline 1 & 1 & 0 \\ 0 & 1 & 1 \end{array}$$

$A \rightharpoonup B$ könnte also nur falsch sein, wenn A wahr wäre und B falsch; dieser Fall ist aber durch die Prämisse ausgeschlossen.

Sei umgekehrt $A \rightharpoonup B$ eine immerwahre Aussage, d.h. der Fall A wahr, B falsch könne nicht vorkommen. Das bedeutet aber, daß immer wenn A wahr ist, auch B wahr ist, q.e.d.

Diese Verwandtschaft hängt an der Tatsache, daß in der Wahrheitswerttafel nur *eine* 0 steht, bei A wahr, B falsch; d.h. entscheidend ist das Prinzip "ex falso quodlibet": Die Subjunktion $A \rightharpoonup B$ ist jedenfalls dann wahr, wenn B falsch ist. (Dieses Prinzip finden wir wieder in der Verbandsstruktur, bei der die immerfalsche Aussage σ alle Aussagen impliziert.) — Wir werden bei der Quantenlogik sehen, daß diese enge Verwandtschaft eine Spezialität der klassischen Logik ist.

Die oben definierte Implikation ist eine *Ordnungsrelation*, d.h. sie ist

a.) <u>reflexiv</u> : $A \succ A$ (wenn A wahr ist, dann ist A wahr)

b.) <u>transitiv</u> : Aus $\left.\begin{array}{c} A \succ B \\ B \succ C \end{array}\right\}$ folgt $A \succ C$

(Falls gilt: "Immer, wenn A wahr ist, ist B wahr", und "immer, wenn B wahr ist, ist C wahr", dann gilt deshalb auch "Immer, wenn A wahr ist, ist C wahr").

§ A I 1c — Anhang —

c.) <u>antisymmetrisch</u>: Aus $A \succ B$, $B \succ A$ folgt $A = B$.

(Das ist die logische Äquivalenz, die wir am Anfang dieses Abschnitts formuliert haben.)

Durch die Wahrheitswerttafeln sind außerdem zu je zwei Aussagen A und B die Aussagen $A \wedge B$ und $A \vee B$ definiert, für die gilt

$$A \wedge B \succ A \qquad\qquad A \succ A \vee B$$
$$A \wedge B \succ B \qquad\text{und}\qquad B \succ A \vee B$$

Außerdem gilt für beliebige Aussagen X:

Wenn $A \succ X$ und $B \succ X$, dann $A \vee B \succ X$,

wie man leicht sieht: Sei $A \vee B$ wahr; dann können nicht beide, A und B, falsch sein, d.h. entweder A oder B muß wahr sein.
Fall 1: A ist wahr; dann ist (laut Voraussetzung) auch X wahr.
Fall 2: B ist wahr; dann ist (laut Voraussetzung) auch X wahr.
Also ist in jedem Fall, wenn $A \vee B$ wahr ist, auch X wahr, q.e.d.

Analog zeigt man: Wenn $X \succ A$ und $X \succ B$, dann gilt auch $X \succ A \wedge B$. Das bedeutet: Bezüglich der Ordnungsrelation "$\succ$" ist $A \vee B$ die kleinste obere Schranke (Supremum), $A \wedge B$ die größte untere Schranke (Infimum).

Ein *Verband* ist eine Menge mit einer Ordnungsrelation, in der es zu je zwei Elementen Infimum und Supremum gibt. Also bildet die klassische Logik, definiert durch Wahrheitswerttafeln, einen Verband. (Näheres zur Verbandstheorie vgl. Anhang VI)

Ebenso kann man von der Dualgruppe zeigen, daß sie Verbandsstruktur hat: Definieren wir als Ordnungsrelation

$$a \succ b : \quad \Longleftrightarrow \quad a \wedge b = a$$

(oder auch: $a \vee b = b$; das ist äquivalent).

Aus den Axiomen der Dualgruppe folgt, daß das eine Ordnungsrelation ist, und daß $a \wedge b$ Infimum, $a \vee b$ Supremum der Elemente a und b ist. Umgekehrt folgt aus der Verbandsstruktur, daß die Operationen $\wedge$ (Infimum) und $\vee$ (Supremum) die Axiome der Dualgruppe erfüllen (vgl. Gericke 1963).

Die klassische Logik bildet einen komplementären distributiven Verband, also einen *Boole'schen Verband*. (Die Definitionen sind dieselben wie bei der Dualgruppe, vgl. auch Anhang VI).

2. Dialogspiel

In Lorenzen 1962 und Lorenz 1968 finden sich ausführliche systematische Abhandlungen über die dialogische Begründung der Logik. Wir wollen daher hier nur einige charakteristische Beispiele anführen.

Ein Dialog zwischen dem Proponenten und dem Opponenten wird in einer Tabelle angeschrieben, die zeilenweise zu lesen ist. Betrachten wir als Beispiel den Satz vom Widerspruch: P behauptet $\neg(A \wedge \neg A)$. Der Dialog verläuft so:

	O	P
1.)		$\neg(A \wedge \neg A)$
2.)	$a \wedge \neg a$	? a
3.)	a	? $\neg a$
4.)	$\neg a$	a

O kann die Behauptung mit "$\neg$" nur angreifen, wenn er die Formel ohne "$\neg$" für eine bestimmte Einsetzung (nämlich a) behauptet (Zeile 2); P muß jetzt diese spezielle Behauptung widerlegen, indem er eins der beiden Konjunktionsglieder "angreift", d.h. indem er einen Beweis verlangt, z.B. für a. Angenommen, O kann a beweisen; dann kann P auch noch einen Beweis für das andere Konjunktionsglied verlangen, hier $\neg a$. (Zeile 3). Jedem Versuch von O, $\neg a$ zu beweisen (Zeile 4), kann P den vorherigen Beweis O's von a vorhalten; O's Versuch, $a \wedge \neg a$ zu beweisen, endet mit einem Widerspruch.

Formulieren wir einige allgemeine Dialogregeln:

a.) Es kommt nicht darauf an, wie ein Beweis im Einzelnen aussieht.

§ A I 2   - Anhang -

Es ist nur wichtig,
1.) daß zweifelsfrei festgestellt werden kann, ob eine Aussage bewiesen ist oder nicht (die Aussagen müssen "beweisdefinit" sein);
2.) daß der Dialogpartner einen vorher gegebenen Beweis übernehmen kann. (Obwohl zunächst vor allem an mathematische Beweise gedacht war, läßt sich auch ein experimenteller, phänomenaler "Aufweis" als Beweis denken. Es zeigt sich allerdings in der Quantenlogik (s. dort), daß die zweite Bedingung dann nur noch eingeschränkt möglich ist.)

b.) Die logischen Operationen werden durch die folgenden Regeln ihres Gebrauchs im Dialog definiert:

1.) Behauptet P $\neg A$, dann kann O nur gewinnen, wenn er A behauptet und den entsprechenden Dialog gewinnt.

2.) Behauptet P $A \wedge B$, dann kann O aussuchen, ob er A oder B angreift; P muß beide Dialoge gewinnen können.

3.) Behauptet P $A \vee B$, dann kann P selbst aussuchen, ob er A oder B zum Angriff anbietet; er muß einen von beiden Dialogen gewinnen können.

Bei $A \vee B$ gibt es zwei Möglichkeiten für die Dialogregeln, nämlich (I) mit Zurücknehmen oder (II) ohne Zurücknehmen ("harte" Spielweise): Wenn im Fall I P die erste Aussage (A) zum Angriff anbietet und den Dialog verliert, dann kann er es mit der zweiten (B) probieren; gewinnt er den Dialog über B, dann hat er den ganzen Dialog gewonnen. Im Fall II legt sich P ein für alle mal fest, ob er A oder B zum Angriff anbietet; verliert er den Dialog über die angebotene Aussage, dann hat er den ganzen Dialog verloren.

Je nach Spielweise ist der Satz vom ausgeschlossenen Dritten logisch-wahr oder nicht. Im Fall I läuft der Dialog über ihn z.B. so

	O	P
1.)		A $\vee$ $\neg$A
2.)	? (a)	a
3.)	$\neg$a	$\neg$a

Der Opponent schlägt eine bestimmte Einsetzung a vor (von der O mehr weiß als P!) und fragt P, ob er a oder $\neg$a zum Angriff anbietet (Zeile 2). Angenommen, P bietet a zum Angriff an, aber O kann a widerlegen, d.h. ¬a beweisen (Zeile 3). Dann hat P trotzdem gewonnen, wenn er a zurückzieht und stattdessen ¬a zum Angriff anbietet, für die andere Seite der ursprünglichen Disjunktion; denn für ¬a braucht er nur den Beweis von O zu übernehmen[1]. Man sieht also, daß P eine *Gewinnstrategie* hat, wie beim Satz vom Widerspruch: Was auch O für A einsetzt, P kann den Dialog immer gewinnen; A ∨ ¬A ist ein logisch-wahrer Satz. - Anders im Fall II, bei "harter" Spielweise: Da kann P, wenn O ein Beispiel geschickt wählt, Pech haben und die falsche Behauptung zum Angriff anbieten. Da er an die erste Wahl gebunden ist, hat er keine Gewinnstrategie, A ∨ ¬A ist nicht logisch-wahr (vgl. Lorenzen 1963, S. 22).

Betrachten wir als letztes noch die Subjunktion, bzw. Implikation — das Charakteristikum des Dialogspiels ist, daß keine Unterscheidung dazwischen möglich ist, ebensowenig wie in der Umgangssprache.

4.) Behauptet P A → B, dann kann O angreifen, indem er eine Einsetzung für A angibt (und beweist); P muß dann die entsprechende Einsetzung für B beweisen.

Die resultierende Logik kann davon abhängen, ob O eine Einsetzung für A beweisen muß, oder ob er unterstellen darf, sie sei wahr (vgl. § I 6, Quantenlogik).

Auf diese vier Operationen lassen sich alle anderen zurückführen, diese vier sind aber im Dialogspiel unabhängig - im Gegensatz zur Logik der Wahrheitswerttafeln, wo A → B = ¬A ∨ B, und A ∨ B = ¬(¬A ∧ ¬B), wo sogar *alle* Operationen auf A ↓ B ("weder-noch") zurückführbar sind (vgl. Lorenz 1968).

3. Drei Wahrheiten und drei Implikationen

Kunsemüller (1964) führt Präfixe für die verschiedenen Definitionen von Wahrheiten ein; nämlich

1) für eine "immerwahre" Aussage X :

$$1 = X ;$$

dabei ist 1 "die immerwahre" Aussage, d.h. die Verbands-Eins.

---

[1] Wir behandeln hier, abweichend von Lorenzen und Lorenz, aber in Übereinstimmung mit unserer eigenen Analyse, x und ¬x symmetrisch.

§ A I 3   - Anhang -

2) Für eine gerade (kontingent) wahre Aussage Y :

$$v = Y \; ;$$

dabei ist v die gerade notwendige atomare Aussage bzw. der gerade vorliegende Zustand. Y ist wahr genau dann, wenn v "unter" Y liegt. (Vgl. Kapitel VI). Kunsemüller bekommt so eine Fülle von Formeln mit drei Wahrheitsdefinitionen, nämlich den beiden obigen und der gewöhnlichen metasprachlichen, und drei "Implikationen", nämlich der "metasprachlichen", $\Rightarrow$, der klassischen Subjunktion $A \rightarrow B \Leftrightarrow 1 = \neg A \vee B$, und der quantenlogischen Subjunktion $A \curvearrowright B \Leftrightarrow 1 = \neg A \vee (A \wedge B)$. Solche Formeln sind z.B.

$$v \leq X \Rightarrow \leq Y \Leftrightarrow \begin{array}{l} X \leq Y \Rightarrow 1 = X \rightarrow Y, \\ X \leq Y \Leftrightarrow 1 = X \curvearrowright Y, \\ 1 = X \Rightarrow 1 = Z \curvearrowright X, \\ 1 = (X \curvearrowright Y) \rightarrow \{(Y \rightarrow Z) \rightarrow (X \rightarrow Z)\}, \end{array}$$

und andere "kombinierte" Formeln.

Dagegen sind quantenlogisch *nicht* richtig die "reinen" Formeln:

$$1 = (X \rightarrow Y) \rightarrow \{(Y \rightarrow Z) \rightarrow (X \rightarrow Z)\}$$

und $\quad 1 = (X \curvearrowright Y) \curvearrowright \{(Y \curvearrowright Z) \curvearrowright (X \curvearrowright Z)\},$

ebensowenig $\quad v \leq X \Rightarrow v \leq Z \curvearrowright X$ (Prämissenvorschaltung nach Mittelstaedt).

Ähnlich behandelt Kotas (1963) die Kombination der beiden Subjunktionen, und außerdem die klassische Subjunktion zusammen mit der zweiten quantenlogischen : $\quad p \supset q \; : \Leftrightarrow \; (\neg p \wedge \neg q) \vee q$
Dieses zweite System ist dem ersten (Kunsemüllerschen) äquivalent.

Anhang III: Voraussagen

1. Vergangenheit und Zukunft im Ehrenfest'schen[1] Kugelspiel

Das Spiel:

Es gibt N numerierte Kugeln in 2 Urnen, und zu jeder Kugel genau ein Los. Ein *Zug* des Spiels besteht darin, daß ein Los gezogen wird, und die entsprechende Kugel die Urne wechselt. Der *Stand* des Spiels (thermodynamisch: der Makrozustand) ist durch die Zahl k der Kugeln in Urne A vollständig gekennzeichnet.

Wahrscheinlichkeiten:

Die Wahrscheinlichkeit jedes Loses ist $1/N$. Bei jedem Zug kann k um eines zunehmen oder um eines abnehmen. Dabei ist die Wahrscheinlichkeit, daß das Los einer Kugel in der Urne mit n Kugeln Inhalt gezogen wird,
$w = \frac{n}{N}$;
also: Die Wahrscheinlichkeit $w(k+1 \mid k)$, daß beim Stand k als nächstes der Stand $k+1$ kommt, ist die Wahrscheinlichkeit, daß das Los einer der $N-k$ Kugeln in Urne B gezogen wird

$$w(k+1 \mid k) = \frac{N-k}{N} ,$$

und entsprechend

$$w(k-1 \mid k) = \frac{k}{N} . \tag{1}$$

Wir bezeichnen die Wahrscheinlichkeit, daß nach x Zügen der Zustand ("Stand") k vorliegt, mit $w(k,x)$. Für die Wahrscheinlichkeit nach $x+1$ Zügen gilt dann

$$w(k, x+1) = w(k-1,x) \cdot \frac{N-(k-1)}{N} + w(k+1,x) \cdot \frac{k+1}{N} \tag{2}$$

---

[1] Vgl. P. u. T. Ehrenfest 1906 b

§ A III 1   - Anhang -

"Thermodynamischer" Fall:

Insgesamt gibt es 2^N Möglichkeiten, N Kugeln auf 2 Urnen zu verteilen. Davon sind $\binom{N}{k}$ Möglichkeiten so, daß in Urne 1 genau k Kugeln sind:

$$\sum_{k=0}^{N} \binom{N}{k} = 2^N.$$ Die "thermodynamische" Wahrscheinlichkeit des Zustands k ist also

$$w_{th}(k) = 2^{-N} \cdot \binom{N}{k} = 2^{-N} \cdot \frac{N!}{(N-k)!\, k!}$$

Diese Wahrscheinlichkeit ändert sich nicht mit der Zahl der Schritte: Ist beim x-ten Schritt $w(k,x) = w_{th}(k)$, dann gilt

$$w(k, x+1) = w_{th}(k-1) \cdot \frac{N-k+1}{N} + w_{th}(k+1) \cdot \frac{k+1}{N} =$$

$$= \frac{2^{-N}}{N} \cdot \left(\frac{N! \cdot (N-k+1)}{(N-k+1)!\, (k-1)!} + \frac{N! \cdot (k+1)}{(N-k-1)!\, (k+1)!} \right) =$$

$$= \frac{2^{-N}}{N} \cdot \frac{N! \cdot [k + (N-k)]}{(N-k)!\, k!} = 2^{-N} \cdot \binom{N}{k} = \underline{w_{th}(k)}.$$

Wie man leicht nachrechnet, ist dies die einzige stabile w-Verteilung. (Das Gleichungssystem $w(k) = w(k-1) \cdot \frac{N-k+1}{N} + w(k+1) \cdot \frac{k+1}{N}$,

$k = 1,\ldots, N$; $w(-1) = w(N+1) = 0$, hat nur diese Lösung).

Berechnen wir nun für den thermodynamischen Fall die Wahrscheinlichkeit $w^v(k)$ eines *vergangenen* Zustands, wenn der gegenwärtige gegeben ist. Dazu müssen wir zunächst die unbedingten Wahrscheinlichkeiten der zugehörigen *Übergänge* berechnen: Die Wahrscheinlichkeit des Übergangs von $k-1$ nach k ist die Wahrscheinlichkeit, daß der Zustand $k-1$ vorlag, multipliziert mit der Wahrscheinlichkeit, daß von Zustand $k-1$ aus der Zustand k erreicht wird. (Auf die Nummer x des Zugs können wir im thermodynamischen Fall verzichten.)

$$w_{th}(k-1 \rightarrow k) = w_{th}(k-1) \cdot w(k \mid k-1)$$

$$= 2^{-N} \cdot \binom{N}{k-1} \cdot \frac{N-(k-1)}{N}$$

$$= 2^{-N} \cdot \frac{N!}{(N-k+1)! \cdot (k-1)!} \cdot \frac{(N-k+1)}{N}$$

$$= 2^{-N} \cdot \binom{N-1}{k-1}$$

Entsprechend gilt

$$w_{th}(k+1 \longrightarrow k) = 2^{-N} \cdot \binom{N-1}{k}$$

Ist nun der gegenwärtige Zustand k_o gegeben, dann ist die Wahrscheinlichkeit der vergangenen Zustände $k_o - 1$ und $k_o + 1$ die *bedingte* Wahrscheinlichkeit der zugehörigen Übergänge unter der Bedingung, daß am Ende k_o :

$$w^v_{th}(k_o-1) = w_{th}(k_o-1 \rightarrow k_o | k_o) = w_{th}(k_o-1 \longrightarrow k_o) \cdot \frac{1}{w_{th}(k_o)}$$

$$= 2^{-N} \cdot \binom{N-1}{k_o-1} \bigg/ \left(2^{-N} \cdot \binom{N}{k_o}\right) = \frac{(N-1)! \cdot (N-k_o)! \cdot k_o!}{(N-k_o)! \cdot (k_o-1)! \cdot N!} = \frac{k_o}{N}$$

Die Wahrscheinlichkeit, daß *vor* k_o der Zustand k_o-1 war, ist also dieselbe wie diejenige, daß *nach* k_o der Zustand k_o-1 sein wird. (Gl.1).

Entsprechend läßt sich berechnen

$$w^v_{th}(k_o+1) = w_{th}(k_o+1 \longrightarrow k_o) \bigg/ w_{th}(k_o)$$

$$= 2^{-N} \cdot \binom{N-1}{k_o} \bigg/ \left(2^{-N} \cdot \binom{N}{k_o}\right) = \frac{(N-1)! \cdot (N-k_o)! \cdot k_o!}{(N-k_o-1)! \cdot k_o! \cdot N!}$$

$$= \frac{N-k_o}{N}$$

Die Wahrscheinlichkeit, daß der gegenwärtige Stand k gerade ein Minimum der Kugelzahl ist, wird danach

$$w_{th}(k\ \text{Min}) = \left(\frac{N-k}{N}\right)^2 \quad,$$

§ A III 1   - Anhang -

entsprechend für das Maximum

$$w_{th}(k\ Max) = \left(\frac{k}{N}\right)^2$$

und für einen Zwischenzustand auf einem auf- bzw. absteigenden Ast

$$w_{th}(k\ auf) = w_{th}(k\ ab) = \frac{(N-k)\cdot k}{N^2}$$

Ein Zustand mit $k \ll \frac{N}{2}$ ist am wahrscheinlichsten ein Minimum der Kugelzahl, die Wahrscheinlichkeit eines Maximums der Kugelzahl ist sehr gering, umgekehrt für $k \approx N$. Die Wahrscheinlichkeit, daß k in einem Auf- oder Abstieg liegt, ist dazwischen. Im Gleichgewichts-Fall $k = \frac{N}{2}$ sind alle 4 Abfolgen gleich wahrscheinlich.

Spielbeginn bei k = 0

Am Anfang sind alle Kugeln in einer Urne (B). Die Wahrscheinlichkeit $w(k,x)$ eines Zustands k hängt von der Anzahl x der vergangenen Züge ab.

$$w_o(0,1) = 1; \quad w_o(k,1) = 0 \text{ für } k \neq 0;$$

Nach dem ersten Zug hat mit Sicherheit eine Kugel in die leere Urne gewechselt. Mit der Rekursionsformel (2) kann man die Wahrscheinlichkeiten nach jedem Zug ausrechnen. Das ist im Detail kompliziert, läßt sich aber auf folgende Weise abschätzen: Die Wahrscheinlichkeit des Zustands k nach Gl. (2) ist ungefähr ein gewichtetes Mittel aus der Wahrscheinlichkeit der beiden Nachbarzustände beim vergangenen Zug, wobei für kleine k das Gewicht des Zustands mit noch kleinerem k bei weitem überwiegt. Die großen Wahrscheinlichkeiten werden also zunächst schnell in Richtung auf größere k wandern. Für mittlere $k \approx N/2$ sind die Gewichte etwa gleich, für große k ist das Gewicht des Zustands mit größerem k überwiegend. Die Wahrscheinlichkeiten für große k werden also nur sehr langsam zunehmen. Insgesamt ist es plausibel, daß sich die Wahrscheinlichkeitsverteilung der "thermodynamischen" nähern wird, welche sich dann nicht mehr ändert (s. oben).

— Anhang — § A III 1

Für die Vergangenheit ergibt sich folgendes:

Die allgemeine Wahrscheinlichkeit des Übergangs von k_o-1 auf k_o beim Zug x ist

$$w_o(k_o-1 \longrightarrow k_o, x) = w_o(k_o-1, x-1) \cdot \frac{N-k_o+1}{N}$$

und entsprechend

$$w_o(k_o+1 \longrightarrow k_o, x) = w_o(k_o+1, x-1) \cdot \frac{k_o+1}{N}$$

Die *bedingte* Wahrscheinlichkeit, daß dies geschieht, unter der Bedingung, daß k_o wirklich auftritt, ist dasselbe, geteilt durch $w(k_o, x)$.

Das Verhältnis der bedingten Wahrscheinlichkeiten wird also

$$\frac{w_o(k_o-1, x-1 \mid k_o, x)}{w_o(k_o+1, x-1 \mid k_o, x)} = \frac{w_o(k_o-1, x-1)}{w_o(k_o+1, x-1)} \cdot \frac{N-k_o+1}{k_o+1}$$

Für kleine k gilt daher:

a) Am Anfang, wenn k_o-1 auch unbedingt wahrscheinlicher ist als k_o+1, dann ist es (bedingt) noch erheblich wahrscheinlicher, daß der vergangene Zustand kleineres k hatte.

b) wenn nach einiger Zeit beide Nachbarzustände unbedingt etwa gleichwahrscheinlich sind, dann ist es immer noch viel wahrscheinlicher, daß der vergangene Zustand kleineres k hatte (kleinere Entropie).

c) Schließlich wird, unbedingt, k_o+1 viel wahrscheinlicher als k_o-1, und im thermodynamischen Fall schließlich hat – wie wir gesehen haben – der vergangene Zustand mit überwiegender Wahrscheinlichkeit größeres k (größere Entropie).

Es lassen sich also auch in vernünftiger Weise Wahrscheinlichkeiten für vergangene Ereignisse berechnen, wenn gewisse Zusatzinformationen vorliegen.

§ A III 2 — Anhang —

2. Aus Boltzmanns "Vorlesungen über Gastheorie"[1]

§ 90. Anwendung auf das Universum.

Ist nun die erfahrungsmässig gegebene Irreversibilität des Verlaufs aller uns bekannter Naturvorgänge mit dem Gedanken einer Unbeschränktheit des Naturgeschehens, die uns gegebene Einseitigkeit der Zeitfolge mit der Unendlichkeit oder ringförmigen Geschlossenheit derselben vereinbar? Wer diese Frage im bejahenden Sinne beantworten wollte, müsste als Weltbild ein System benutzen, dessen zeitliche Veränderungen durch Gleichungen gegeben werden, in denen die positive und negative Zeitrichtung gleich berechtigt sind und mittelst dessen doch durch eine besondere specielle Annahme der Schein der Irreversibilität in langen Zeiträumen erklärbar ist. Dies trifft aber gerade bei der atomistischen Weltanschauung zu.

Man kann sich die Welt als ein mechanisches System von einer enorm grossen Anzahl von Bestandteilen und von enorm langer Dauer denken, so dass die Dimensionen unseres Fixsternhimmels winzig gegen die Ausdehnung des Universums und Zeiten, die wir Aeonen nennen, winzig gegen dessen Dauer sind. Es müssen dann im Universum, das sonst überall im Wärmegleichgewichte, also todt ist, hier und da solche verhältnissmässig kleine Bezirke von der Ausdehnung unseres Sternenraumes (nennen wir sie Einzelwelten) vorkommen, die während der verhältnissmässig kurzen Zeit von Aeonen erheblich vom Wärmegleichgewichte abweichen, und zwar ebenso häufig solche, in denen die Zustandswahrscheinlichkeit gerade zu- als abnimmt. Für das Universum sind also beide Richtungen der Zeit ununterscheidbar, wie es im Raume kein Oben oder Unten gibt. Aber wie wir an einer bestimmten Stelle der Erdoberfläche die Richtung gegen den Erdmittelpunkt als die Richtung nach unten bezeichnen, so wird ein Lebewesen, das sich in einer bestimmten Zeitphase einer solchen Einzelwelt befindet, die Zeitrichtung gegen die unwahrscheinlicheren Zustände anders als die entgegengesetzte (erstere als die Vergangenheit, den Anfang, letztere als die Zukunft, das Ende) bezeichnen und vermöge dieser Benennung werden sich für dasselbe kleine aus dem Universum isolirte Gebiete, "anfangs" immer in einem unwahrscheinlichen Zustande befinden. Diese Methode scheint mir die einzige, wonach man den 2. Hauptsatz, den Wärmetod jeder Einzelwelt, ohne eine einseitige Aenderung des ganzen Universums von einem bestimmten Anfangs- gegen einen schliesslichen Endzustand denken kann.

Gewiss wird Niemand derartige Speculationen für wichtige Entdeckungen oder gar, wie es wohl die alten Philosophen thaten, für das höchste Ziel der Wissenschaft halten. Ob es aber gerechtfertigt ist, sie als etwas völlig müssiges zu bespötteln, könnte noch fraglich sein. Wer weiss, ob sie nicht doch den Horizont unseres Ideenkreises erweitern und durch Erhöhung der Beweglichkeit der Gedanken auch die Erkenntniss des erfahrungsmässig Gegebenen fördern?

Dass sich in der Natur der Uebergang von einem wahrscheinlichen zu einem unwahrscheinlichen Zustande nicht ebenso oft vollzieht als der umgekehrte, dürfte durch die Annahme eines sehr unwahrscheinlichen Anfangszustandes des ganzen uns umgebenden Universums genügend erklärt sein, in Folge dessen sich auch ein beliebiges System in Wechselwirkung tretender Körper im Allgemeinen anfangs in einem unwahrscheinlichen Zustande befindet. Aber, könnte man einwenden, hier und da muss doch auch ein Uebergang von wahrscheinlichen zu unwahrscheinlichen Zuständen vorkommen und zur Beobachtung gelangen. Darauf geben gerade die zuletzt angestellten kosmologischen Betrachtungen Antwort. Aus den Zahlenangaben über die unvorstellbar grosse Seltenheit eines in beobachtbaren Dimensionen während beobachtbarer Zeit sich abspielenden Ueberganges von einem wahrscheinlichen zu unwahrscheinlicheren Zuständen erklärt sich, dass ein solcher Vorgang innerhalb dessen, was wir in der kosmologischen Betrachtung eine Einzelwelt,

---
[1] Boltzmann 1898

speciell unsere Einzelwelt genannt haben, so überaus selten ist, dass jede Beobachtbarkeit ausgeschlossen ist.

Im ganzen Universum, dem Inbegriffe aller Einzelwelten, aber kommen in der That Vorgänge in der umgekehrten Reihenfolge vor. Nur zählen die sie etwa beobachtenden Wesen die Zeit wieder von den unwahrscheinlicheren zu den wahrscheinlicheren Zuständen fortschreitend und es kann niemals entdeckt werden, ob sie die Zeit entgegengesetzt wie wir zählen, da sie in der Zeit durch Aeonen, im Raume durch 10^{10} Siriusfernen von uns getrennt sind und obendrein ihre Sprache keine Beziehung zur unserigen hat.

Man belächelt dies, gut; aber man muss zugeben, dass das hier entwickelte Weltbild ein möglicher, von inneren Widersprüchen freies und auch ein nützliches ist, da es uns manche neue Gesichtspunkte eröffnet und uns vielleicht nicht nur zur Speculation, sondern auch zu Experimenten (z.B. über die Grenze der Theilbarkeit, die Grösse der Wirkungssphäre und dadurch bedingte Abweichungen von den hydrodynamischen, den Diffusions-, Wärmeleitungsgleichungen u.s.w.) anregt, zu denen keine andere Theorie die Anregung zu geben vermag.

§ A IV 1 — Anhang —

1. Wahrscheinlichkeiten und Erwartungswerte

Sei $H = \{A_1, \ldots, A_n\}$ ein "Experiment" (vgl. n-fache Alternative, § IV, 5a), d.h. n Ereingisse, die sich gegenseitig ausschließen, und von denen bei jedem Versuch eines eintritt. Die Wahrscheinlichkeit von A_i sei $w(A_i)$. Betrachten wir nun eine Reihe von N Versuchen. In jedem Versuch kann eines der Ereignisse A_i eintreten, das Gesamtergebnis beim n-fachen Experiment wird also ein Element des Produkts aus N ursprünglichen Experimenten sein, ein n-tupel $A_i^{(1)} \wedge A_j^{(2)} \wedge \ldots \wedge A_k^{(N)}$. Wir interessieren uns dafür, wie oft ein Ereignis A in einer Reihe von N Versuchen auftritt. Nennen wir das Gesamtereignis, daß A in einer Reihe von N Versuchen n-mal auftritt, A_n^N. Das kann z.B. so aussehen, daß in den Versuchen Nr. 1 bis n A auftritt, in den Versuchen Nr. n+1 bis N aber Nicht-A; es ist aber auch jede andere Reihenfolge zugelassen. Da die einzelnen Versuche voneinander unabhängig sind, gilt für die Wahrscheinlichkeit

$$w(A^{(1)} \wedge \ldots A^{(n)} \wedge \neg A^{(n+1)} \wedge \ldots \wedge \neg A^{(N)}) = w(A)^n \cdot w(\neg A)^{N-n}.$$

Zum Ereignis A_n^N tragen alle Fälle bei, in denen genau n-mal A auftritt, in beliebiger Reihenfolge. Für die Reihenfolge gibt es $\binom{N}{n}$ Möglichkeiten, die einander ausschließen; deren Wahrscheinlichkeiten addieren sich. Außerdem ist $w(A) + w(\neg A) = 1$, also

(1) $$w(A_n^N) = \binom{N}{n} \cdot w(A)^n \cdot (1-w(A))^{N-n}.$$

In dieser Formel findet man wieder, was ohnehin klar war, nämlich daß für $w(A) = 0$ alle $w(A_n^N) = 0$ sind, außer $w(A_0^N) = 1$: Das Ereignis A tritt überhaupt nicht ein. Analog bei $w(A) = 1$; dann ist $w(A_N^N) = 1$, sonst $w(A_n^N) = 0$, das Ereignis A tritt bei jedem Versuch ein. Unmöglichkeit und Notwendigkeit sind *exakte* Voraussagen. — Die Formel zeigt außerdem, daß bei jeder anderen Wahrscheinlichkeit ($0 < w(A) < 1$) *jede* relative Häufigkeit möglich ist: es gilt $w(A_n^N) > 0$ für alle n (mit n zwischen 0 und N) [1].

---

[1] Allerdings ist z.B. $w(A_{20}^{20}) = 10^{-60}$ für $w(A) = 10^{-3}$: das heißt doch, daß der Fall *praktisch unmöglich* ist, daß ein Ereignis mit Wahrscheinlichkeit 1/1000 20-mal hintereinander eintritt. — Als Vergleich für die Größenordnung: Das Alter der Welt ist ca. 10^{17} sec !

— Anhang — § A IV 1

Betrachten wir drei Beispiele für diese Formel: w(A) = 1/2, 1/10 und 1/1000. Für eine Reihe von 20 Versuchen ist die vorausgesagte Häufigkeit 10, 2 bzw. 1/50 (also praktisch 0). Die Wahrscheinlichkeiten der höheren Stufe, $w(A_n^{20})$, geben an, wie häufig bei vielen Reihen von je 20 Versuchen eine Anzahl n von Ergebnissen A auftreten wird:

$$w(A_n^{20}) = \binom{20}{n} w(A)^n \cdot (1-w(A))^{N-n} .$$

n:	w(A) = 1/2	w(A) = 1/10	w(A) = 1/1000
0	10^{-6}	0,12	0,98
1	$1,9 \cdot 10^{-5}$	0,27	0,0196
2	$1,8 \cdot 10^{-4}$	0,285	0,0004
3	$1,1 \cdot 10^{-3}$	0,19	...
4	$4,6 \cdot 10^{-3}$	0,09	
5	$1,5 \cdot 10^{-2}$	0,03	
6	$3,7 \cdot 10^{-2}$	0,009	
7	$7,4 \cdot 10^{-2}$	$2,0 \cdot 10^{-3}$	
8	0,12	$3,5 \cdot 10^{-4}$	
9	0,16	$5,3 \cdot 10^{-5}$	
10	0,176	$6,4 \cdot 10^{-6}$	
11	0,16		
...	...	...	...
20	10^{-6}	10^{-20}	10^{-60}

<u>Tabelle 1</u>: Wahrscheinlichkeit $w(A_n^{20})$, daß unter 20 Versuchen n das Ergebnis A haben, wenn w(A) = 1/2, 1/10 oder 1/1000.

Mit diesen Wahrscheinlichkeiten kann man *Erwartungswerte* von Größen berechnen: Sei $X(A_i)$ eine Zufallsgröße (oder "stochastische Variable"), d.h.

$$X: \{A_i\} \longrightarrow R$$

ist eine reellwertige Funktion der möglichen Ereignisse A_i. Dann ist der Erwartungswert von X

$$E(X) = \Sigma\, X(A_i) \cdot w(A_i) .$$

Das ist ein mit Wahrscheinlichkeit gewichtetes Mittel der Größe X. Der Erwartungswert ist ihr *vorausgesagter Mittelwert*.

§ A IV 1 — Anhang —

Wir betrachten nun als Zufallsgröße die relative Häufigkeit des Ereignisses A in einer Reihe von N Versuchen, nennen wir sie n/N. Die zugehörigen Ereignisse sind hier die Ergebnisse des *N-fachen* Versuchs! Der Erwartungswert dieser relativen Häufigkeit ist:

$$E(n/N) = \sum_{n=0}^{N} \frac{n}{N} \cdot w(A)$$

$$= \sum_{n=0}^{N} \frac{n}{N} \cdot \binom{N}{n} \cdot w(A)^n \cdot (1-w(A))^{N-n}$$

$$= \sum_{n=0}^{N} \frac{n}{N} \cdot \frac{N!}{n! \cdot (N-n)!} \cdot w(A)^n \cdot (1-w(A))^{N-n}$$

Mit der Substitution $N-1 = M$, $n-1 = m$ ergibt sich

$$\underline{E(n/N)} = \sum_{m=0}^{M} \binom{M}{m} \cdot w(A)^m \cdot w(A) \cdot (1-w(A))^{M-m}$$

$$= w(A) \cdot \{w(A) + (1-w(A))\}^M = \underline{w(A)}.$$

Die Wahrscheinlichkeit eines Ereignisses ist also der Erwartungswert seiner relativen Häufigkeit in einer Reihe von N Versuchen (mit beliebigem N).

Zu diesem vorausgesagten Mittelwert kann man die erwarteten Abweichungen berechnen. Es ist üblich, hierfür die Wurzel σ aus der mittleren quadratischen Abweichung anzugeben:

$$\sigma^2 = E((w(A) - n/N)^2)$$

$$= E(n^2/N^2) - w^2 ; \qquad (w(A) =: w)$$

$$E(n^2/N^2) = \sum_{n=0}^{N} \frac{n^2}{N^2} \cdot \frac{N!}{n! \cdot (N-n)!} \cdot w^N \cdot (1-w)^{N-n}$$

$$= \frac{1}{N} \cdot \sum_{n=1}^{N} n \cdot \frac{(N-1)!}{(n-1)! (N-n)!} \cdot w^N \cdot (1-w)^{N-n} .$$

Den Faktor n zerlegen wir in $(n-1) + 1$, also

$$E(n/N) = \frac{1}{N} \cdot \sum_{n=1}^{N} \frac{(N-1)!}{(n-2)! (N-n)!} \cdot w^N \cdot (1-w)^{N-n} + \frac{1}{N} \cdot \sum_{n=1}^{N} \frac{(N-1)!}{(n-1)! (N-n)!} \cdot w^N (1-w)^{N-n}.$$

- Anhang - § A IV 1

Wie oben ergibt sich daraus

$$E(n^2/N^2) = \frac{N-1}{N} \cdot w + \frac{1}{N} \cdot w ;$$

und daher die mittlere Abweichung ("r.m.s."):

$$\sigma = (1/\sqrt{N}) \cdot \sqrt{w \cdot (1-w)}$$

Hierin ist das bekannte Ergebnis enthalten, daß die vorausgesagte Abweichung der relativen Häufigkeit von der Wahrscheinlichkeit mit der Zahl N der Versuche wie $1/\sqrt{N}$ abnimmt. Man sieht wiederum, daß für w=0 und w=1, und *nur* für diese Werte, die vorausgesagte Abweichung Null ist, unabhängig von N: Unmöglichkeit und Notwendigkeit sind exakte Voraussagen.

Die erwartete Abweichung ist eine um w = 1/2 symmetrische konkave Kurve, mit einem Faktor $1/\sqrt{N}$:

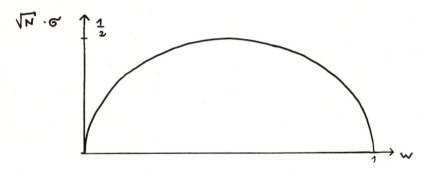

Abbildung: Die Abweichung σ der relativen Häufigkeit von der Wahrscheinlichkeit, in Abhängigkeit von der Wahrscheinlichkeit w.

Die vorausgesagte mittlere Abweichung ist größer als die Wahrscheinlichkeit selbst, wenn die Zahl der Versuche kleiner ist als 1/Wahrscheinlichkeit.

$$\sigma = \sqrt{1/N} \cdot \sqrt{w \cdot (1-w)} \geq w \iff N+1 \leq \frac{1}{w}$$

Der Schritt vom Einzelversuch zur Reihe von vielen Versuchen läßt sich beliebig oft iterieren. Wir geben hier als Beispiel die erwartete *Abweichung* σ der Häufigkeiten n(A) von ihrem vorausgesagten Wert (=Erwartungswert) $w(A_n^{20})$, bei w(A) = 1/2, entsprechend Tabelle 1, Spalte 1, in einer

§ A IV 2   - Anhang -

Reihe von M = 10 (bzw. M = 100) Versuchen. Jeder Versuch dieser Reihe besteht aus 20 Einzelversuchen, z.B. aus 20 Würfen einer Münze.

n =	$w(A_n^{20})$	$\sigma =$, bei	
		M = 10	M = 100
0	10^{-6}	$3 \cdot 10^{-4}$	10^{-4}
1	$1,9 \cdot 10^{-5}$	$1,4 \cdot 10^{-3}$	$4,4 \cdot 10^{-4}$
2	$1,8 \cdot 10^{-4}$	$4,4 \cdot 10^{-3}$	$1,4 \cdot 10^{-3}$
3	$1,1 \cdot 10^{-3}$	$1,1 \cdot 10^{-2}$	$3,3 \cdot 10^{-3}$
4	$4,6 \cdot 10^{-3}$	$2,1 \cdot 10^{-2}$	$6,6 \cdot 10^{-3}$
5	$1,5 \cdot 10^{-2}$	$3,7 \cdot 10^{-2}$	$1,2 \cdot 10^{-2}$
6	$3,7 \cdot 10^{-2}$	0,06	0,019
7	0,074	0,085	0,027
8	0,12	0,10	0,033
9	0,16	0,12	0,037
10	0,176	0,12	0,038

Tabelle 2: Die Wahrscheinlichkeit, unter 20 Versuchen n-mal das Ergebnis A zu finden, wenn w(A) = 1/2 (Spalte 2; von Tabelle 1); dazu die wahrscheinliche mittlere Abweichung σ der relativen Häufigkeit (des Auftretens von genau n-mal A unter 20 Versuchen) von der Wahrscheinlichkeit, bei 10 Reihen von je 20 Versuchen (Spalte 3), und bei 100 Reihen von je 20 Versuchen (Spalte 4).

$$\sigma^2 = E([w(A_n^{20})]^2 - [h(A_n^{20})]^2) = (1/N) \cdot w(A_n^{20}) \cdot (1-w(A_n^{20}))$$

Bei 10 Versuchen (bzw. 100 Versuchen) ist die wahrscheinliche Abweichung der relativen Häufigkeit von w, sofern w < 1/10 (bzw. w < 1/100), größer als die Wahrscheinlichkeit selbst.

2. Starkes Gesetz der großen Zahl

Wir wollen hier die *potentielle* Interpretation des Unendlichen betonen, die für die "Anwendung" der Mathematik die einzig mögliche ist. In den Sätzen der Wahrscheinlichkeitsrechnung taucht die Formulierung auf: "Nur endlich viele der Ereignisse A_1, A_2, ... treffen ein". Das ist eine Grenzaussage, nicht operationalisierbar. In Wirklichkeit sind *immer* nur endlich viele A_r eingetreten. Die zitierte Behauptung bedeutet, daß von irgendeinem r_o an kein A_r mehr eintreffen wird; dieses r_o ist nicht näher bestimmt.

Formal bedeutet das: $\exists r: \neg A_{r+1} \wedge \neg A_{r+2} \wedge \neg A_{r+3} \wedge \ldots$: "Es gibt ein r so, daß alle A_s mit $s > r$ *nicht* eintreten." Ausgeschrieben könnte das so aussehen:

$$(\neg A_1 \wedge \ldots) \vee (\neg A_2 \wedge \neg A_3 \wedge \ldots) \vee \ldots \vee (\neg A_i \wedge \neg A_{i+1} \wedge \ldots) \vee \ldots$$

Hier kommen zwei Grenzübergänge vor: In jeder Klammer steht, daß nach Nr. i *kein* A_s mehr vorkommen wird, so groß s auch werden mag; das ist noch relativ harmlos. Es wird aber auch der Grenzübergang zu "unendlichem" i gemacht: Die Klammer kann bei beliebig hohem i anfangen. Das übliche "i endlich, aber beliebig" wird hier zur Grenze $i \to \infty$ getrieben. Eine "konstruktive" Beschreibung läßt sich dafür wohl nicht geben; man kann nur nach der weiteren Verwendung dieser Begriffsbildung ihre eventuellen Probleme beurteilen.

3. <u>Bayes'sche Regel</u>

Gegeben seien zwei Alternativen $A_1, \ldots, A_n$ und $B_1, \ldots, B_k$, die i.a. *nicht* unabhängig sind. Dann gilt für die bedingte Wahrscheinlichkeit von B_i, unter der Bedingung, daß auch A_j eintritt

$$w(B_i | A_j) = \frac{w(B_i \wedge A_j)}{w(A_j)} \; ; \quad \text{(vgl. § IV 5c)}$$

Analog gilt

$$w(A_j | B_i) = \frac{w(A_j \wedge B_i)}{w(B_i)}$$

Durch Eliminieren von $w(A_j \wedge B_i)$ folgt daraus

$$w(A_j | B_i) = \frac{w(A_j) \cdot w(B_i | A_j)}{w(B_i)} \; .$$

Drückt man noch $w(B_i)$ durch die bedingten Wahrscheinlichkeiten aus:

$$w(B_i) = \sum_{r=1}^{n} w(B_i | A_r) \cdot w(A_r) \quad \text{(Totale Wahrscheinlichkeit, § IV 5d)},$$

§ A IV 3 — Anhang —

dann erhält man die *Bayes'sche Formel* (Bayes 1763):

$$w(A_j|B_i) = \frac{w(A_j) \cdot w(B_i|A_j)}{\sum_{r=1}^{n} w(A_r) \cdot w(B_i|A_r)} \, .$$

Ein typisches Anwendungsbeispiel für die Bayes'sche Formel gibt Meschkowski (1968):

"In einem Gymnasium werden zwar alle sich bewerbenden Schüler aufgenommen, aber ihre "Eignung" wird durch einen psychologischen Test geprüft. Es stellt sich später dies heraus: 40% der Schüler erreichen das Ziel der Schule nicht. 90% dieser Schüler hatten bei der Aufnahme ein "negatives" Testergebnis; von den Abiturienten der Schule hatte 1% bei dem Aufnahmetest versagt. Wie groß ist die Wahrscheinlichkeit dafür, daß ein aufzunehmender Schüler mit negativem Testergebnis das "Ziel der Schule nicht erreicht"?

Mit A_1 bezeichnen wir das Ereignis: Der Schüler erreicht das Ziel der Schule; A_2 steht für das Versagen des Schülers. B bedeute: Der Test ist negativ.

Dann ist nach (22) die gesuchte Wahrscheinlichkeit $w(A_2|B)$:

$$w(A_2|B) = \frac{w(A_2) \cdot w(B|A_2)}{w(A_1) \cdot w(B|A_1) + w(A_2) \cdot w(B|A_2)} =$$

$$= \frac{0,4 \cdot 0,9}{0,6 \cdot 0,01 + 0,4 \cdot 0,9} \approx 0,98 \, . \text{"}$$

Formal ist die Bayes'sche Regel symmetrisch in den beiden Alternativen $\{A_i\}$ und $\{B_j\}$: Kennt man $w(B_i|A_r)$ und $w(A_r)$ für alle r, dann kann man $w(A_j|B_i)$ für jedes j ausrechnen; kennt man $w(A_j|B_r)$ und $w(B_r)$ für alle r, dann kann man $w(B_i|A_j)$ für jedes i ausrechnen. Watanabe[1] gibt eine sehr anregende Diskussion der Bayes'schen Regel für den Fall, daß die beiden Alternativen *nacheinander* entschieden werden. Obwohl die Alternativen formal symmetrisch behandelt werden können, ergibt sich eine Asymmetrie aus der Tatsache, daß man *Anfangs*bedingungen willkürlich herstellen kann, nicht aber *End*bedingungen (vgl. § III 2).

Interessant ist die Anwendung der Bayes'schen Regel auf den Fall, daß die Alternative $\{A_i\}$ irgendwelche *Hypothesen* darstellt, welche Wahrscheinlichkeiten $w(B_j|A_i)$ für das Ergebnis einer Messung der Alternative $\{B_j\}$ abzuleiten gestatten. Das Ziel (eines *induktiven* Schlusses) wäre es,

---

[1] Watanabe, 1970, S. 1067 ff, und Watanabe, 1969, ch. 3, S. 103 - 132

aus dem Vorliegen eines Meßergebnisses B die Wahrscheinlichkeit $w(A_i|B)$ zu ermitteln, daß die Hypothese A_i gilt. - Betrachten wir das folgende Standardbeispiel:

In einer Urne seien 10 Kugeln, schwarz oder rot, es ist aber nicht bekannt, *wieviele* schwarz sind. Sei A_n die Hypothese, daß n der 10 Kugeln schwarz sind, dann sind $A_0, \ldots, A_{10}$ die 11 möglichen Hypothesen. Die empirisch entscheidbare Alternative ist, ob man beim Ziehen eine schwarze oder eine rote Kugel erwischt: $\{B_s, B_r\}$. Die Wahrscheinlichkeiten für diese Ergebnisse sind:

$$w(B_s|A_n) = n/10; \quad w(B_r|A_n) = (10-n)/10 .$$

Sei eine schwarze Kugel gezogen. Wie groß sind daraufhin die Wahrscheinlichkeiten der verschiedenen Hypothesen, $w(A_n|B_s)$?

Nach der Bayes'schen Regel ist

$$w(A_n|B_s) = \frac{w(A_n) \cdot w(B_s|A_n)}{\sum_{l=0}^{10} w(A_l) \cdot w(B_s|A_l)} = w(A_n) \cdot \frac{n}{\sum_{l=0}^{10} l \cdot w(A_l)} .$$

Die durch das bekannte Versuchsergebnis bedingte Wahrscheinlichkeit einer Hypothese hängt von ihrer "unbedingten" Wahrscheinlichkeit ab, auch "a priori"-Wahrscheinlichkeit genannt. Die bedingte Wahrscheinlichkeit der Hypothese, *nach* Berücksichtigung des Versuchsergebnisses "schwarz", ist um einen Faktor geändert, der umso größer ist, je größer der Anteil der schwarzen Kugeln gemäß dieser Hypothese ist; und zwar ist der Faktor größer als 1, wenn der Anteil größer ist als der mit den "a priori"-Wahrscheinlichkeiten aller Hypothesen berechnete Erwartungswert. Allgemein gesagt: Die Wahrscheinlichkeit einer Hypothese wird erhöht, wenn nach ihr das eingetretene Ereignis wahrscheinlicher war als im Mittel über die Hypothesen, sonst erniedrigt. Das "Mittel über die Hypothesen" wird dabei mit den apriori-Wahrscheinlichkeiten gewichtet; also man bildet den "apriori-Erwartungswert".

Hat man keine apriori Wahrscheinlichkeiten, dann kann man zunächst aus der Bayes'schen Regel garnichts schließen. Man kann aber folgendermaßen argumentieren: Hat man mehrmals hintereinander dasselbe Ergebnis, dann wird sich jedesmal die Wahrscheinlichkeit derjenigen Hypothese am meisten erhöhen, nach der das eingetretene Ereignis die größte Wahrscheinlichkeit

§ A IV 3 — Anhang —

hatte. Setzt man nach einem Versuch die neu gewonnene Wahrscheinlichkeit als apriori-Wahrscheinlichkeit für den nächsten Versuch ein, dann wird schließlich nur noch diese Hypothese merkliche Wahrscheinlichkeit haben. Dabei ist zu beachten, daß in diesem Prozeß auch die *mittlere* Wahrscheinlichkeit des immer wieder gefundenen Ergenisses (der Nenner der Bayes'schen Formel) wächst; denn das Gewicht derjenigen Hypothese nimmt zu, nach der dieses Ergebnis die höchste Wahrscheinlichkeit hat. Die Wahrscheinlichkeit dieser Hypothese nähert sich also asymptotisch dem Endwert 1, unabhängig von apriori-Wahrscheinlichkeiten.

Der allgemeine Fall, daß empirisch nacheinander *verschiedene* Ereignisse eintreten, läßt sich über die Häufigkeitsdeutung auf den vorigen Fall zurückführen: Man faßt mehrere Ergebnisse zu einem neuen Ergebnis zusammen so, daß die ursprünglichen Ergebnisse darin mit der empirisch gefundenen Häufigkeit vertreten sind. Will man z.B. als empirisches Datum einführen, daß von den gezogenen Kugeln ein Drittel rot und zwei Drittel schwarz waren, dann setzt man als Ereignis statt oben B_s jetzt das entsprechende $(B_s)_2^3$ ("Unter drei Versuchen haben zwei das Ergebnis schwarz") Die Wahrscheinlichkeit dieses Ergebnisses läßt sich aus den Einzelwahrscheinlichkeiten berechnen:

$$w((B_s)_2^3 | A_n) \;=\; 3 \cdot (\tfrac{n}{10})^2 \cdot \tfrac{10-n}{10} \;. \qquad \text{(vgl. Gl.(1), S.222)}$$

Die genannten Argumente gelten für das neue Ereignis genauso: von den ursprünglichen 11 Hypothesen wird mit der Zeit nur diejenige übrigbleiben, die dem Ergebnis $(B_s)_2^3$ die höchste Wahrscheinlichkeit voraussagt, also hier die Hypothese A_7, mit $w((B_s)_2^3 | A_7) = (3/1000) \cdot 147$. Allerdings ist die Wahrscheinlichkeit bei n=6, nämlich $(3/1000) \cdot 144$, fast genausohoch; man wird also das Ergebnis, daß genau 2/3 der Kugeln schwarz sind, sehr oft finden müssen, bis sich die Hypothese A_7 als die wahrscheinlichste herausstellt. Auf die Dauer wird sich aber immer diejenige Hypothese als die wahrscheinlichste herausstellen, deren Wahrscheinlichkeits-Voraussage der gefundenen relativen Häufigkeit am nächsten kommt:

Nehmen wir an, unter jeweils M Versuchen hätten m das Ergebnis X (relative Häufigkeit $h(X) = m/M$). Bezeichnen wir für irgendein N diejenige Hypothese mit Nr. n (n = 0,1,2,...,N), nach der die Wahrscheinlichkeit $w(X) = n/N$ ist (Sei z.B. N = 1 000 000, dann ist nach Hypothese Nr. 361 768: $w(X) = 0,361 768$). Das immer wieder gefundene Ergebnis X_m^M hat nach Hypothese Nr. n die Wahrscheinlichkeit:

$$w(X_m^M | A_n) = \binom{M}{m} \cdot \left(\frac{n}{N}\right)^m \cdot (1-(n/N))^{M-m} \qquad \text{(vgl. Gl.(1) § IV,1)}$$

$$= \binom{M}{m} \cdot (1/N)^M \cdot n^m \cdot (N-n)^{M-m} \; .$$

Dieses w hat ein Maximum bei

$$\frac{\partial w}{\partial n} = w \cdot \left(\frac{m}{n} - \frac{M-m}{N-n}\right) = 0 \; ,$$

also bei der Hypothese Nr.

$$n = \frac{m}{N} \cdot N \; .$$

Diejenige Hypothese gibt also der relativen Häufigkeit m/M des Ereignisses X die größte Wahrscheinlichkeit, die dem Ereignis X die Wahrscheinlichkeit m/M zuschreibt; das war zu erwarten. Nach dem obigen Argument wird auf die Dauer auch diese Hypothese nach der Bayes'schen Regel die Wahrscheinlichkeit 1 bekommen, unabhängig von apriori-Wahrscheinlichkeiten.

Diese letzte Überlegung spricht für die *Likelihood*-Regel, die lautet:
> "Durch ein empirisches Datum wird diejenige Hypothese am meisten gestützt, welche diesem empirischen Datum die höchste Wahrscheinlichkeit zuschreibt." (vgl. Stegmüller 1973, S. 88ff.)

Diese Likelihood-Regel folgt aus der Bayes'schen Regel, wenn alle apriori-Wahrscheinlichkeiten gleich sind. Wie wir eben gesehen haben, ist sie auch sonst gerechtfertigt, wenn *auf die Dauer* besagtes empirisches Datum immer wieder gefunden wird. Ansonsten ist aber Vorsicht am Platz: Wir haben beim Ehrenfestschen Kugelspiel (§§ III 2b und A III 1) gesehen, daß dasjenige vergangene Ereignis (das dort dieselbe Rolle spielt wie hier die Hypothese) das wahrscheinlichere sein kann, das dem gegenwärtigen Ereignis die geringere Wahrscheinlichkeit zuschreibt - wegen der höheren apriori-Wahrscheinlichkeit, gemäß der Bayes'schen Regel.

Anhang zu V: Objekte

1.) Die Newton'schen Gesetze

$$\text{I.} \quad K = m \cdot b$$

$$\text{II.} \quad K_{st} = G \cdot \frac{m_s \cdot m_t}{r_{st}^2} \cdot \frac{\vec{r}_{st}}{|\vec{r}_{st}|}$$

In Worten:" Die Gesamt-Kraft auf einen Körper ist gleich seiner Masse mal der Beschleunigung. Die Kraft zwischen zwei Körpern ist proportional den beiden Massen und umgekehrt proportional dem Quadrat des Abstands zwischen den Körpern - mit einer universellen Konstante G; die Kraft wirkt (anziehend) auf einen Körper in Richtung des anderen, und die Kräfte sind vektoriell zu addieren." Dazu gehört das dritte Newton'sche Gesetz: "Actio = reactio" - die Kraft des Körpers Nr. s auf Körper Nr. t ist entgegengesetzt gleich der Kraft von Körper t auf Körper s.

Diese Grundgesetze lernt man in der Schule, und das zu Recht, denn sie leisten Außerordentliches: Nicht nur erlauben sie die Berechnung der Planetenbahnen mit fast beliebiger Genauigkeit (die nur an Grenzen stößt beim Zeitaufwand und Geschick des Berechners, und bei relativistischen Effekten wie der Periheldrehung), sondern dieselben Gesetze gelten für beliebige andere Körper, etwa für die Anziehung zwischen der Erde und dem berühmten fallenden Apfel.

Betrachen wir die Newton'schen Gesetze etwas näher: Die *Konstante* G ist dieselbe für beliebige Körper, nämlich

$$G = (6{,}67 \pm 0{,}01) \cdot 10^{-11} \, N \cdot m^2 / kg^2 \ .$$

Die *Masse* in Gl. I ist Newtons "vis insita", die "träge Masse", die einer Bewegungsänderung Widerstand entgegensetzt: Je größer die Masse, desto größer muß die Kraft sein, um eine bestimmte Beschleunigung zu erzielen. In der zweiten Gleichung dient dagegen die Masse als Kraftquelle: Je größer die Masse des anziehenden und des angezogenen Körpers, desto größer ist die Anziehungskraft; hier hat die Masse ein ähnliche Funktion wie die Ladung in der Elektrostatik, oder auch wie die Federkraft bei Experimenten mit Federwagen (vgl. Jammer 1961).

§ A V 1   - Anhang -

Die *Kraft* spielt in den Gleichungen eine merkwürdige Rolle: Bei der Erläuterung dieser Gleichungen ist dem Leser die Kraft seiner eigenen Hände gegenwärtig genug, daß er sich das Gesetz vorstellen kann. Zur Zeit Newtons galt die Forderung als selbstverständlich, daß die Bewegungen der Körper im Raum durch Kräfte zu erklären sei, und unter Kräften verstand man ausschließlich Druck und Stoß (vgl. Jammer 1957, S. 124, 134 - 142). Newton deutet in einem Brief an Boyle eine Äther-Hypothese an, zur Erklärung der Gravitation; ebenso sucht er in Briefen an Bentley eine *Ursache* der Gravitationswirkung, in der nur Nahewirkungen vorkommen. Es wird also bei Newton und seinen Zeitgenossen klar getrennt zwischen den Gegenständen, den Kräften, die auf sie wirken, und dem Raum, in dem das stattfindet. Mit der heutigen Physik sind wir der Auffassung des Eudoxos und Aristoteles näher, daß jeder Gegenstand seinen "natürlichen Ort" habe. Die Sprache, in der dieser Gedanke formuliert ist, verleitet dazu, ihn zu belächeln; aber wie sieht die heutige Physik den Zusammenhang? -

Das Verhalten eines Objekts wird bestimmt als Lösung einer Differentialgleichung. Setzen wir für "Ort" ein: "Weltlinie", dann ist unsere Interpretation von Newtons weiter entfernt als von Aristoteles': Jedes Teilchen hat seine "natürliche Weltlinie", nämlich seine Lösung der allgemeinen Differentialgleichungen. Von Kräften, Ursache und Wirkung ist dabei nicht die Rede - nur der Formalismus ist der von Newton oder ein ähnlicher. Wir könnten unsere Einstellung beschreiben als an der "causa formalis" interessiert, während die neuzeitliche Physik z.B. Newtons eher nach der "causa efficiens" gefragt hat.

Aus den Newtonschen Gleichungen würden wir demnach die Kraft eliminieren, was möglich ist:

$$m_s \cdot \vec{b}_s = \vec{K}_s = \sum_t \vec{K}_{st} = \sum_t G \cdot \frac{m_s m_t}{r_{st}^2} \cdot \frac{\vec{r}_{st}}{|\vec{r}_{st}|} \; ; \qquad (3)$$

so daß ein System von Gleichungen entsteht, in dem Kräfte nicht mehr vorkommen:

$$\vec{b}_s = G \sum_t \frac{m_t}{r_{st}^2} \frac{\vec{r}_{st}}{|\vec{r}_{st}|} \qquad (4)$$

— Anhang — § A V 2

Die träge Masse kommt in dieser Gleichung nicht mehr vor, weil sie sich - "zufällig" - gegen die schwere Masse im Ausdruck für die Kraft heraushebt[1]. Es bleiben die Vektoren für *Beschleunigung* und *Abstand*. Sie sind auf die Orte x_r der Planeten zurückführbar:

$$r_{st} = x_s - x_t \; ; \quad b_s = d^2 x_s/dt^2 \; .$$

Die Newtonschen Gesetze ergeben also ein System von Differentialgleichungen 2. Ordnung für die Koordinaten x_s, das sind 3 reelle Funktionen der Zeit für jeden Körper. Eine Lösung, d.h. der zeitliche Verlauf aller Koordinaten, ist eindeutig bestimmt, wenn alle diese Koordinaten und dazu ihre ersten Ableitungen (Geschwindigkeit) zu einer Zeit gegeben sind.

2. Maxwell-Verteilung

Betrachten wir ein System aus N *quasi - unabhängigen* Objekten. Quasi-unabhängig bedeutet dabei:

1. Die Wechselwirkungsenergie der Objekte ist klein gegen ihre unabhängige Energie; daher ist die Energie des Gesamtobjekts immer - in guter Näherung - die Summe der Energien seiner Teilobjekte.

2. Die Wahrscheinlichkeit des Zustands eines Teilobjekts ist unabhängig vom Zustand der anderen Teilobjekte. Das bedeutet u.a., daß das Gesamtsystem *viele* Teilobjekte enthalten muß, wegen der Energieerhaltung: Hat ein System z.B. nur 2 Teilobjekte, dann bestimmt die Energie des einen Teils die Energie des anderen eindeutig.

Das "quasi" ist vor "unabhängig" eingefügt, weil einerseits die Unabhängigkeit nur in guter Näherung zu gelten braucht, und weil es andererseits wesentlich ist, daß die Teilobjekte Energie austauschen können[2] -

---

[1] Einstein (1915) macht diesen "Zufall" zum Ausgangspunkt seiner Gravitationstheorie: Der Einfluß von Gravitation oder Trägheit wird ohne Unterschied auf die *Geometrie* der Raum-Zeit-Welt zurückgeführt; diese Geometrie hängt ihrerseits von der Verteilung der Massen ab. Zwischen schwerer und träger Masse kann man allenfalls unterscheiden, wenn man die Masse als Modifikator der Geometrie ("schwere Masse") unterscheidet von der Masse, die dem Einfluß der Raum-Zeit-Geometrie unterworfen ist ("träge Masse").

[2] Vgl. das "Kohlestäubchen" bei Debye 1910, vgl. Ehrenfest 1911.

§ A V 2 — Anhang —

sonst wären für jedes Teilobjekt nur Zustände einer festen Energie zugänglich.

Unter diesen Bedingungen gilt für ein Gesamtobjekt aus mehreren Teilobjekten: 1.) Die Energie des Gesamtobjekts ist die Summe der Einzelenergien (Wechselwirkungs-Energie gering). 2.) Die Wahrscheinlichkeit des Gesamtzustandes ist das Produkt der Wahrscheinlichkeiten der Zustände der Teilobjekte (statistische Unabhängigkeit).

Betrachten wir nun die Wahrscheinlichkeitsdichte im Phasenraum (Γ-Raum) eines mechanischen Systems mit den kanonischen Koordinaten $\{p_i, q_i\}$. Nach dem Liouville'schen Satz[1] ist das Volumen eines Teilstücks des Phasenraums eine Konstante der Bewegung, daher auch die Wahrscheinlichkeitsdichte ρ, oder deren Logarithmus

$$s = -\log \rho ,$$

da wir Gleichgewicht, d.h. stationäre Wahrscheinlichkeiten, voraussetzen.

---

[1] Der *Liouville'sche Satz*: Die Bewegung der Zustandspunkte im Γ-Raum können wir als stationäre Strömung beschreiben, denn jede Bahn im Phasenraum ist durch einen ihrer Punkte vollständig beschrieben. In einem Raum mit den Koordinaten $\{x_l\}$ und dem Geschwindigkeitsfeld der stationären Strömung $\{v_l\}$ sind die Volumina konstant genau dann, wenn div $\{v_l\} = 0$ ("imkompressible Flüssigkeit"). Das formale Geschwindigkeitsfeld im Γ-Raum $\{q_i, p_i\}$ ist $\{v_l\} = \{\dot{q}_i, \dot{p}_i\}$. (Wobei l doppelt so viele Werte annimmt wie i). Es gilt:

$$\text{div}\{\dot{q}_i, \dot{p}_i\} = \sum_i \frac{\partial}{\partial q_i}\dot{q}_i + \sum_i \frac{\partial}{\partial p_i}\dot{p}_i .$$

Mit der Hamiltonfunktion $H(q_i, p_i)$ gilt:

$$\dot{q}_i = \frac{\partial H}{\partial p_i} \quad ; \quad \dot{p}_i = -\frac{\partial H}{\partial q_i} ,$$

also

$$\text{div}\{\dot{q}_i, \dot{p}_i\} = \sum_i \left[\frac{\partial}{\partial q_i}\frac{\partial H}{\partial p_i} + \frac{\partial}{\partial p_i}\left(-\frac{\partial H}{\partial q_i}\right)\right] \equiv 0$$

q.e.d.

s muß also eine Funktion der Konstanten der Bewegung des mechanischen Systems sein. Wegen der statistischen Unabhängigkeit der Teilsysteme ist die Wahrscheinlichkeit eine multiplikative Funktion, ebenso ist das Phasenraum-Volumenelement multiplikativ,

$$dV = \prod_i dp_i \cdot dq_i \; .$$

Daher ist auch die Wahrscheinlichkeits*dichte* eine multiplikative, also s eine *additive* Konstante der Bewegung. Die Größe s muß sich also ausdrücken lassen als *lineare* Funktion der additiven Bewegungsintegrale: Energie E, Impuls p und Drehimpuls M.

$$s = \alpha' + \beta \cdot E + \vec{g} \cdot \vec{p} + \vec{h} \cdot \vec{M}$$

also

$$\rho = \alpha \cdot e^{-\beta E} \cdot e^{\vec{g} \cdot \vec{p} + \vec{h} \cdot \vec{M}} \; ;$$

Dabei sind α, β, $\vec{g}$, $\vec{h}$ Konstanten. Die Erwartungswerte von p und M können nur Null sein, wenn g = h = 0: Die Wahrscheinlichkeit der Teil-Drehimpulse und Teil-Impulse hängt also nur von der Energie ab:

$$\rho = \alpha \cdot e^{-\beta \cdot E} \; .$$

Das ist die *Maxwell-Boltzmann-Verteilung*[1]. Thermodynamische Überlegungen zeigen, daß $\beta = 1/kT$.

Unsere Überlegung führt zur "kanonischen Verteilung", nämlich der Wahrscheinlichkeit eines kleinen Teilsystems in schwacher Wechselwirkung mit allen übrigen. Für die "makrokanonische Verteilung" betrachtet man die Teilchenzahl eines Teilsystems nicht als fest, sondern als kontingente Größe, die dann ebenfalls ein additives Integral der Bewegung wird; man bekommt, ganz analog wie oben, $\rho = \alpha \cdot e^{-\beta E - \gamma N}$. Über die "mikrokanonische Verteilung" kommt man von denselben Voraussetzungen zu demselben Ergebnis, aber auf einem anderen Weg: Man verteilt eine gegebene Energie

---

[1] Die Maxwell-Boltzmann-Verteilung wird gewöhnlich (vgl. Boltzmann 1898) hergeleitet unter der Annahme bestimmter gleichwahrscheinlicher Zustände. Diese Annahme ist aber nicht notwendig (vgl. auch Ehrenfest 1906 a).

§ A V 2 — Anhang —

(und evtl. Teilchenzahl) auf viele gleiche Teilsysteme des Gesamtsystems und zählt ab, auf wieviele Arten sich eine Verteilung realisieren läßt. (Vgl. z.B. Brenig 1975)

Betrachten wir nun den Fall, daß die Energie eines Zustandes quadratisch in den p_i, q_i ist, und bezeichnen wir die Parameter einheitlich mit x_k ($k = 1,\ldots,n$)

$$E = \sum_{k,l} \varepsilon_{kl} \cdot x_k \cdot x_l .$$

Daraus folgt

$$\sum_i x_i \cdot \frac{\partial E}{\partial x_i} = 2E$$

Der Erwartungswert der Energie ist, nach der Maxwell-Verteilung,

$$\bar{E} = \frac{\int\cdots\int dx_1 \ldots dx_n \cdot E \cdot e^{-\beta E}}{\int\cdots\int dx_1 \ldots dx_n \cdot e^{-\beta E}} = : \frac{Z}{N} \ ; \ \left(\frac{\text{Zähler}}{\text{Nenner}}\right)$$

$$Z = \int\cdots\int dx_1 \ldots dx_n \cdot E \cdot e^{-\beta E} = \frac{1}{2}\int\cdots\int dx_1 \ldots dx_n \sum_{k=1}^{n} x_k \cdot \frac{\partial E}{\partial x_k} \cdot e^{-\beta E}$$

$$= -\frac{1}{2}\sum_k \underbrace{\left[\frac{1}{\beta}\cdot x_k \cdot e^{-\beta E}\right]_{-\infty}^{+\infty}}_{=\,0} + \frac{1}{2\beta}\sum_{k=1}^{n}\underbrace{\int\cdots\int dx_1 \ldots dx_n \cdot e^{-\beta E}}_{=\,N}$$

Da E quadratisch von x_k abhängt, verschwindet der erste Summand, und es bleibt

$$Z = \frac{1}{2\beta} \cdot \sum_{k=1}^{n} N ,$$

also

$$\bar{E} = \frac{Z}{N} = \frac{n}{2\beta} = \underline{\underline{(n/2) \cdot kT}} \ ;$$

Der Erwartungswert der Energie eines Objekts ist proportional zur *Zahl n der Parameter* x_k, von denen die Energie abhängt, unabhängig von den

Koeffizienten ε_{kl} .

Bei einem harmonischen Oszillator ist

$$E = \sum_i \{ p^2/2m + \eta_i \cdot q_i^2 \} ,$$

wobei der Index i über alle "Freiheitsgrade" läuft. Der Oszillator hat also pro Freiheitsgrad eine Energie (im Mittel) von

$$\underline{\underline{E_f = kT}} .$$

3. Elektromagnetische Hohlraumstrahlung

3a.) klassisch

Betrachten wir einen Hohlraum in einem Material von bestimmter Temperatur. Der Hohlraum enthält elektromagnetische Stahlung im Gleichgewicht mit dem umgebenden Material. In dieser Strahlung kommen nur diskrete Wellenlängen vor, da Randbedingungen an den Wänden erfüllt sein müssen: z.B. ist an einer metallischen Wand das elektrische Feld senkrecht.

In dem Hohlraum können also stehende elektromagnetische Wellen existieren, die formal ebenso wie harmonische Oszillatoren beschrieben werden: Zu jeder erlaubten Frequenz gehört ein Freiheitsgrad (je Polarisationszustand), beschrieben durch die elektrische und magnetische Feldstärke, in denen die Energie quadratisch ist; und die Energie ist beliebig bei fester Frequenz. Die obigen Bedingungen sind auch im Übrigen erfüllt:

1.) Die stehenden Wellen sind inkohärent (im Gleichgewicht), ihre Energien also additiv. Sie wechselwirken nach der Elektrodynamik überhaupt nicht, da die Maxwell-Gleichungen linear sind; die Wechselwirkung geht nur auf dem Umweg über Materie. Planck hatte, um die unübersichtliche Wechselwirkung mit den Hohlraumwänden auszuschließen, vollkommen spiegelnde Wände angenommen. Um eine geringe Wechselwirkung zu bekommen, führte Ehrenfest (1911) das theoretische "Kohlestäubchen" ein, das selbst wenig Energie hat, aber eine geringe Energieübertragung zwischen den stehenden Wellen erlaubt.

2.) Die Zustände der stehenden Wellen sind statistisch unabhängig: Es gibt eine geringe Wechselwirkung, welche die Einstellung des Gleichge-

§ A V 3a   - Anhang -

wichts erlaubt, und es gibt sehr viele verschiedene mögliche stehende Wellen.

Das Letzte ist zugleich das Problem: Zu einer gegebenen stehenden Welle sind beliebige weitere stehende Wellen mit n-facher Frequenz (n = 2,3,... möglich. Jede dieser stehenden Wellen gibt zwei Freiheitsgrade (für die beiden Polarisationen) in der Energie, es gibt also *unendlich viele*. Eine Abschätzung ergibt (Rayleigh 1900), daß die Anzahl dZ von verschiedenen stehenden Wellen mit Frequenz im kleinen Frequenzbereich $d\nu$ um die Frequenz ν, in einem Hohlraum vom Volumen V, ist

$$dZ = \frac{8\pi}{c^3} \cdot V \cdot \nu^2 \, d\nu \qquad (6)$$

Danach müßte also auch die Energiedichte der Hohlraumstrahlung je Frequenzeinheit im Quadrat mit der Frequenz wachsen, jede zugeführte Energie müßte alsbald in die hochfrequente Strahlung abwandern:
Die *Ultraviolett - Katastrophe*[1].

In Wirklichkeit gehorcht die Energieverteilung der Hohlraumstrahlung nur bei niedrigen Frequenzen dem Rayleigh-Jeans-Gesetz, das aus dem Gleichverteilungssatz folgt; bei hohen Frequenzen gilt das Wien'sche Gesetz (W. Wien 1896), das eine exponentielle Abnahme der Energie mit der Frequenz enthält. Dieses Verhalten zeigt einerseits, daß auch die hohen Frequenzen wirklich zur Energie beitragen - aber es widerspricht andererseits dem Gleichverteilungssatz. Max Planck (1900 a) gab die experimentell gefundene Verteilung durch eine "glücklich erratene Interpolationsformel" (Planck 1920) wieder, die er erst später aus der Quantenbedingung herleitete (1900 b). Das sei zur Ergänzung hier vorgeführt:

---

[1] Nach Paul Ehrenfest (1911). Er zeigt den folgenden interessanten Zug der UV-Katastrophe: Man gibt den Eigenschwingungen des Hohlraums ein beliebiges statistisches Gewicht $g(\nu, E)$. Aus der Konstanz der Wahrscheinlichkeit bei adiabatischer Kompression des Hohlraums folgert Ehrenfest (nach Wien 1894) die Gestalt $g(\nu, E) = Q(\nu)G(q)$, mit $q = E/\nu$, und er zeigt, daß mit *jeder* Funktion G(q) die UV-Katastrophe eintritt, nämlich w(ν) divergiert für $\nu \to \infty$. *Nur* mit einer *Distribution* ("Quantelung"!) G(q) ist die UV-Katastrophe vermeidbar. Plancks Vorgehen würde wiedergegeben - in moderner Schreibung - durch

$$G(q)_P = A \cdot \sum_{r=0}^{\infty} \delta(q - r) \,.$$

– Anhang –   § A V 3b

3 b.) quantenmechanisch

Die Bedingungen für die Maxwell-Verteilung bleiben erfüllt: Die verschiedenen Schwingungssysteme (Eigenschwingungen des Hohlraums) sind energetisch nur schwach gekoppelt und statistisch unabhängig (vgl. allerdings unten). Es gilt also wieder für die Wahrscheinlichkeit eines Zustands:

$$w_n = \alpha \cdot e^{-\beta \cdot E_n} .$$

Ganz anders ist aber die Energie bestimmt: Jede Eigenschwingung entspricht einem harmonischen Oszillator, der klassisch beliebige Energie bei fester Frequenz hat. Quantenmechanisch hat aber ein harmonischer Oszillator der Frequenz ν nur die möglichen Energien.

$$E_n = h \cdot \nu \cdot (n + \tfrac{1}{2}) .$$

Der Erwartungswert der Energie einer Eigenschwingung ist also[1]:

$$\bar{E} = \frac{\sum_{n=0}^{\infty} \alpha \cdot e^{-\beta \cdot E_n} \cdot E_n}{\sum_{n=0}^{\infty} \alpha \cdot e^{-\beta \cdot E_n}} = h\nu \cdot \frac{1}{e^{\beta h \nu} - 1} + \frac{1}{2} .$$

[Das berechnet man am einfachsten aus der Zustandssumme $Z = \sum_{n=0}^{\infty} \alpha \cdot e^{-\beta E_n}$:

$$\bar{E} = 1/Z \cdot \frac{\partial Z}{\partial \beta} \; ; \quad Z \text{ ist eine geometrische Reihe,}$$

$$Z = \alpha \cdot e^{-\tfrac{1}{2} \cdot \beta \cdot h\nu} \cdot \sum_{n=0}^{\infty} \left(e^{-\beta \cdot h\nu}\right)^n = \alpha \cdot e^{-\tfrac{1}{2} \cdot \beta \cdot h\nu} \cdot \frac{1}{1 - e^{-\beta \nu}} \;]$$

Multipliziert man diesen Erwartungswert mit der Anzahl der Eigenschwingungen pro Frequenzeinheit (Gl. 6), dann bekommt man die Energie pro Frequenzeinheit (ohne Nullpunktsenergie)

$$dE = \frac{4\pi}{c^3} \cdot V \cdot h \cdot \nu^3 \cdot \left(1/(e^{h\nu/kT} - 1)\right) \cdot d\nu ,$$

die *Planck'sche Strahlungsformel*   ($\beta = 1/kT$).

---

[1] Auch hier ist eine kombinatorische Ableitung aus der Gleichwahrscheinlichkeit der Zustände möglich (Planck 1900 b), aber nicht notwendig.

§ A V 3b   - Anhang -

Die *statistische Unabhängigkeit* gilt nicht mehr, wenn die Energiedifferenz zweier Zustände die Größenordnung der Gesamtenergie erreicht. Die Gesamtenergie nach der Planck'schen Strahlungsformel ist

$$E = \int_0^\infty dE = 4\sigma/c \cdot V \cdot T^4$$

dabei ist $\sigma = \pi^2 k^4 / (60 \cdot \hbar^3 \cdot c^2)$, die *Stefan-Boltzmann'sche* Konstante. In Zahlen:

$$E\ [eV] \approx 4 \cdot V\ [L] \cdot T^4\ [K^4]$$

(Volumen in Litern, Temperatur in Grad Kelvin)

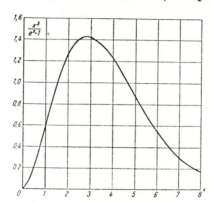

Abb. A V: Strahlungsenergie pro Frequenzeinheit, in Abhängigkeit von $x = (h\nu)/(kT)$.
(Aus Landau-Lifschitz 1970)

Betrachten wir zwei Temperaturbereiche, gewöhnliche Zimmertemperatur und sehr niedrige Temperatur:

1.) Bei <u>Zimmertemperatur</u>, $T \approx 300$ K, und einem Liter Hohlraumvolumen ist die Gesamtenergie $E \approx 30$ GeV. So harte γ-Quanten, deren *eines* diese Geamt-Energie hätte, kommen allenfalls in der Höhenstrahlung oder bei den größten Beschleunigern vor.

Berechnen wir die Wahrscheinlichkeit von hohen Frequenzen in der Hohlraumstrahlung von 300 K als ihren Energieanteil an der Gesamtenergie: Nach der Planck'schen Strahlungsformel ist

$$\frac{dE}{E} = \frac{15}{2\pi^4} \cdot \frac{h^4 \nu^3}{(kT)^4} \cdot \frac{1}{e^{h\nu/hT} - 1} \cdot d\nu \quad \text{(vgl. Abb. A V)}$$

- Anhang - § A V 3b

Nehmen wir als untere Grenze die Frequenz ν_0, mit $k \cdot \nu_0 = 1\,\text{GeV}$. Für $\nu > \nu_0$ wird bei Zimmertemperatur $k \cdot \nu / k \cdot T > 3 \cdot 10^{10}$, also $e^{k\nu/kT} \gg 1$, und

$$\frac{dE}{E} \approx \frac{15}{2\pi^4} \cdot \left(\frac{h\nu}{hT}\right)^3 \cdot e^{-\frac{h\nu}{kT}} \cdot d\left(\frac{h\nu}{kT}\right) .$$

Der Energieanteil der Frequenzen größer als ν_0 wird also

$$\int_{\nu=\nu_0}^{\infty} \frac{dE}{E} = \frac{15}{2\pi^4} \int_{3 \cdot 10^{10}}^{\infty} x^3 e^{-x} dx \approx 3 \cdot 10^{30} \cdot e^{-3 \cdot 10^{10}} \approx 10^{-10^{10}}$$

Das heißt, diese Frequenzen kommen nicht vor.

2.) Anders sieht es aus bei *sehr niedrigen Temperaturen*: Dann ist die Gesamtenergie sehr niedrig, und entsprechend kann der Energieunterschied zweier benachbarter Zustände schon bei niedrigen Frequenzen in der Grössenordnung der Gesamtenergie sein. Die Gesamtenergie E ist proportional T^4, also $E/kT \sim T^3$; bei $T = 300$ K war $E/kT \approx 10^{12}$, also ist $E/kT \approx 1$ bei $T \approx 10^{-4} \cdot 300$ K = 0,03 K.

Wie Abb. A V zeigt, liegt $x = 1$ unterhalb vom Median der gesamten Energieverteilung. Die Wahrscheinlichkeit, daß der Energieunterschied zwischen zwei Zuständen größer ist als die Gesamtenergie E hatten wir illustriert durch den Anteil der Gesamtenergie rechts von E/kT; bei 0,03 K wäre dieser Energieanteil größer als 1/2, unsere Annahme der statistischen Unabhängigkeit stimmt also sicher nicht mehr. Schon bei der 100-fachen Temperatur, $T = 3$ K, ist aber $E/kT \approx 10^6$; also ist die Wahrscheinlichkeit, daß eine Frequenz ν_1, die mit 1/1000 der gesamten Energie angeregt werden kann, vorkäme:

$$w = \frac{15}{2\pi^4} \int_{\nu_1}^{\infty} \frac{dE}{E} \approx 10^8 \cdot e^{-1000} \approx 10^{-426} :$$

Das ist praktisch unmöglich.

Die Annahmen, unter denen die statistische Verteilung berechnet wurde, gelten also jedenfalls bei Temperaturen größer als 3K, nicht aber für beliebig kleine Temperatur.

§ A V 3c — Anhang —

3c.) Quadratische Energie

Wir hatten die Annahme gemacht, daß die Energie quadratisch von den Variablen abhängt. Diese Annahme ist richtig für den harmonischen Oszillator, scheint aber allgemein zunächst willkürlich. Wir behaupten aber, daß *jede* klassische Kontinuumstheorie zur Ultraviolettkatastrophe führt, und begründen das durch folgendes ("indirekte") Argument: Bei kleinen Amplituden läßt sich die rücktreibende Kraft linear approximieren, die Energie hat also die angegebene Form (konstante und lineare Terme kommen in der Energie nicht vor, da sie bei $x_i = 0$ ein Minimum haben soll, das als $E = 0$ definiert ist). Legen wir nun als Hypothese zugrunde, daß die Ultraviolettkatastrophe nicht eintritt, d.h. daß es Freiheitsgrade gibt mit gar keiner oder sehr kleiner Energie! Gerade für diese Freiheitsgrade ist aber die quadratische Energieabhängigkeit eine gute Näherung. Nach unseren Überlegungen hat also jeder dieser Freiheitsgrade die Energie kT, im Widerspruch zu unserer Hypothese. Die Hypothese ist damit ad absurdum geführt: Jede klassische Kontinuumsbeschreibung führt zur UV-Katastrophe.

– Anhang – § A VI 1

Anhang zu VI: Quantenmechanik

1. Einige Begriffe der abstrakten Quantenmechanik[1]

Unitärer Raum ("Hilbertraum")

Ein linearer komplexer Raum (Vektorraum) heißt unitär, wenn er, als "inneres Produkt", eine streng positive Semi-Bilinearform (auch "Sesqui-Linearform") besitzt, geschrieben (a,b) oder (nach *Dirac*) $<k|l>$:

$$(a+b,c) = (a,c) + (b,c)$$

$$(a,x \cdot c) = (a,c) \cdot x, \text{ wobei } x \text{ eine komplexe Zahl ist}$$

$$(a,b) = \overline{(b,a)} \quad \text{komplex-konjugiert}$$

$$(a,a) \geq 0; \text{ und}$$

aus $(a,a) = 0$ folgt: $a = o$.

In diesem unitären Raum sind lineare Operatoren L definiert. Alle hermiteschen ($L^+ = L$) und unitären ($L^+ = L^{-1}$) Operatoren lassen sich spektral[2] darstellen; d.h. mit Lösungen der Eigenwertgleichung (in der α_i einen Eigenwert bedeutet und a_i den zugehörigen Eigenvektor):

$$La_i = \alpha_i \cdot a_i$$

gilt:
$$L = \sum_i \alpha_i \cdot Pa_i = \sum_i \alpha_i \cdot |\alpha_i><\alpha_i|$$

Dabei ist Pa_i bzw. $|\alpha_i><\alpha_i|$ (nach *Dirac*) der Projektor auf den Raum der Eigenvektoren a_i bzw. $|\alpha_i>$

Die Observablen (Messgrössen) [wie z.B. Spin 1/2 mit den möglichen Werten + 1/2 und -1/2] werden durch hermitische Operatoren dargestellt, wobei die Eigenwerte die möglichen Meßwerte sind, die Eigenvektoren die zuge-

---

[1] Vgl. z.B. den ausführlichen Anhang zu Süßmann 1963 ; Jammer 1974, ch. I

[2] Hier ist der Übersichtlichkeit halber ein diskretes Spektrum angenommen. Für kontinuierliche Spektren vgl. die Lehrbücher.

§ A VI 1 — Anhang —

hörigen Zustände.

Der *Zustand* des Systems wird üblicherweise durch einen Einheits-Eigenvektor zum entsprechenden Eigenwert (mit "unbestimmter" Phase) dargestellt. Mathematischer einheitlicher ist die Darstellung durch den ganzen Unterraum der Eigenvektoren; bei "entarteten" Eigenwerten, also bei mehrdimensionalem Eigenraum, ist der Zustand mehrdimensional. Von diesem "reinen Fall" zu unterscheiden ist das *Gemenge*, in dem verschiedene Zustände mit statistischem Gewicht vertreten sind. Beides lässt sich darstellen durch den *statistischen Operator* ("Dichtematrix)

$$W = \sum_i x_i \cdot |a_i\rangle\langle \alpha_i| \quad \text{mit} \quad x_i > 0, \; \sum_i x_i = 1$$

Die *Wahrscheinlichkeit* wird gewonnen, entweder als "Erwartungswert" der Observablen A im Zustand $|\beta\rangle$:

$$E(A) = \langle \beta | A | \beta \rangle$$

(inneres Produkt der Vektoren $|\beta\rangle$ und $A|\beta\rangle$, wobei A der zugehörige Operator ist)

bzw. sinngemäß beim Gemenge $W = \sum_i x_i |\alpha_i\rangle\langle \alpha_i|$

$$E(A) = \sum_i x_i \langle \alpha_i | A | \alpha_i \rangle = \text{Sp } A \cdot W$$

oder (äquivalent) als Wahrscheinlichkeit, den Zustand $|\beta\rangle$ (Einheitsvektor) zu finden, wenn Zustand $|\alpha\rangle$ vorliegt:

$$w(\beta) = |\langle \alpha | \beta \rangle|^2$$
$$= \text{Sp } P_\alpha \cdot P_\beta$$

bzw., allgemeiner, den Zustand X (Unterraum) zu finden, wenn der statistische Operator W das System beschreibt:

$$w(X) = \text{Sp } P_X \cdot W$$

2. Definitionen zur Verbandstheorie[1)]

Ein *Verband* ist eine Menge, auf der eine *Ordnungsrelation* definiert ist (engl. "poset"), und in der es zu je zwei Elementen das *Supremum*, $\sqcup$, und *Infimum*, $\sqcap$, (bezüglich der Ordnungsrelation) gibt - vgl. § A I 1c. Verbands- *Null*, $\emptyset$, und - *Eins*, $\underline{1}$, sind das unterste bzw. oberste Verbandselement.

Ein *Atom* ist ein Element des Verbands, das oberer Nachbar der Verbandsnull ist:

a ist Atom: $\iff \emptyset \leq x \leq a \Rightarrow x = \emptyset$ oder $x = a$.

Ein Verband heißt *atomar*, wenn unter jedem Element (mindestens) ein Atom liegt.

Ein Verband heißt *atomistisch*, wenn jedes Element Supremum der unter ihm liegenden Atome ist.

Modular heißt ein Verband, wenn für beliebige Elemente gilt:

$$C \leq A \Rightarrow A \sqcap (B \sqcup C) = (A \sqcap B) \sqcup C$$

Komplementär heißt ein Verband, wenn es zu jedem Element A ein Element $\bar{A}$ (ein *Komplement*) gibt so, daß

$$A \sqcup \bar{A} = \underline{1} \;;\quad A \sqcap \bar{A} = \emptyset \;.$$

Ein Verband (auch eine geordnete Menge) heißt *orthokomplementär*, wenn es zu jedem Element X (genau) ein *Orthokomplement* X' gibt so, daß X' ein Komplement ist (s.o.), für das gilt

$$(X')' = X'' = X$$

$$X \leq Y \Rightarrow Y' \leq X'$$

Eine orthokomplementäre geordnete Menge $\mathcal{P}$ heißt *orthomodular*, wenn für beliebige A, C $\in \mathcal{P}$ gilt,

$$C \leq A \Rightarrow A = (A \sqcap C') \sqcup C$$

[1)] Vgl. z.B. das Büchlein Gericke 1963 und (ausführlicher) Birkhoff 1940

§ A VI 2 — Anhang —

Ein (unterer) *Abschnitt* $[\emptyset, Y]$ eines Verbandes $\mathcal{V}$ ist die Menge aller Verbandselemente unter Y, mit der Verbandsstruktur:

$$[\emptyset, Y] = (\{Z \in \mathcal{V} \mid Z \leq Y\}, \leq).$$

Ein Verband heißt *abschnittskomplementär*, wenn jeder Abschnitt des Verbandes komplementär ist (mit dem Komplement $K'_{[\emptyset, Y]} = K' \sqcap Y$).

Ein Verband heißt *distributiv*, wenn für beliebige Elemente A,B,C gilt:

$$A \sqcup (B \sqcap C) = (A \sqcup B) \sqcap (A \sqcup C)$$

oder, äquivalent,

$$A \sqcap (B \sqcup C) = (A \sqcap B) \sqcup (A \sqcap C).$$

(in anderer Schreibweise: $A \cdot (B + C) = AB + AC$).

Die Beziehung zwischen distributiv, modular und orthomodular läßt sich durch "*distributive Tripel*" $\mathcal{D}(A,B,C)$ veranschaulichen.

$$\mathcal{D}(A,B,C) :\Longleftrightarrow A \sqcap (B \sqcup C) = (A \sqcap B) \sqcup (A \sqcap C)$$

Ein Verband heißt

distributiv, wenn für *jedes* Tripel A,B,C gilt: $\mathcal{D}(A,B,C)$;

modular, wenn jedes Tripel mit einer Ordnungsrelation distributiv ist:

$$C \leq A \implies \mathcal{D}(A, B, C);$$

orthomodular, wenn jedes Tripel aus einem geordneten Paar und dem Orthokomplement eines Elements distributiv ist:

$$C \leq A \implies \mathcal{D}(A, C', C).$$

Jeder distributive Verband ist modular, jeder modulare Verband ist orthomodular.

Ein *Boole'scher* Verband heißt ein distributiver, komplementärer Verband (z.B. die Aussagen der klassischen Aussagenlogik mit der Implikation als Ordnungsrelation). Jeder Boole'sche Verband ist isomorph dem Verband aller Untermengen einer Menge, mit der Inklusion als Ordnungsrelation.

Die Unterräume eines endlichdimensionalen *Vektorraums* bilden einen modularen, nichtdistributiven Verband (mit der Inklusion als Ordnung); die abgeschlossenen Unterräume eines unendlichdimensionalen Vektorraums bilden einen orthomodularen, nichtmodularen Verband, in dem der "Bedeckungssatz" gilt (vgl. unten § A VI 4d, und Birkhoff und Neumann 1936). Diese Verbände sind isomorph zu endlich- bzw. unendlichdimensionalen projektiven Geometrien. Die Orthogonalität (Dualität) aus dem inneren Produkt entspricht einem Orthokomplement des Verbands.

3. Symmetrie der Ausschließung

Die Regel $w(x|y) = 0 \implies w(y|x) = 0$ folgt aus der Struktur der Negation durch folgende Überlegung:

Sei A' die Menge von Atomen, die $\underline{A}$ darstellt, und sei x ein Atom aus der Menge A. Ist x notwendig, dann ist auch $\underline{A}$ notwendig; dann ist $\neg \underline{A}$ unmöglich, und daher auch jedes Atom von A'. In Zeichen:

$$x \in A, \quad y \in A' \implies w(y|x) = 0 \qquad (1)$$

Wegen der Symmetrie von $\underline{A}$ und $\neg \underline{A}$ gilt auch

$$r \in A', \quad s \in A \implies w(s|r) = 0$$

Sei nun $w(x|y) = 0$ für alle $x \in A$, d.h. wenn y notwendig ist, dann ist $\underline{A}$ unmöglich; dann ist aber $\neg \underline{A}$ notwendig, also $y \to \neg \underline{A}$. Also gilt, zusammen mit (1) (für die Implikation $\Leftarrow$):

$$\left[x \in A \implies w(x|y) = 0 \right] \iff y \in A' \qquad (2)$$

Setzen wir für $\underline{A}$ speziell die atomare Aussage $\underline{z}$, dann ist (2)

$$y \in z' \iff w(z|y) = 0$$

Nach (1) gilt:

$$y \in z' \iff w(y|z) = 0$$

also $\quad w(z|y) = 0 \iff w(y|z) = 0$, für alle Atome y, z.

§ A VI 4a — Anhang —

4. Der quantenmechanische Aussagenverband

Wir betrachten eine Menge Ω (die "atomaren Aussagen"), und eine Funktion $w : \Omega \times \Omega \rightarrow [0,1]$ (die "Wahrscheinlichkeitsbelegung"). Wir definieren für $x, y \in \Omega$:

$$x \perp y \;:\Leftrightarrow\; w(x|y) = w(y|x) = 0 \quad \text{("Orthogonalität")}.$$

Außerdem definieren wir Typen von Untermengen von Ω , nämlich:

$$\mathcal{O} := \{\,\xi \subset \Omega \mid a, b \in \xi^{(a\neq b)} \Rightarrow a \perp b\,\}$$

("Orthogonalmenge", vgl. Foulis 1972 & Randall 1973).

$$\mathcal{A} := \{\,\xi \in \mathcal{O} \mid \forall x \sum_{z \in \xi} w(z|x) = 1\,\} \quad \text{("Alt.")}$$

("Alternative", vgl. Weizsäcker 1958, Scheibe 1964).

Wir setzen folgende Axiome voraus (weitere folgen):

A 1: $w(x|y) = 1 \iff x = y$ ("Gleichheitsdefinition")

A 2: $w(x|y) = 0 \Rightarrow w(y|x) = 0$ ("Symmetrie der Ausschließung", s.o.3.)

A 3: $\alpha \in \mathcal{O} \;\exists\, \beta \in \mathcal{A} : \alpha \subset \beta$ ("Entscheidbarkeit")

4a.) Verband von Untermengen von Ω

Zu einer beliebigen Untermenge $A \subset \Omega$ definieren wir die "Orthomenge" A' :

$$' : \mathcal{P}(\Omega) \rightarrow \mathcal{P}(\Omega)$$

(N) $A \mapsto A' = \{x \in \Omega \mid x \perp y, \forall y \in A\}$ (vgl. oben 3.)

Hiermit definieren wir die Menge $Z \subset \mathcal{P}(\Omega)$ als Menge von Untermengen, die in endlich vielen Schritten durch Anwendung der Operationen $'$ und $\cap$ aus Ω erzeugbar sind:

- Anhang - §A VI 4a

(Z)
$$x \in \Omega \Rightarrow x \in Z \qquad (\Omega \subset Z)^{1)}$$
$$A \in Z \Rightarrow A' \in Z$$
$$A_i \in Z \ \forall_{i \in I} \Rightarrow \bigcap_{i \in I} A_i \in Z \qquad \text{(Mengendurchschnitt)}$$

Es gelten folgende Sätze:

Satz 1: Für alle $M, L \subset \Omega$ gilt:
$$M \subset L \Rightarrow L' \subset M'$$

Beweis:
$$x \in L' \Rightarrow x \perp y \text{ für alle } y \in L \text{ (wegen (N))}$$
$$M \subset L \text{ nach Voraussetzung}$$
$$\Rightarrow \begin{matrix} x \perp z \\ \forall z \in M \end{matrix}$$
$$\Rightarrow x \in M' \text{ (wegen (N)), q.e.d.}$$

Satz 2:
$$A \in Z \Rightarrow A'' = A$$

Beweis: 1.) Für beliebige $M \in \mathcal{P}(\Omega)$ gilt $M \subset M''$, mit einer beliebigen symmetrischen Relation $\perp$:
$$x \in M \Rightarrow x \perp y \text{ für alle } y \in M' \Rightarrow y \perp x$$
$$\text{für alle } y \in M' \Rightarrow x \in M''$$

2.) $A'' \subset A$, rekursiv nach Def. (Z):

a) Sei $a_1 \in \Omega$, dann folgt $a_1'' \subset a_1$: Angenommen, es sei ein beliebiges $b \in a_1''$, dann folgt $b = a_1$, denn:
Sei $a_1, a_2, \ldots$ eine Alternative, also $w(a_i, a_j) = \delta_{ij}$ $(i \neq j)$.
Da $b \in (a_1')'$, ist $w(b|a_i) = 0$ für $i \neq 1$,
also
$$1 = \sum_i w(b|a_i) = w(b|a_1) \quad \text{(nach A 3)};$$
und daher $b = a_1$ (nach A 1)

b) Sei $A \in Z$ und $A'' = A$; dann folgt $(A')'' \subset A'$:
$$A'' = A \Rightarrow A' = (A'')' = (A')''$$
(jede Abbildung ist assoziativ)

c) Seien $A_i \in Z$ und $A_i'' = A_i$ für alle $i \in I$; dann ist
$$\left(\bigcap_i A_i \right)'' \subset \bigcap_i A_i, \text{ denn}$$

---

[1] wir identifizieren hier, wo ein Mißverständnis nicht zu befürchten ist, $x \in \Omega$ mit $\{x\} \subset \Omega$.

§ A VI 4a — Anhang —

$$\bigcap_i A_i \subset A_i \Rightarrow A_i' \subset (\bigcap_i A_i)' \Rightarrow (\bigcap_i A_i)'' \subset A_i''$$

für alle i; daher ist $(\bigcap_i A_i)'' \subset \bigcap_i (A_i'') = \bigcap_i A_i$.

Damit ist Satz 2 bewiesen.

<u>Def. S</u>: $\bigsqcup_i A_i := (\bigcap_i A_i')'$; (für zwei Elemente: $A \sqcup B := (A' \cap B')'$)

<u>Satz 3</u>: $\bigsqcup_i A_i$ ist das Supremum der Menge $\{A_i\}$; $i \in I$; $A_i \in Z$

<u>Beweis</u>: 1.) $\bigcap_i A_i' \subset A_i'$, daher $A_i = A_i'' \subset (\bigcap_i A_i')' = \bigsqcup_i A_i$

2.) $A_i \subset X$ für alle $i \in I \Rightarrow X' \in A_i'$

$\Rightarrow X' \subset \bigcap_i A_i' \Rightarrow (\bigcap_i A_i')' = \bigsqcup_i A_i \subset X'' = X$.

<u>Satz 4</u>: Z ist ein vollständiger Verband mit Null- und Einselement

<u>Beweis</u>: Die Mengeninklusion $\subset$ ist eine Ordnungsrelation auf Z, der Mengendurchschnitt $\cap$ das Infimum dazu, die eben definierte Operation $\sqcup$ das Supremum. Die leere Menge $\emptyset$ ist das Nullelement, die gesamte Menge Ω das Einselement des Verbandes, denn $\emptyset \subset X \subset \Omega$ für alle $X \in Z$.

<u>Satz 5</u>: Z ist orthokomplementär (vgl. § 2)
(wobei A' Orthokomplement von A ist)

<u>Beweis</u>: 1.) $A \in Z \Rightarrow A' \cap A = \emptyset$,
denn es gibt kein $a \in \Omega$ mit $a \perp a$.

2.) $A \in Z \Rightarrow A' \sqcup A = \Omega$, denn
$A' \sqcup A = (A \cap A')' = \emptyset' = \Omega$ (Def. N)

3.) $A \in Z \Rightarrow A'' = A$ (Satz 2)

4.) $A, B \in Z \Rightarrow A \subset B \Rightarrow B' \subset A'$ (Satz 1)

<u>Satz 6</u>: Z ist atomistisch

<u>Beweis</u>: Nach Konstruktion ist Ω die Menge der Atome. Alle Elemente von Z sind Teilmengen von Ω .

<u>Satz 7</u>: Für alle $M \subset \Omega$ gilt:
$$M'' = M \Rightarrow M \in Z$$

(Vgl. Greechie & Gudder 1973, Teil VII; Foulis & Randall 1972)

Beweis: $x \in M \Rightarrow M' \subset x'$ (Satz 1)

$\Rightarrow M' \subset \bigcap_{x \in M} x' \Rightarrow \bigcup_{x \in M} x \subset M''$.

Es gilt: $x \in M \Rightarrow x \in \bigcup_{x \in M} x$, also $M \subset \bigcup_{x \in M} x$.

Ist nun $M'' = M$, dann ist $M = \bigcup_{x \in M} x$, also M durch dreimalige Anwendung von ' oder $\cap$ aus Ω erzeugt: $M \in Z$, q.e.d.
Zusammen mit Satz 2 gilt also: $M \in Z \Leftrightarrow M'' = M$

Definition:

$\{x_1, \ldots, x_k\} \in \mathcal{O}$ heißt eine *Basis* von $A \in Z$ genau dann, wenn $x_1, \ldots, x_k$ A aufspannen ($A = x_1 \sqcup \ldots \sqcup x_k$), aber keine k-1 der x_i A aufspannen. Hat jede Basis von A dieselbe Mächtigkeit, dann heißt $k =: \dim(A)$ die *Dimension* von A.

Satz 8:

$w(a|b) = w(b|a)$ für alle $a, b \in \Omega$, und alle Orthogonalsysteme endlich $\Rightarrow$ jede Basis von Ω hat dieselbe Mächtigkeit.

Beweis: (vgl. Mielnik 1968) Seien $\{a_1, \ldots, a_n\}$ und $\{b_1, \ldots, b_l\}$ zwei Basen von Z. Dann gilt

$$\sum_{i=1}^{n} \sum_{j=1}^{l} w(b_j|a_i) = \sum_{i=1}^{n} 1 = n =$$

$$\sum_{j=1}^{l} \sum_{i=1}^{n} w(a_i|b_j) = \sum_{j=1}^{l} 1 = l \quad \text{q.e.d.}$$

Z ist im allgemeinen aber nicht orthomodular.

4b.) **Kriterien der Orthomodularität**

Der Verband Z ist orthomodular genau dann, wenn eins der folgenden (äquivalenten) Kriterien erfüllt ist:

1.) (Rose 1964) Zu jedem $A \in Z$ gibt es genau ein orthogonales Komplement.

Dies spielt auf die Eindeutigkeit der Negation an. Nähere Analyse zeigt,

§ A VI 4 c — Anhang —

daß hier dieselbe Forderung zugrunde liegt, wie bei der Wiederholbarkeit besprochen:

Sei $A \in Z$; K ist ein orthogonales Komplement von A, wenn

$$\begin{aligned}
\text{a)} \quad & K \subset A' \quad \text{(Orthogonalität)} \\
\text{b)} \quad & A \sqcup K = \Omega \\
\text{c)} \quad & A \cap K = \emptyset
\end{aligned} \Biggr\} \text{(Komplement)}$$

c) folgt aus a), die Eigenschaften sind also

$$\begin{aligned}
\text{a)} \quad & K \subset A' \\
\text{b)} \quad & A' \cap K' = \emptyset
\end{aligned}$$

Das Kriterium 1. ist erfüllt, wenn aus a) und b) folgt: $K = A'$.

Für Aussagen formuliert: Die Aussage $\underline{K}$ impliziert die Aussage $\neg \underline{A}$, und es gibt *keinen* Fall, wo $\neg \underline{A}$ gilt, aber nicht $\underline{K}$. Wir haben bei der Implikation argumentiert, daß dann $\underline{K} = \neg \underline{A}$ sein muß, unter der Verwendung der "Wiederholbarkeits"-Forderung.

2.) $A \subset B \Rightarrow A \longleftrightarrow B$ (Piron 1964, Jauch 1968).
$A \longleftrightarrow B$ bedeutet dabei: "A ist verträglich mit B", nämlich daß der Verband, den A und B mit den Operationen $'$ und $\cap$ aufspannen, distributiv ist (vgl. § I 6).

3.) Z ist abschnittskomplementär[1] (Piron 1964).
Formuliert für den Abschnitt $[\emptyset, A']$ ergibt das wieder das Kriterium 1.: Sei $K \subset A'$, also Element des Abschnitts; dann ist das Relativkomplement $K'_{[\emptyset, A']} = K' \cap A'$. Ist Z abschnittskomplementär, dann gilt: $K' \cap A' = \emptyset \Rightarrow K = A'$.

c) <u>Die aus Boole'schen Verbänden zusammengesetzte orthomodulare Menge $\mathcal{P}$</u>.

Betrachten wir einen Verband von miteinander verträglichen Aussagen. Es ist ein atomarer Boole'scher Verband, seine Atome bilden eine Alternative.

---

[1] Zur Definition vgl. § A VI 2

— Anhang — § A VI 4c

Der Verband ist isomorph dem Verband der Teilmengen der Menge der Atome[1]:
Jedes Element ist auffassbar als Orthogonalmenge $\xi \in \mathcal{O}$, Teilmenge der
atomaren Alternative $\alpha \in \mathcal{A}: \xi \subset \alpha$ (vgl. auch § A VI 4). Dadurch ist für
jedes Element eine *Wahrscheinlichkeit* definiert (vgl. Kolmogoroff 1933).

$$w(\xi \mid y) = \sum_{x \in \xi} w(x \mid y).$$

Betrachten wir nun mehrere solche Boole'schen Verbände, und nennen wir
wieder die Gesamtheit der Atome Ω, die Menge der Orthogonalmengen $\mathcal{O}$
und die Menge der atomaren Alternativen $\mathcal{A}$. – Es seien wieder die Axiome
A1 bis A3 vorausgesetzt.

Unsere Definition der *Implikation* (§ VI 3) läßt sich daher hier anwenden, auch wenn es mehrere Boole'sche Verbände gibt:

$$\xi \rightarrow \eta :\Leftrightarrow w(\xi \mid x) = 1 \Rightarrow w(\eta \mid x) = 1, \forall x.$$

<u>Lemma 1</u>: $w(\xi \mid x) = 1 \Rightarrow w(\eta \mid x) = 1 \Leftrightarrow \eta' \subset \xi'$

<u>Beweis:</u> ($\xi, \eta, \zeta \in \mathcal{O}$; $x, y, z \in \Omega$)
a.) " $\Rightarrow$ ": Ist η leer, dann ist die Behauptung trivial. Sei andererseits
$z \in \eta'$, also $z \perp y$ für alle $y \in \eta$; es gibt also eine Alternative, der η und
z angehören (nach A3). Nun ist zu zeigen, daß für jedes $x \in \xi$ gilt: $z \perp x$;
dann ist z auch Element von ξ'. Für ein solches x gilt $w(\eta \mid x)=1$, und deshalb $w(z \mid x)=0$ (Alternative!); also ist $z \perp x$.
b.) " $\Leftarrow$ ": Sei $x \in \Omega$, mit $w(\xi \mid x)=1$. Dann ist $w(y \mid x)=0$ für alle $y \in \xi'$
(wegen A3), also (nach Voraussetzung) auch für $y \in \eta'$. Sei nun $\{\eta; \zeta\}$
eine Alternative (A3), dann ist $\zeta \subset \eta'$, also $w(\zeta \mid x)=0$, daher $w(\eta \mid x)=1$.

---

[1] In diesem Verband sind daher Mengendurchschnitt $\cap$ und Mengenvereinigung $\cup$ das
Infimum bzw. Supremum, im Gegensatz zum Infimum $\sqcap$ und Supremum $\sqcup$ im nichtdistributiven Aussagenverband Z, bzw. dem jetzt zu konstruierenden $\mathcal{P}$.

§ A VI 4c   - Anhang -

Wir können also die Implikation darstellen durch

$$\xi \to \eta \iff \eta' \subset \xi'$$

und bekommen eine Äquivalenzrelation[1]

$$\xi \sim \eta \iff \eta' = \xi'$$

(es kann vorkommen, daß $\xi \sim \eta$, aber $\xi \cap \eta = \emptyset$).

$\mathcal{P} := \mathcal{O}/\sim$ ist die Menge der Äquivalenzklassen in $\mathcal{O}$, mit dieser Äquivalenzrelation. Wir schreiben die Elemente von $\mathcal{P}$ mit großen griechischen Buchstaben A, B, Γ, Δ, ... (nur die Elemente von Ω, die Atome, schreiben wir weiterhin auch mit kleinen lateinischen Buchstaben), oder $[\alpha]$, $[\beta]$, ..., mit einem Repräsentanten $\alpha, \beta, \ldots \in \mathcal{O}$.

$\mathcal{P}$ ist eine geordnete Menge mit der Ordnungsrelation

$$[\xi] \leq [\eta] \quad :\iff \quad \eta' \subset \xi'$$

Die Relation ist reflexiv, transitiv und, wegen der Äquivalenz, antisymmetrisch.

<u>Lemma 2:</u> Sei $\alpha, \beta, \eta \in \mathcal{O}$ so, daß $\{\alpha; \eta\} \in \mathcal{A}$ (eine Alternative). Dann ist $\alpha \sim \beta$ genau dann, wenn auch $\{\beta; \eta\} \in \mathcal{A}$.

Die Beweise der folgenden Lemmata und Sätze sind nicht schwierig, aber umständlich, weshalb wir hier auf den Abdruck verzichten. Der Leser möge sie selbst, nach dem Muster von Lemma 1, zu rekonstruieren versuchen.

Wegen Lemma 2 ist die folgende Definition sinnvoll:

<u>Definition</u> $\perp$: Sei $\Delta \in \mathcal{P}$, $\alpha \in \Delta$ (ein Repräsentant) und
                        $\{\alpha; \eta\} \in \mathcal{A}$ (eine Alternative). Dann ist
                        $\Delta^\perp := [\eta]$

<u>Definition</u> $\cup$: $\Delta \in \mathcal{P}$; $\cup \Delta := \bigcup_{\xi \in \Delta} \xi$.

                (Alle Atome, die in den äquivalenten Orthogonalmengen
                von Δ enthalten sind).

---
[1] Diese Definition findet sich auch in Randall & Foulis 1977.

Lemma 3: $(\bigcup \Delta)' = \bigcup \Delta^\perp$

"Die Orthogonalmengen von $\Delta^\perp$ enthalten genau die Elemente von $(\bigcup \Delta)'$ ".

Lemma 4: Sei $\alpha_1 \sim \alpha_2 \in A \in \mathcal{P}$,
$\beta_1 \sim \beta_2 \in B \in \mathcal{P}$,
und es gebe Alternativen $\xi_1, \xi_2 \in \mathcal{A}$ so, daß
$\alpha_1, \beta_1 \in \xi_1$ und $\alpha_2, \beta_2 \in \xi_2$.

Dann ist $\alpha_1 \cap \beta_1 \sim \alpha_2 \cap \beta_2$, und
$\alpha_1 \cup \beta_1 \sim \alpha_2 \cup \beta_2$.

Wegen Lemma 4 gibt es isomorphe Bilder der ursprünglichen Boole'schen Verbände in $\mathcal{P}$: Seien A, B $\in \mathcal{P}$ so, daß es $\alpha \in A$ und $\beta \in B$ gibt in einer gemeinsamen Alternative $\alpha, \beta \subset \xi \in \mathcal{A}$. Dann sind Supremum $\sqcup$ und Infimum $\sqcap$ durch den Boole'schen Verband der Repräsentanten gegeben:

Lemma 5: $\alpha, \beta \in \xi \in \mathcal{A} \Rightarrow$

  a.) $[\alpha] \sqcup [\beta] = [\alpha \cup \beta]$
  b.) $[\alpha] \sqcap [\beta] = [\alpha \cap \beta]$

Lemma 6: $0 = [\emptyset]$ ist Nullelement, $1 = [\xi]$, mit $\xi \in \mathcal{A}$, ist Einselement von $\mathcal{P}$

Aus den Lemmata folgt:

Satz 9. $\mathcal{P}$ ist orthomodular; das bedeutet

  1.) $A^\perp$ ist Orthokomplement von A
  2.) $A, B \in \mathcal{P}$, $A \leq B \Rightarrow B = A \sqcup (A^\perp \sqcap B)$.

Bemerkung: (Vgl. hierzu auch Finch 1969). Wir haben jetzt eine orthomodulare geordnete Menge konstruiert, die nicht ein Verband sein muß, während das oben eingeführte Z ein Verband war, der nicht orthomodular zu sein brauchte. Die Beziehung ist leicht herzustellen: Die oben (Lemma 3) hergestellte Beziehung zwischen den beiden Orthokomplementen ergibt eine *Einbettung* von $\mathcal{P}$ in Z, bei der Infimum und Supremum, soweit sie in $\mathcal{P}$ existieren, erhalten bleiben (Lemma 5). Die Ergänzung von $\mathcal{P}$ zum Verband

§ A VI 4c   - Anhang -

Z zerstört i.a. die Orthomodularität. - Wenn aber in $\mathcal{P}$ bzw. Z das "Projektionspostulat" gilt[1], dann sind sie isomorph und bilden einen orthomodularen Verband.

Projektionspostulat:

(A4) $z \in \Omega,\ A \in \mathcal{P},\ z \not\leq A^{\perp} \mathbin{\underset{1}{\rceil}}\ z_1 : w_A(z_1|z) = 1$

<u>Lemma 7</u>: A4 $\Leftrightarrow$ ("zusätzliche Bedingung")
$$z \in \Omega,\ A \in \mathcal{P},\ z \not\leq A^{\perp} \mathbin{\underset{1}{\rceil}}\ x \leq A : \text{für beliebige } \Xi \in \mathcal{P} \text{ gilt:}$$
$$z \leq \Xi \text{ und } \Xi \longleftrightarrow A \Rightarrow x \leq \Xi.$$

(Dabei bedeutet $\Xi \longleftrightarrow A$ (" Ξ verträglich mit A"), daß A, $A^{\perp}$, Ξ und $\Xi^{\perp}$ einen Boole'schen Verband aufspannen; vgl. Jauch 1968 und §§ I 6 und A VI 4b).

Die rechte Seite von Lemma 7 lautet verbal: Sei <u>A</u> eine beliebige Aussage (die "Bedingung"), dargestellt durch A, und z ein Atom, das nicht ꞁ<u>A</u> impliziert. Dann gibt es genau ein Atom so, daß <u>A</u> notwendig ist und außerdem alle bei z notwendigen Aussagen, die mit <u>A</u> verträglich sind.

<u>Satz 10</u>: A4 $\Rightarrow$ $\mathcal{P}$ ist eine Projektive Geometrie.

<u>Beweis:</u>   vgl. Bugajska & Bugajski 1973 b

<u>A 5</u>: $X \in \mathcal{P}\ \exists y:\ 0 < w(X|y) < 1$ (Indeterminismus)

<u>Satz 11</u>: A5 $\Rightarrow$ $\mathcal{P}$ ist irreduzibel

<u>Beweis:</u> Angenommen $\mathcal{P}$ ist reduzibel. Dann zerfällt $\mathcal{P}$ in wenigstens zwei orthogonale (wegen A3) Unter-Geometrien (so, daß ein Punkt der einen und ein Punkt der anderen Untergeometrie zusammen eine Gerade aufspannen, die *keine weiteren Punkte* enthält). Sei A eine solche Untergeometrie. Dann gilt:

$x \not\leq A \Rightarrow x \leq A^{\perp}$, d.h. $w(A|x) \neq 1 \Rightarrow w(A|x) = 0$, entgegen A5. - Also ist $\mathcal{P}$ irreduzibel, q.e.d.

---

[1] vgl. §§ 13 und A VI 4d

– Anhang – § A VI 4d

d) <u>Formulierungen des Projektionspostulats</u>

Die folgenden 11 Bedingungen sind äquivalent im orthokomplementären Verband[1]:

1. "Covering Law", ("Bedeckungssatz") (Lesieur 1953, Rutherford 1965, Piron 1964, 1976, Jauch 1968):

$$\Gamma \in \mathcal{P}, \quad p \in \Omega, \quad p \not\leq \Gamma ;$$

dann ist $\Gamma \sqcup p$ oberer Nachbar von Γ, d.h.

$$\Gamma \leq x \leq \Gamma \sqcup p \Rightarrow x = \Gamma \quad \text{oder} \quad x = \Gamma \sqcup p$$

2. Projektionspostulat (Bugajska und Bugajski 1973 b)

$$\Gamma \in \mathcal{P}, \quad p \in \Omega, \quad w(\Gamma|p) \neq 0$$

$$\Rightarrow \exists r \in \Omega : w(\Gamma|r) = 1 \text{ und } w(\Gamma|p) = w(r|p).$$

Diese Formulierung ist bemerkenswert, da sie nur die Wahrscheinlichkeitsfunktion benutzt; natürlich hätte man auch schreiben können

$$r \leq \Gamma \quad \text{statt} \quad w(\Gamma|r) = 1. -$$

Sehr ähnlich sind die beiden nächsten Formulierungen:

3. (Zabey 1975, Piron 1976; vgl. aber Jauch & Piron 1969)

$$\Gamma \in \mathcal{P}, \quad p \in \Omega; \quad p \not\leq \Gamma^\perp$$

$$\Rightarrow (p \sqcup \Gamma^\perp) \sqcap \Gamma = r \in \Omega$$

("Die Sasaki-Projektion eines Atoms ist ein Atom")

4. (Drieschner 1967)

$$\left.\begin{matrix} p, q, r \in \Omega \\ p \perp q \end{matrix}\right\} \Rightarrow \exists x : \begin{cases} x \leq p \sqcup q \\ x \perp r \end{cases}$$

---

[1] Vgl. Birkhoff 1940 (^{3} 1967), Bugajska und Bugajski 1973a, Zabey 1975

§ A VI 4d — Anhang —

5. "Minimum-Generation" (Zabey 1975; vgl. den Dimensionssatz)

   $\Gamma, \Delta \in \mathcal{P}$, Γ oberer Nachbar von Δ (vgl. 1., oben)

   $\Leftrightarrow \exists e \in \Omega : \Gamma = \Delta \sqcup e$

6. Austauschgesetz ("Superposition Law" bei Hellwig & Krausser 1974, nach Ludwig 1970, S. 311; vgl. Birkhoff 1967, p. 89, Theorem 7; oder (S) in Bugajska & Bugajski 1973 a)

   $p, q \in \Omega; \ \Gamma \in \mathcal{P}$.

   $p \not\leq \Gamma$ und $p \leq \Gamma \sqcup q \Rightarrow q \leq \Gamma \sqcup p$

7. Starke Äquivalenz (Matter 1970, zitiert nach Zabey 1975)

   $A \in \mathcal{P}$ impliziert: jedes Komplement zu A hat dieselbe Dimension wie A'.

8. (Varadarajan 1968, Bugajska & Bugajski 1973 a)

   $a \in \Omega, B \in \mathcal{P}$, $B \neq \emptyset, 1$

   $\exists b_1, b_2 \in \Omega : b_1 \leq B, b_2 \leq B^\perp$ und $a \leq b_1 \sqcup b_2$

9. "Modularität" (Zierler 1961; Bugajska & Bugajski 1973 a)

   $A, B, \Gamma, \Delta \in \mathcal{P}$; $B, \Gamma, \Delta \leq A$ endlich,

   $\Delta \leq \Gamma, \ B \sqcap \Gamma = 0 \Rightarrow (\Delta \sqcup B) \sqcap \Gamma = \Delta$

10. (Jauch & Piron 1969 und Ochs 1972; vgl. Piron 1976, 1977)

    Zu jedem $A \in \mathcal{P}$, $A \neq \emptyset, 1$, gibt es *genau* eine positive ideale Messung 1. Art.

    Eine positive ideale Messung 1. Art zu $A \in \mathcal{P}$ ist eine Transformation

    $\tau_A : \Omega \setminus A' \to \Omega$ so, daß 1.) $\tau_A(v) \leq A$ (pos. Messung 1. Art),

    2) $\forall \Xi \in \mathcal{P}$ mit $\Xi \longleftrightarrow A$ gilt: $v \leq \Xi \Rightarrow \tau_A(v) \leq \Xi$ (ideal).

— Anhang — § A VI 4d

11. Symmetrie der w-Funktion (Dähn 1973)

$$a, b \in \Omega \Rightarrow w(a|b) = w(b|a) \ .$$

(Die Symmetrie ist äquivalent mit der Modularität bei endlicher Dimension; Modularität *jedes* endlichen Unterverbandes ist äquivalent mit den übrigen Kriterien, vgl. 9.)

§ A VII — Anhang —

Anhang zu VII: Interpretation der Quantenmechanik:

EPR-Formalismus

Wir betrachten zwei Objekte mit $s = \frac{1}{2}$, d.h. jeweils mit zwei möglichen Spinkomponenten, + und −. Das Gesamtobjekt aus diesen beiden Objekten soll Spin Null haben. Der Spin-Zustand dieses Gesamtobjekts ist, da aus $s = \frac{1}{2}$ Antisymmetrie folgt,

$$\psi = \frac{1}{\sqrt{2}} \; (\; |+\;-\rangle \; - \; |-\;+\rangle \;) \; .$$

Dabei ist $|+\;-\rangle$ der Produktzustand $|A\;+\rangle \times B\!-\!\rangle$, in dem bei A Spinkomponente +, bei B Spinkomponente − notwendig ist ("vorliegt").

Der Zustand ψ ist von der speziellen Wahl der Alternative $\{+,-\}$ unabhängig. Nehmen wir eine beliebige andere Alternative und nennen wir sie $\{1, 0\}$. Sie lautet, ausgedrückt durch $\{+,-\}$:

$$|A\;o\rangle = \cos\varphi \cdot e^{i\alpha} \; |A\;+\rangle + \sin\varphi \; |A\;-\rangle \; ;$$
$$|A\;1\rangle = -\sin\varphi \cdot e^{i\alpha} \; |A\;+\rangle + \cos\varphi \; |A\;-\rangle \; .$$

(Das ist die reelle Drehung um den beliebigen Winkel φ, und dazu die beliebige Phasendifferenz α zwischen den Komponenten).

Das Entsprechende gilt für B; beide Seiten müssen *gleich* transformiert werden.

Betrachten wir den genau wie ψ konstruierten Gesamtzustand

$$\psi' = \frac{1}{\sqrt{2}} \cdot (|o\;1\rangle - |1\;o\rangle),$$

und drücken wir ihn durch die Vektoren $|+\;-\rangle$ und $|-\;+\rangle$ aus:

$|o\;1\rangle - |1\;o\rangle =$

$= (\cos\varphi \cdot e^{i\alpha} |A\;+\rangle + \sin\varphi |A\;-\rangle) \times (-\sin\varphi \cdot e^{i\alpha}|B\;+\rangle + \cos\varphi|B\;-\rangle) -$

$\quad (-\sin\varphi \cdot e^{i\alpha} |A\;+\rangle + \cos\varphi|A\;-\rangle) \times (\cos\varphi \cdot e^{i\alpha}|B\;+\rangle + \sin\varphi|B\;-\rangle) =$

$= - e^{i\alpha}|-\;+\rangle + e^{i\alpha}|+\;-\rangle \; =$

$$= e^{i\alpha} (|+ -\rangle - |- +\rangle)$$

also

$$\psi' = e^{i\alpha} \cdot \psi \; .$$

Die Zustände unterscheiden sich nur um einen Phasenfaktor, sie sind quantenmechanisch gleich (vgl. Bohm & Aharonov 1957).

Bei wirklichen Messungen benutzt man angeregte Atome, z.B. Ca (Freedman & Clauser 1972), ^{202}Hg, ^{198}Hg (Clauser 1976), die über einen Zwischenzustand in den Grundzustand übergehen. Bei diesem Übergang werden zwei Photonen ausgesandt, deren Gesamtspin Null ist. Dieser Fall der Photonen, bei dem die Apparate A und B Polarisationsfilter im Photomultipliern sind, ist dem im Text behandelten ganz analog. (Vgl. auch die Artikel von Shimony und Kasday in Espagnat 1971, sowie die in den neueren Arbeiten (s.o.) zitierte umfangreiche Literatur.)

§ A VIII — Anhang —

Anhang zu VIII: Urobjekt und Raum.

Die Gruppe der dualitätserhaltenden Projektivitäten der komplexen projektiven Geraden, $\mathcal{G}$

Die Gruppe besteht aus unitären und anti-unitären Transformationen in $\mathbb{C}^2$. Jede anti-unitäre Transformation läßt sich schreiben als Produkt aus einer fest vorgegebenen antiunitären Transformation und einer unitären. Wir beschränken uns, wegen der Effektivität (vgl. § VIII 1) auf die unimodularen Transformationen, also SU(2). Wählen wir eine feste Basis B, und diejenige antiunitäre Transformation k, die B nicht ändert, die also die Vektoren transformiert, indem sie ihre Komponenten in B komplexkonjugiert.

Also: Sei in der Basis B $\begin{pmatrix} a_1 \\ a_2 \end{pmatrix}$ ein beliebiger Vektor. Dann ist

$$k \begin{pmatrix} a_1 \\ a_2 \end{pmatrix} = \begin{pmatrix} a_1^* \\ a_2^* \end{pmatrix} .$$

Es gilt $k^2 = 1$. Die Gesamtgruppe läßt sich aber nicht als direktes Produkt mit $\{k,1\}$ definieren, da k nicht mit allen Elementen von SU(2) vertauscht. Wir können $\mathcal{G}$ als semidirektes Produkt mit $\{k, k^2\} = C_2$ schreiben,

$$\mathcal{G} = SU(2)/C_2 \otimes C_2 ,$$

oder wir können mit Hilfe von k eine andere (unimodulare) antiunitäre Transformation definieren, die mit allen Elementen $x \in SU(2)$ vertauscht: Jede solche Transformation läßt sich schreiben als $s \cdot k$, mit $s \in SU(2)$.

Jedes Element $x \in SU(2)$ läßt sich schreiben

$$x = e^M ,$$

wobei M schiefhermitesch ist, Sp M = 0; oder

$$x = e^{i \Sigma \alpha_j \cdot \sigma_j} ,$$

wobei σ_j die drei Pauli-Matrizen, α_j reell. Wir benutzen eine Darstellung der σ_j, bei der (in der Basis B) σ_2 imaginär ist, σ_1 und σ_3 reell, wie üblich:

– Anhang – § A VIII

$$\sigma_o := \begin{pmatrix} 1 & 0 \\ 0 & 1 \end{pmatrix}; \quad \sigma_1 := \begin{pmatrix} 0 & 1 \\ 1 & 0 \end{pmatrix}; \quad \sigma_2 := \begin{pmatrix} 0 & -i \\ i & 0 \end{pmatrix}; \quad \sigma_3 := \begin{pmatrix} 1 & 0 \\ 0 & -1 \end{pmatrix}. \text{ Es}$$

ist $\sigma_j^2 = 1$ und $\sigma_l \cdot \sigma_m = \pm i \sigma_k$ für $l \neq m$, daher $x = \beta_o + i \sum_{j=1}^{3} \beta_j \cdot \sigma_j$, β_j

reell; also $[x, s \cdot k] = 0 \; \forall x \in SU(2) \Leftrightarrow [i \cdot \sigma_j, s \cdot k] = 0$ für $j = 1, 2, 3$.

Es gilt $s \cdot k \cdot i \cdot \sigma_j = -i \cdot s \cdot \sigma_j^* \cdot k$; also

$$[i \cdot \sigma_j, s \cdot k] = 0 \Leftrightarrow \sigma_j \cdot s + s \cdot \sigma_j^* = 0.$$

Gesucht ist ein $s \in SU(2)$, das diese Gleichung für $j = 1, 2, 3$ erfüllt.

$s = \beta_o + i \sum_{\ell=1}^{3} \beta_\ell \cdot \sigma_\ell$ (s. oben), also muß gelten (β_o, β_ℓ reell):

$$\beta_o(\sigma_j + \sigma_j^*) + i \sum_{l=1}^{3} \beta_l (\sigma_j \cdot \sigma_l + \sigma_l \cdot \sigma_j^*) = 0 \quad \text{für } j = 1, 2, 3.$$

Daraus folgt $\beta_o = \beta_1 = \beta_3 = 0$; $\quad s = i\beta \cdot \sigma_2 = \begin{pmatrix} 0 & \beta \\ -\beta & 0 \end{pmatrix}$.

Wählen wir, o.B.d.A., $\beta = 1$. Dann ist $s^2 = -1$; man kann also nicht erreichen, daß $(s \cdot k)^2 = 1$, sondern die von $s \cdot k$ erzeugte Gruppe K ist die zyklische Vierergruppe, C_4. Das direkte Produkt $SU(2) \times K$ enthält noch die ineffizienten Transformationen

$$\pm \begin{pmatrix} -1 & 0 \\ 0 & -1 \end{pmatrix} = \mp 1 \text{ aus } SU(2), \text{ und } \pm (i \sigma_2 \cdot k)^2 = \mp 1 \text{ aus } K, \text{ die zu-}$$

sammen eine Klein'sche Vierergruppe V_4 ausmachen. Die uns interessierende Gruppe $\mathcal{G}$ ist also

$$\mathcal{G} = SU(2) \times K / V_4 .$$

LITERATUR

L. J. ANTHONY, H. EAST, M. J. SLATER 1969. The growth of the literature of physics. Rep. Prog. Phys. $\underline{32}$, 709-767

K. O. APEL 1973. Transformation der Philosophie I u. II. Frankfurt (Suhrkamp)

R. BAER 1952. Linear Algebra and Projective Geometry. New York (Academic)

V. BARGMANN 1954. On unitary ray representations of continuous groups. Ann. Math. $\underline{59}$, 1-46

Th. BAYES 1763. Essay towards solving a problem on the doctrine of chances. Philos. Transactions $\underline{53}$, 376-403 und $\underline{54}$ (1764) 298-310.
Deutsch herausgegeben von H.E. Timerding als:"Versuch zur Lösung eines Problems der Wahrscheinlichkeitsrechnung", Ostwald's Klassiker der exakten Wissenschaft Nr. 169, Leipzig (Engelmann) 1908.

J. BECKER, L. CASTELL 1977. A cosmological model for phase transitions of elementary particles. Subm. to Phys. Rev.
and:
Photon condensation in an Einstein Universe. Universitätswochen für Kernphysik, Schladming 1977, Wien (Springer) 1978

F. J. BELINFANTE 1973. A Survey of Hidden-Variables Theories. Oxford (Pergamon)

J. S. BELL 1964. On the Einstein Podolsky Rosen Paradox. Physics (N.Y.) $\underline{1}$, 195

J. S. BELL 1975a. On Wave Packet Reduction in the Coleman-Hepp Model. Helv. Phys. Act. $\underline{48}$, 93-98

J. S. BELL 1975b. The Theory of Local Beables. CERN-Ref. TH 2053

J. BERTRAND 1898. Calcul des probabilités. Paris (Gauthier-Villars). S. 4-5

V. BERZI, A. ZECCA 1974. A Proposition - State Structure. Comm. math. Phys. $\underline{35}$, 93-99

G. BIRKHOFF 1940. Lattice Theory. Providence, R.I. (Am. Math. Soc.) ^{3}1967

" und J.v. NEUMANN 1936. The Logic of Quantum Mechanics. Annals of Math. $\underline{37}$, 823. Abgedruckt in Hooker 1975.

D. I. BLOCHINZEW 1966. Grundlagen der Quantenmechanik. Frankfurt/M.- Zürich (Harri Deutsch) ^{5}1966. (Liz. Berlin (VEB Dt. Verl. Wiss.)) Russ. Originalausgabe Moskau 1944

I. M. BOCHEŃSKI 1956. Formale Logik. Freiburg/München (Alber)

D. BOHM, Y. AHARONOV 1957. Discussion of Experimental Proof for the Paradox of Einstein, Rosen, and Podolsky. Phys.Rev. <u>108</u>, 1070-1076

G. BÖHME 1966. Über die Zeitmodi. Göttingen (Vandenhoeck & Ruprecht)

" 1972. Die Physik zu Ende denken. Besprechung von: C.F. von Weizsäcker, Die Einheit der Natur. Merkur 593-597

" 1976. (Hrsg.) Protophysik. Frankfurt/M (Theorie-Diskussion Suhrkamp)

N. BOHR 1927. The Quantum Postulate and the Recent Development of Atomic Theory. Vortrag zum 100. Todestag von A. Volta, Como. Abgedruckt in: N. Bohr 1931

" 1931. Atomtheorie und Naturbeschreibung. Berlin (Springer). Engl. Ausg: Atomic Theory and the Description of Nature. Cambridge UP 1934

" 1958. Atomic Physics and Human Knowledge. New York (Wiley) dt.: Atomphysik und menschliche Erkenntnis I, Braunschweig (Vieweg)

" 1960. The Unity of Human Knowledge. Vortrag August 1960. In: Bohr 1963

" 1963. Essays 1958/1962 on Atomic Physics and Human Knowledge. New York/London (Wiley-Interscience) dt.: Atomphysik und menschliche Erkenntnis II. Braunschweig (Vieweg) 1966

L. BOLTZMANN 1877. Sitzungsbericht der Wiener Akademie der Wiss. <u>76</u>, 373

" 1898. Vorlesungen über Gastheorie. 2 Bände, Leipzig 1896/98; ^{2} 1910; Bes. Bd. II, S. 253; § 90 (S. 256-259)

G. BOOLE 1847. The Mathematical Analysis of Logic. Cambridge; New York 1948

" 1854. The Laws of Thought. New York (Dover) (ca. 1955)

M. BORN 1964. Die Relativitätstheorie Einsteins. Berlin (Springer), 4. Aufl.

V.B. BRAGINSKY und V.I. PANOV 1971. Zh. Eksp. & Theor. Fiz. <u>61</u>, 873-879 Englisch: Verification of the equivalence of inertial and gravitational mass. Sov. Phys. - JETP <u>34</u> (1971) 464-466

R. W. BREHME 1976. New Look at the Ptolemaic system. Am. Journ. Phys. **44**, 506-514

W. BRENIG 1975. Statistische Theorie der Wärme. Heidelberg-Berlin-New York (Springer)

L. E. BROUWER 1908. De onbetrowbaarheid der Logische Principes. Tijdschr. voor wijsbegeerte **2**
vgl. Intuitionisme en Formalisme. Groningen 1912

J. BUB 1974. The Interpretation of Quantum Mechanics. Dordrecht/Boston (Reidel)

W. BÜCHEL 1965. Philosophische Probleme der Physik. Freiburg (Herder)

"   1975. Statistische Wahrscheinlichkeit und statistische Physik. Zeitschr. f. Allgem. Wissenschaftsth. **6**, 7

G. de BUFFON 1777. Histoire naturelle, générale et particulière. Paris 1749-1788 ("Nadelproblem": 1777)

K. BUGAJSKA und S. BUGAJSKI 1973a. The projection postulate in quantum logics. Bull. Acad. Pol. Sc. Série des sc. math, astr. et phys., **21** 873-877

"   "   1973b. The lattice structure of Quantum Mechanics. Ann. Inst. Henri Poincaré **19**, 333-340

M. BUNGE 1973. Philosophy of Physics. Dordrecht (Reidel)

L. CASTELL 1975. Quantum Theory of Simple Alternatives. In: Castell, Drieschner & Weizsäcker

"   1977. Ur-Theory for Physicists. In: Castell, Drieschner, Weizsäcker

L. CASTELL, M. DRIESCHNER, C. F. v. WEIZSÄCKER (eds.) 1975. Quantum Theory and the Structures of Time and Space. München (Hanser) Bd. I; Bd. II: 1977

J. F. CLAUSER 1976. Experimental Investigation of a Polarization Correlation Anomaly. Phys. Rev. Lett. **36**, 1223

"   und M. HORNE 1974. Experimental Consequences of Local Theories. Phys. Rev. **D 10**, 526-535

W. M. CORNETTE, S. P. GUDDER 1974. The mixture of quantum states. J. Math. Phys. **15**, 842-850

J. CZELAKOWSKI 1975. Logics based on partial Boolean σ-Algebras. Studia Logica **23**, 371 und **24**(1975) 69

G. DÄHN 1973. Two Equivalent Criteria for Modularity of the Lattice of All Physical Decision Effects. Comm. Math. Phys. <u>30</u>, 69-78

A. DANERI, A. LOINGER, G.M. PROSPERI 1962. Quantum Theory of Measurement and Ergodicity Conditions. Nucl. Phys. <u>33</u>, 297-319

C.S. DARWIN, R.H. FOWLER 1922. Phil. Mag. <u>44</u>, 450, 823. Phil. Mag. <u>45</u>(1923) 1
vgl. R.H. Fowler. Statistical Mechanics, Cambridge, ^{2}1936

E.B. DAVIES and J.T. LEWIS 1970. An Operational Approach to Quantum Probability. Comm. Math. Phys. <u>17</u>, 239-260

P.C.W. DAVIES 1974. The Physics of Time Assymmetry. Berkeley / Los Angeles (Univ. of Calif. Press)

P. DEBYE 1910. Der Wahrscheinlichkeitsbegriff in der Theorie der Strahlung. Ann. d. Phys. (4) <u>33</u>, 1427-34

R. DESCARTES 1641. Meditationes de Prima Philosophia. Paris

B.S. De WITT, N. GRAHAM (eds.) 1973. The Many-World Interpretation of Quantum Mechanics. Princeton, N.J. (U.P.)

R.H. DICKE et al. 1964. P.G. Roll, R. Krotkov, R.H. Dicke. The equivalence of inertial and passive gravitational mass. Ann. Phys. (USA) <u>26</u>, 442-517

P.A.M. DIRAC 1930. The Principles of Quantum Mechanics. Oxford (U.P.).
^{4}rev.1967

H.v. DITFURTH 1976. Der Geist fiel nicht vom Himmel. Die Evolution unseres Bewußtseins. Hamburg (Hoffmann & Campe)

M. DRIESCHNER 1967. Quantum Mechanics as a General Theory of Objective Prediction. Hamburg (Diss.) 1970.
s.a. C.F.v. Weizsäcker 1970, 1971c

" 1972. Fermi- und Bose-Teilchen aus Bose-Uren. MPIEL

" 1974a. The Structure of Quantum Mechanics: Suggestions for a Unified Physics. In: Foundations of Quantum Mechanics and Ordered Linear Spaces. Hrsg. von A. Hartkämper und H. Neumann. Lecture Notes in Physics 29. Berlin etc. (Springer)

" 1974b. Objekte der Naturwissenschaft. Neue Hefte für Philosophie <u>6/7</u>, 104.

" 1977a. The Abstract Concept of Physical Object. In: Castell, Drieschner & Weizsäcker 1977

" 1977b. Is (Quantum) Logic Empirical? Journ. Philos. Logic <u>6</u>

K. DRÜHL, R. HAAG, J.E. ROBERTS 1970. On Parastatistics.
Comm. Math. Phys. 18, 204-226

" 1976. On the Space-Time Interpretation of Classical Canonical Systems. I. The General Theory. II. Relativistic Canonical Systems. Comm. Math. Phys. 49, 277-300

H.P. DÜRR 1975. Ist ein Elementarteilchen elementar? Vortrag Leopoldina (Nova Acta Leopoldina)

A. DYCE (ed.) 1838. The works of Richard Bentley. London

P. EHRENFEST 1906a. Zur Planckschen Strahlungstheorie. Phys. Zeitschr. 7, 528, abgedr. in Ehrenfest 1959

" 1906b (mit T. Ehrenfest). Über eine Aufgabe aus der Wahrscheinlichkeitsrechnung, die mit der kinetischen Deutung der Entropievermehrung zusammenhängt. Math.-Naturw. Blätter 3, Heft 11, 12 Abgedr. in Ehrenfest 1959

" 1911. Welche Züge der Lichtquantenhypothese spielen in der Theorie der Wärmestrahlung eine wesentliche Rolle? Ann. d. Phys. 36 91-118. Abgedruckt in Ehrenfest 1959

" 1959. Collected Scientific Papers, ed. by Martin J. Klein. Amsterdam (North-Holland)-New York (Interscience)

A. EINSTEIN 1905. Zur Elektrodynamik bewegter Körper. Ann. d. Phys. 17, 891

" 1911. Über den Einfluß der Schwerkraft auf die Ausbreitung des Lichts. Annalen der Physik 35, 898-908
Abgedr. in: J.A. Lorentz, H. Einstein, H. Minkowski 1913

" 1915. Grundgedanken der Allgemeinen Relativitätstheorie und Anwendung dieser Theorie in der Astronomie. Preuß. Akad. der Wiss., Sitzungsberichte 315, 778, 799, 831

" 1918. Prinzipielles zur Allgemeinen Relativitätstheorie.
Ann. d. Phys. 55, 241-244

" , B. PODOLSKY, N. ROSEN 1935. Can Quantum Mechanical Description of Physical Reality Be Considered Complete?
Phys. Rev. 47, 777

" 1917. Kosmologische Betrachtungen zur allgemeinen Relativitätstheorie. Sitzungsber. Preuß. Akad. Wiss.
Abgedr. in Lorentz et al. 1913, 142-152

" 1949. Autobiographisches. In: P.A. Schilpp

R.V. EÖTVÖS 1889. Über die Anziehung der Erde auf verschiedene Substanzen.
Math. Naturw. Ber. aus Ungarn 8, 65-68.

B. d´ESPAGNAT 1965. Conceptions de la Physique Contemporaine.
    Paris (Hermann)
    dt. Übers.: Grundprobleme der Gegenwärtigen Physik. Braunschweig
    (Vieweg) 1971

"   1966. Two Remarks on the Theory of Measurement
    Supplemento al Nuovo Cimento $\underline{4}$, 828-838

"   1971. Foundations of Quantum Mechanics. Proceedings of
    the International School of Physics "Enrico Fermi", Course 49.
    New York, London (Academic)

W. K. ESSLER 1969. Einführung in die Logik. Stuttgart (Kröner)

"   1971a. Über synthetisch-apriorische Urteile. In: H. Lenk(Hrsg.)
    Neue Aspekte der Wissenschaftstheorie. Braunschweig (Vieweg)

"   1971b. Wissenschaftstheorie II. Freiburg/München (Alber)

EUKLID. Die Elemente. Nach Heibergs Text aus dem Griechischen übers. & hrsg.
    v. Ch. Thaer. Braunschweig (Vieweg) / Darmstadt (Wiss.Buchges.)
    1973; nachgedruckt nach "Ostwald´s Klassiker" 5 Jefte, Leipzig
    1933-1937

H. EVERETT 1957. "Relative State" Formulation of Quantum Mechanics.
    Rev.Mod.Phys. $\underline{29}$, 454

R. FEYNMAN 1965. The Character of Physical Law. Cambridge, Mass.(MIT)

"   ,R.B. LEIGHTON, M. SANDS 1965. The Feynman Lectures on
    Physics, Bd.3. London/Reading, Mass.etc. (Addison-Wisley)
    Deutsch-Englisch München (Oldenburg Bilingua)

P.D.FINCH 1969. On the Structure of Quantum Logic. Journ.Symb. Log. $\underline{34}$
    275-82
    Abgedr. in Hooker 1975

de FINETTI 1937. La prévision.... Ann.Inst.H. Poincaré $\underline{7}$, 1-68.
    Engl. Übersetzung in Kyburg & Smokler, Studies in Subjective
    Probability, New York 1964

"   1972. Probability, Induction, and Statistics. London (Wiley)

D.FINKELSTEIN, J.M.JAUCH, D.SPEISER 1962. Journ.Math.Phys. $\underline{3}$, 207
    Journ.Math.Phys. $\underline{4}$ (1963), 788

D.FINKELSTEIN 1972. Space-Time-Code III. Phys.Rev.D 5, 2922
    vgl. auch: Projective Quanta. Report Belfer 1972.02.03

"   1976. Quantum Logic. New York (Wiley-Interscience)

D.J. FOULIS & C.H. RANDALL 1972. Operational Statistics I. Basic Concepts.
    Journ.Math.Phys. $\underline{13}$, 1667-1675

W. FRANZ 1977. Über mathematische Aussagen, die samt ihrer Negation
        unbeweisbar sind: Der Unvollständigkeitssatz von Gödel.
        Sitzungsber. Wiss.Ges. Univer. Ffm,$\underline{14}$, Nr.1 Wiesbaden (Steiner)

D. FREDE 1970. Aristoteles und die "Seeschlacht". Das Problem der
        Contingentia Futura in de Interpretatione 9. Hypomnemata, Heft 27

S. FREEDMAN & J. CLAUSER 1972. Experimental Test of Local Hidden-
        Variable Theories. Phys.Rev. Lett. $\underline{28}$, 938-941

G. FREGE 1879. Begriffsschrift. Halle

"   1892. Über Sinn und Bedeutung. Zeitschr.f.Philos.und philos.Kritik
    NF 100, S.25-50
    Abgedr. in G. Frege.Funktion,Begriff, Bedeutung.
    Kleine Vandenhoeck-Reihe 144. Göttingen ^{3}1969

"   1904. Was ist eine Funktion? Festschr.f.L.Boltzmann
    Abgedr. in:G. Frege. Funktion, Begriff, Bedeutung.
    Göttingen (Vandenhoeck & Ruprecht) ^{3}1969

F. FRÖBEL 1974. Entwurf der Logik. München (Hanser)

H. GERICKE 1963. Theorie der Verbände. Mannheim (BI-htb 38)

A.M. GLEASON 1957. Measures on the Closed Sub-Spaces of a Hilbert Space.
        Journ.Math.Mech.$\underline{6}$, 885-893
        Abgedr. in Hooker 1975

K. GÖDEL 1930. Die Vollständigkeit der Axiome des logischen Funktionen-
        kalküls. Monatshefte für Mathematik und Physik $\underline{37}$

"   1931. Über formal unentscheidbare Sätze der Principia Mathematica
    und verwandter Systeme I. Monatshefte für Mathematik und Physik $\underline{38}$

R.J. GREECHIE 1969. An Orthomodular Poset With a Full Set of States not
        Embeddable in Hilbert Space. Caribbean J. of Sci. and Math. $\underline{1}$
        15-26

"   1971. Orthomodular Lattices Admitting no States.
    Journal of Combinatorial Theory $\underline{10}$,119-132

"   1975. On Three-Dimensional Quantum Proposition Systems.
    In:Castell, Drieschner, Weizsäcker, pp 71-84

"   and S.P GUDDER 1973. Quantum Logics. In Hooker 1973 und
    1975

E. GRGIN & A. PETERSEN 1976. Algebraic Implications of Composability of
        Physical Systems. Comm.Math.Phys. $\underline{50}$, 177-188

A. GRÜNBAUM 1967. The Anisotropy of Time. In: T. Gold and
   D.L. Schuhmacher (eds.). The Nature of Time. Cornell U.P.
   dt. in: L. Krüger (Hrsg.) : Erkenntnisprobleme der Naturwissenschaften. Neue Wissenschaftliche Bibliothek 38. Köln 1970.
   S. 476-508

S. GUDDER and C. PIRON 1971. Observables and the Field in Quantum
   Mechanics. Journ. of Math. Phys. $\underline{12}$, 1583-1588

   "   1973a. Convex Structures and Operational Quantum Mechanics.
   Comm. Math. Phys. $\underline{29}$, 249-264

   "   1973b. A Superposition Principle in Physics. Journ. of Math. Phys. $\underline{11}$
   1037-1040

E.A. GUGGENHEIM 1959. Thermodynamics, Classical and Statistical.
   In: S. Flügge, Hrsg.: Handbuch der Physik, Band III/2:
   Prinzipien der Thermodynamik und Statistik. Berlin etc. (Springer)

F. HAAKE & W. WEIDLICH 1968. A Model for the Measuring Process in
   Quantum Theory. Zeitschr. f. Physik $\underline{213}$, 451-465

J. HABERMAS 1967. Zur Logik der Sozialwissenschaften. Frankfurt
   (Suhrkamp) ^{3}1973

   "   1973. Wahrheitstheorien. In: Wirklichkeit und Reflexion;
   Walter Schulz zum 60. Geburtstag. Pfullingen (Neske)

J. HACKING 1965. The Logic of Statistical Inference. Cambridge

F. R. HALPERN 1968. Special Relativity and Quantum Mechanics.
   Englewood Cliffs, N.J. (Prentice-Hall)

S. HAMPSHIRE 1972. Freedom of Mind. Oxford (Clarendon)

J.B. HARTLE 1968. Quantum Mechanics of Individual Systems.
   Am. J. Phys. $\underline{36}$, 704-712

W. HEISENBERG 1927. Über den anschaulichen Inhalt der quantentheoretischen
   Kinematik und Mechanik. Zt. f. Phys. $\underline{43}$, 172-198
   Abgedruckt in: H. Hermann (Hrsg.): W. Heisenberg, N. Bohr:
   Die Kopenhagener Deutung der Quantentheorie. Dokumente der
   Naturwissenschaft, Band 4. Stuttgart (Battenberg) 1963

   "   1930. Die Physikalischen Prinzipien der Quantentheorie.
   Leipzig (Hirzel). Neu gedruckt Mannheim (BI-Htbl) 1958

   "   1967. Einführung in die einheitliche Feldtheorie der
   Elementarteilchen. Stuttgart (Hirzel)

   "   1969. Der Teil und das Ganze. München (Piper)

   "   1971. Schritte über Grenzen. München (Piper)

W. HEISENBERG 1973. Die Richtigkeitskriterien der abgeschlossenen Theorien in der Physik. In: Einheit und Vielheit, hrsg. E. Scheibe und G. Süßmann. Göttingen (Vanderhoeck & Ruprecht)

" 1976. Was ist ein Elementarteilchen? Die Naturwissenschaften (Feb.76); Physics Today, 32-39

K.E. HELLWIG, D. KRAMER 1974. Propositional Systems and Measurement I und II. Intl. J. Theor. Phys. $\underline{9}$, 277-289 und $\underline{10}$, 261-272

K. HEPP 1972. Quantum Theory of Measurement and Macroscopic Observables. Helv.Phys.Act. $\underline{45}$, 237-248

H. HERTZ 1894. Die Prinzipien der Mechanik, in neuem Zusammenhang dargestellt. Leipzig

A. HEYTING 1930. Die formalen Regeln der intuitionistischen Logik. Sitzungsber. d. preuß. Akad.d.Wiss., Phys.-Math.Vorl., vgl. Intuitionism. An Introduction. Amsterdam ^{2}1966

D. HILBERT 1899. Grundlagen der Geometrie. Leipzig. Stuttgart (Teubner)^{10}1968

I. HINCKFUSS 1975. The Existence of Space and Time. Oxford (Clarendon)

T. HONDERICH 1973. Essays on Freedom of Action. London, Boston (Routledge)

C.A. HOOKER 1973. Contemporary Research in the Foundations and Philosophy of Quantum Mechanics. Dordrecht-Holland /Boston(Reidel)

" 1975. The Logico-Algebraic Approach to Quantum Mechanics. Bd I: Historical Evolution. Dordrecht/Boston (Reidel)

D. HUME 1777. An Enquiry Concerning Human Understanding. London ^{2}1777 repr. Oxford 1902

M. JAMMER 1954. Concepts of Space. Cambridge, Mass. (Harvard U.P.); dt.: Das Problem des Raumes. Darmstadt (Wiss.Buchges.) 1960

" 1957. Concepts of Force. Cambridge, Mass. (Harvard U.P.)

" 1961. Concepts of Mass. Cambridge, Mass.(Harvard U.P.) deutsch: Der Begriff der Masse in der Physik. Darmstadt (WB) 1964

" 1966. The Conceptual Development of Quantum Mechanics. New York etc. (McGraw-Hill)

" 1974. The Philosophy of Quantum Mechanics. New York etc.(Wiley)

J. M. JAUCH 1964. The Problem of Measurement in Quantum Mechanics. Helv. Phys. Act. 37, 293-316

" , E.P. WIGNER, M.M. YANASE 1967. Some Comments Concerning Measurements in Quantum Mechanics. Il Nuovo Cimento 48, 144-151

" 1968. Foundations of Quantum Mechanics. Reading, Mass. (Addison-Wesley)

" 1971. Foundations of Quantum Mechanics. in: D´Espagnat, S. 20-55)

" 1973. Die Wirklichkeit der Quanten. Ein zeitgenössischer galileischer Dialog. München (Hanser)

" & C. PIRON 1969. On the Structure of Quantal Proposition Systems. Helv. Phys. Act. 42, 842-848.
Abgedruckt in Hooker 1975

E.T. JAYNES 1959. Probability Theory in Science and Engineering. (Socony Mobil Oil Co.) Dallas, Tex.

" 1973. The Well-Posed Problem. Found. of Phys. 3, 477-492

G. JOOS 1956. Lehrbuch der theoretischen Physik. Leipzig (Akademische Verlagsges. Geest & Portig)

W. KAMLAH und P. LORENZEN 1967. Logische Propädeutik. Mannheim (Bibl. Inst.)

I. KANT 1781. Kritik der reinen Vernunft. Riga 1781(A), 1787 (B)

" 1783 (A). Prolegomena zu einer jeden künftigen Metaphysik, die als Wissenschaft **wird** auftreten können.

" 1786. Metaphysische Anfangsgründe der Naturwissenschaft. Riga

E. KAPP 1965. Der Ursprung der Logik bei den Griechen. Göttingen (kl. Vanderhoeck-Reihe)

L. KASDAY 1971. Experimental text of quantum predictions for widely separated photons. In: Expagnat

A. J. KHINCHIN 1949. Mathematical Foundations of Statistical Mechanics. New York.

G. KIRCHHOFF 1876. Vorlesungen über Mechanik. Leipzig

F. KLEIN 1872. Vergleichende Betrachtungen über neuere geometrische Forschungen. ("Das Erlanger Programm"). Erlangen (Deichert) Abgedruckt in Math. Ann. 43 (1893) und in: F. Klein, Ges. Math. Abh. I, Berlin etc. (Springer) Reprint 1973

A. KOLMOGOROFF 1932. Zur Begründung der projektiven Geometrie.
Annals of Math. 33 , 175-176

" 1933. Grundbegriffe der Wahrscheinlichkeitsrechnung.
Ergebnisse der Math. und ihrer Grenzgebiete 2, Heft 3.
Berlin (Springer)

A. KOTAS, 1963. Axioms for Birkhoff-v.Neumann Quantum Logic. Bulletin
de l'Académie Polonaise des sciences, astr. et phys. Vl.XI, 629

V. KRAFT 1960. Erkenntnislehre. Wien (Springer)

H. KRIPS 1977. Quantum Theory and measures of Hilbert Space.
Journ. Math. Phys. 18, 1015-1021

W. KROHN 1977. Die "neue Wissenschaft" der Renaissance. In: G. Böhme,
W.v.d.Daele, W. Krohn. Experimentelle Philosophie.
Ursprünge autonomer Wissenschaftsentwicklung. Frankfurt (Suhrkamp)

T.S. KUHN 1967. Die Struktur wissenschaftlicher Revolutionen. Frankfurt

H. KUNSEMÜLLER 1964. Zur Axiomatik der Quantenlogik. Philosophia
Naturalis 8, 363

L. D. LANDAU, E.M. LIFSCHITZ 1965. Lehrbuch der Theoretischen Physik,
Bd.III: Quantenmechanik. Berlin (Akademie-Verl.), ^{3}1967

" 1970. Lehrbuch der Theoretischen Physik,
Band V: Statistische Physik. Berlin (Akademie-Verl.) ^{2}1970
(russ. Originalausg. Moskau 1950)

P.S.de LAPLACE 1812. Théorie analytique des probabilités. Paris

" 1814. Essais Philosophiques sur les Probabilités. Paris
^{5}1825, Paris (Gauthier-Villars) 1921

G.W. LEIBNIZ 1875. Die philosophischen Schriften. Hrsg. C.I. Gerhardt (7 Bde.)
Berlin 1875 bis 1890. Vgl. Bochenski(1956) No.38.08-38.13

" 1890. Die philosophischen Schriften von G.W. Leibniz, ed.
C.I. Gerhardt, Band VII, Berlin, Nachdruck Hildesheim 1965

" 1903. Opuscules et fragments inedits de Leibniz; ed. L. Couturat
Paris, Nachdruck Hildesheim 1966

L. LESIEUR 1953. Treillis géometriques; Teil III von: Leçons sur la théorie
des treillis.... M.L. Dubreil-Jacotin, L. Lesieur et R.Croisot.
Paris

J.-M. LEVY-LEBLOND 1974. The Pedagogical Role and Epistemological
Significance of Group Theory in Quantum Mechanics.
Riv.del Nuovo Cimento 4, 99-143

E. M. LOEBL 1975. Group Theory and its Applications, 3 Bde.
New York, London (Academic) 1968-1975

F. LONDON, E. BAUER 1939. La Théorie de l'Observation en
        Méchanique Quantique, Paris (Hermann)

J.H. LOPES, M. PATY 1977. Quantum Mechanics a Half Century later.
        Dordrecht (Reidel)

H.A. LORENTZ, A. EINSTEIN, H. MINKOWSKI 1913. Das Relativitätsprinzip.
        Leipzig (Teubner), ^{5}1923; Darmstadt (Wiss. Buchges.) ^{6}1958

Konrad LORENZ 1973. Die Rückseite des Spiegels. München (Piper)

Kuno LORENZ 1968. Dialogspiele als semantische Grundlage von Logik-
        kalkülen. Arch. für math. Logik und Grundlagenforschung $\underline{11}$, 32-55
        und 73-100. Abgedruckt in Lorenzen 1978

P. LORENZEN 1955. Einführung in die operative Logik und Mathematik.
        Heidelberg (Springer) ^{2}1969

"   1958. Logik und Agon. In: Atti del XII Congresso Inter-
nazionale di Filosofia (Venedig), Firenze 1958-59. Abgedruckt
in Lorenzen 1978.

"   1954. Ein dialogisches Konstruktivitätskriterium. In: Infinitistic
Methods, Proc. Symp. Found. Math., Warschau. Oxford 1961

"   1962. Metamathematik. Mannheim (Bibl. Inst.)

"   1965. Differential und Integral. Frankfurt(M.) (Akademische
Verl. ges.)

"   1967. Nicht-empirische Wahrheit. Kap. VI von W. Kamlah
und P. Lorenzen 1967. Abgedruckt in Lorenzen 1978

"   1974. Konstruktive Wissenschaftstheorie. Frankfurt (Suhrkamp)

"   1978 (mit Kuno Lorenz). Dialogische Logik. Darmstadt (WBG)

J.R. LUCAS 1970. The Concept of Probability. Oxford

G. LÜDERS 1951. Über die Zustandsänderung durch den Meßprozeß.
        Ann. d. Phys. $\underline{8}$, 322-328

G. LUDWIG 1970. Deutung des Begriffs "physikalische Theorie" und
        axiomatische Grundlegung der Hilbertraumstruktur der Quanten-
        mechanik durch Hauptsätze des Messens. Lecture Notes in Physics $\underline{4}$
        Berlin... (Springer)

"   1974. Einführung in die Grundlagen der Theoretischen Physik.
Düsseldorf (Bertelsmann), Bd. 1, 2

"   1976. Einführung in die Grundlagen der Theoretischen Physik. Bd. 3
Braunschweig (Vieweg)

E. MACH 1883. Die Mechanik in ihrer Entwicklung. 9. Aufl. Leipzig 1933.
        nachgedruckt Darmstadt (Wiss. Buchges.) 1963

"   1868. Über die Definition der Masse. Carl's Repetitiorium der
Experimentalphysik $\underline{4}$; abgedr. in Erhaltung der Arbeit (Leipzig)
^{2}1909

E. MACH 1900. Die Principien der Wärmelehre, historisch-critisch
    entwickelt. Leipzig (Barth) ^{2}1900

D.M. McKAY 1960. On the logical indeterminacy of a free choice.
    Mind 69, 31-40

" 1969. Der Mensch als Mechanismus. IN: D.M.McKay(Hrsg.)
    Christentum in einem mechanistischen Universum. Wuppertal
    (R. Brockhaus)

G.W. MACKEY 1963. The Mathematical Foundations of Quantum Mechanics.
    New York / Amsterdam (Benjamin)

M.D. Mc LAREN 1965. Notes on Axioms for Quantum Mechanics. ANL-7065
    Argonne National Laboratory, Physics. Springfield, VA. (Clearing-
    house for Fed.Sc.Inf.)

M.J.MACZYŃSKI 1973. The field of real numbers in axiomatic quantum
    mechanics. J.Math.Phys.14, 1469-1471

" 1974. Functional Properties of Quantum Logic.
    Intl.J.Theor.Phys.11, 149-156

H.P.MATTER 1970. De la décomposition des treillis orthomodulaires,
    Thèse 1512, Genf.

H. MESCHKOWSKI 1968. Wahrscheinlichkeitsrechnung. BI-htb 285, Mannheim

A. MESSIAH 1958. Mécanique Quantique. Paris(Dunod); engl. Übersetzung
    Amsterdam (North Holland) 1961

K.-M. MEYER-ABICH 1965. Korrespondenz, Individualität, Komplementarität.
    Wiesbaden (Steiner)

A.A. MICHELSON 1881. Am.J.of Science(3) 22, 120
"   & E.W.MORLEY. Am.J.of Science (3) 34 (1887); Phil.Mag. (5)
    24 (1887) 449

B. MIELNIK 1968. Geometry of Quantum States. Comm.Math.Phys.9, 55-80

" 1969. Theory of Filters. Comm.of Math.Phys.15, 1-46

" 1974. Generalized Quantum Mechanics. Comm.Math.Phys.37,
    221-256

R.v.MISES 1928. Wahrscheinlichkeit, Statistik und Wahrheit.Wien(Springer) ^{3}1951

Ch.W. MISNER, Kip.S.THORNE, J.A. WHEELER 1973. Graviation.
    San Francisco (Freeman)

P. MITTELSTAEDT 1963. Philosophische Probleme der modernen Physik. Mannheim (BI-Htb.) ⁴1972. Engl. Ausgabe: Boston Studies in the Philosophy of Science (ed. R. S. Cohen) Bd. 18. Dordrecht (Reidel)1976.

" 1970. Quantenlogische Interpretation orthokomplementärer quasimodularer Verbände. Z. Naturforschung 25a, 1773-78

" 1972. Objektivierbarkeit, Quantenlogik und Wahrscheinlichkeit. In: E. Scheibe u. G. Süßmann (Hrsg.). Einheit und Vielheit. Göttingen (Vandenhoeck & Rupr.)
In: P. Mittelstaedt. Die Sprache der Physik. Mannheim (BI) 1972

" 1978. Quantum Logic. Dordrecht (Reidel)

" , E. W. STACHOW 1974. Operational Foundation of Quantum Logic, Foundations of Physics $\underline{4}$, 355

R. L. MÖSSBAUER 1958. Kernresonanzabsorption von Gammastrahlung in Ir^{191}. Die Naturwiss. $\underline{45}$, 538

E. W. MORLEY s. Michelson

A. M. K. MÜLLER 1973. C. F. v. Weizsäckers Hypothese einer begrifflich vollendbaren Physik. Phys. Bl. $\underline{29}$, 99-105

J. v. NEUMANN 1932. Mathematische Grundlagen der Quantenmechanik. Berlin.... (Springer) 1932/1968. Grundlehren Bd. 38

I. NEWTON 1760. Philosophiae naturalis principia mathematica. Ed. Th. Le Seur et Fr. Jacquier, Glasgow. Vgl. auch Jammer

" 1779. Isaaci Newtoni Opera, ed. Samuel Horsley, London, 1779-1785

W. OCHS 1971. Can Quantum Theory be Presented as a Classical Ensemble Theory? Ztschr. f. Naturforschung $\underline{26a}$, 1740-1753

" 1972. On the Covering Law in Quantal Proposition Systems. Commun. Math. Phys. $\underline{25}$, 245-252

" 1973. Vortrag über den Wahrscheinlichkeitsbegriff in der Quantenmechanik. München

" 1977. On the strong law of larger numbers in quantum probability theory. Journ. Philos. Logic $\underline{6}$, 473-480

K. R. PARTHASARATHY 1969. Multipliers on Locally Compact Groups. Lecture Notes in Mathematics $\underline{93}$. Berlin (Springer)

PARTICLE DATA GROUP 1976. Review of Particle Properties. Reviews of Modern Physics 48, No.2, Part II.

M. PATY 1975. Les tentatives récentes de vérification de la méchanique quantique. Fundamenta Scientiae (U.Strasbourg) No.39. Engl. Übers. in Lopes & Paty 1977

W. PAULI 1925. Über den Zusammenhang des Abschlusses der Elektronengruppen im Atom mit der Komplexstruktur der Spektren. Zeitschr.f.Physik 31, 765-783

" 1941. Relativistic Field Theory of Elementary Particles. Rev.Mod.Phys. 13, 203-232

" 1957. Phänomen und physikalische Realität. Dialectica 11, 36-48; abgedruckt in Pauli 1964.

" 1964. Collected Scientific Papers. Ed.by R. Kronig and V.F.Weisskopf. New York ...(Wiley)

C. PIRON 1964. Axiomatique Quantique. Helv.Phys.Act. 37, 439

" 1969. Les règles de supersélection continues. Helv.Phys.Act. 42, 330-338

" 1976. Foundations of Quantum Physics. Math.Phys. Monograph 19 Reading, Mass. (Benjamin)

" 1977. A First Lecture on Quantum Mechanics.In Lopes & Paty 1977

M. PLANCK 1900a. Über eine Verbesserung der Wien'schen Spektralgleichung. Verh. d.Dt. Phys.Ges. 2, 202-204. Abgedr.in: Phys.Vorträge und Abhandlungen Bd.1, S.687. Braunschweig (Vieweg) 1958

" 1900b. Verh. d.Dt.Phys.Ges.2, 237-245. Phys.Abh.& Vortr.Bd.1, S.700-701

" 1920. Nobel-Vortrag. 2.6.1920. Abgedruckt in : Physikalische Abhandlungen und Vorträge,Bd.·3, S.121-134. Braunschweig (Vieweg) 1958

" 1921. Vorlesungen über die Theorie der Wärmestrahlung. Leipzig (J.A.Barth)

K. POPPER 1934. Zur Kritik der Ungenauigkeitsrelationen. Die Naturwissen.22 807-808. Vgl. auch Jammer 1974, S.174-181

" 1935. Logik der Forschung. Wien (Springer) The Logic of Scientific Discovery. London 1959. (Basic Books)

" 1957. The propensity interpretation of the calculus of probability and the quantum theory. In: Observation and Interpretation, ed.S.Körner, London

" 1959. The propensity interpretation of probability.Brit.J.Phil.Sci.

" 1967. In: M.Bunge (ed.): Quantum Theory and Reality.New York (Springer)

R.V. POUND et al. 1960. R.V. Pound & G.A. Rebka. Apparent Weight of Photons. Phys. Rev. Lett. <u>4</u>, 337-341
R.V. Pound & J.L. Snider. Effect of Gravity on Gamma Radiation. Phys. Rev. Lett. <u>13</u> (1965), 539

W. van O. QUINE 1940. Mathematical Logic. Cambridge, Mass. (Harvard UP)

C.H. RANDALL & D.J. FOULIS 1973. Operational Statistics II. Manuals of operations and their logics. J. Math. Phys. <u>14</u>, 1472-1480

" 1974. The empirical logic approach to the physical sciences. In: A. Hartkämper & H. Neumann (Hrsg.). Foundations of Quantum Mechanics and Ordered Linear Spaces. Lecture Notes in Phys. <u>29</u> Berlin etc. (Springer)

" & D.J. FOULIS 1977. The Operational Approach to Quantum Mechanics. In: C.A. Hooker (Hrsg.) The Logico-Algebraic Approach to Quantum Mechanics, Bd. III. Dordrecht (Reidel)

RAYLEIGH 1900. J.W. Strutt, Lord R. Remarks upon the law of complete radiation. Phil. Mag. <u>49</u>, 539-540

H, RECHENBERG 1975. Ist das Gibb'sche Paradox paradox? Phys. Bl. <u>31</u>, 456

H. REICHENBACH 1935. Wahrscheinlichkeitslehre. Leiden

A. RÉNYI 1969. Briefe über Wahrscheinlichkeit. Basel/Stuttgart (Birkhäuser)

N. RESCHER 1973. The Coherence Theory of Truth. Oxford (Clarendon)

H. RICHTER 1966. Wahrscheinlichkeitstheorie. Berlin, Heidelberg, New York (Springer)

" 1972. Eine einfache Axiomatik der subjektiven Wahrscheinlichkeit. Ist^o Nat^e di Alta Mathematica, Symposia Mathematica <u>9</u>, 59-77

" 1974. Die historische und logische Verbindung zwischen Wertbegriff und Wahrscheinlichkeitsbegriff. Blätter der dt. Ges. für Versicherungsmathematik <u>11</u>, 311-318; 481-490; <u>12</u> (1975), 3-14

J. RITTER (Hrsg.) 1972 ff. Historisches Wörterbuch der Philosophie. Basel-Stuttgart (Schwabe)

P.G. ROLL, R. KROTKOV, R.H. DICKE 1964. Ann. Phys. (N.Y.) <u>26</u>, 442

P. ROMAN 1977. Statistical Thermodynamics of Ur-Systems. In: Castell, Drieschner & Weizsäcker 1977

G. ROSE 1964. Zur Orthomodularität von Wahrscheinlichkeitsfeldern. Zeitschr. f. Physik <u>181</u>, 331-332

B. RUSSELL 1903. The Principles of Mathematics. Cambridge

D.F. RUTHERFORD 1965. Introduction to Lattice Theory. Edinburgh/London

G.T. RÜTTIMANN 1977. Logikkalküle der Quantenphysik. Berlin (Duncker & Humblodt)

W.C. SALMON 1963. Logic. Englewood Cliffs N.J. (Prentice Hall), ^{2}1973

L.J. SAVAGE 1954. The Foundations of Statistics. New York (Wiley)

E. SCHEIBE 1964. Die kontingenten Aussagen in der Physik. Frankfurt/M. (Athenäum)

" 1967. Bibliographie zu Grundlagenproblemen der Quantenmechanik. Philosophia Naturalis $\underline{10}$, 249-290

" 1973a. The Logical Analysis of Quantum Mechanics. Intl. Series of Monographs in Natural Philosophy, vol. 56. Oxford etc. (Pergamon)

" 1973b. Die Erklärung der Keplerschen Gesetze durch Newtons Gravitationsgesetze. In: Einheit und Vielheit. Hrsg. v. E. Scheibe und G. Süßmann. Göttingen

P.A SCHILPP (ed.) 1949. Albert Einstein, Philosopher Scientist New York. Dt.: Stuttgart (Kohlhammer) 1955

A. SCHLÜTER 1948. Z. Naturforschung 3a, 350

C.P. SCHNORR 1971. Zufälligkeit und Wahrscheinlichkeit. Lecture Notes in Mathematics $\underline{218}$. Berlin/Heidelberg/ New York (Springer)

E. SCHRÖDINGER 1935. Die gegenwärtige Situation in der Quantenmechanik. Die Naturwiss. $\underline{23}$, 807-812; 823-828; 844-849

I.E. SEGAL 1975. A Variant of Special Relativity and Extragalactic Astronomy. In: Castell, Drieschner, Weizsäcker 1975

" 1976. Mathematic Cosmology and Extragalactic Astronomy. New York etc. (Academic)

" 1977. Spinors, Cosmology, Elementary Particles. In: Castell, Drieschner, Weizsäcker 1977

D.K. SEN 1968. Fields and/or Particles. Toronto (Ryerson), London, New York (Academic)

R. SEXL 1974. Außenseiter der Naturwissenschaft. Phys. Bl. $\underline{30}$, 19-21

A.V. SHUBNIKOV & V.A. KOPTSIK 1974. Symmetry in Science and Art.
New York/London (Plenum); (russ. Ausg. Moskau (Nauka) 1972)

A.K.J. SINGLETON 1975. The Journal of Documentation $\underline{31}$, 137

A. SOMMERFELD 1942. Mechanik. Leipzig (Geest & Portig) ^{5}1955

" 1952. Thermodynamik und Statistik. Hrsg. von F. Bopp und J. Meixner. Wiesbaden (Dieterich)

E.W. STACHOW 1975. Vollständigkeit des quantenlogischen Aussagenkalküls hinsichtlich einer semantischen Begründung durch Dialogspiele. Diss. Köln

O. STERN & W. GERLACH 1922. Der experimentelle Nachweis des magnetischen Moments des Silberatoms. Zeitsch. f. Physik $\underline{8}$, 110-111
Der experimentelle Nachweis der Richtungsquantelung im Magnetfeld. Ztsch. f. Physik $\underline{9}$ (1922) 349-355

W. STEGMÜLLER 1969. Probleme und Resultate der Wissenschaftstheorie und analytischen Philosophie, I. Wissenschaftliche Erklärung und Begründung. Berlin (Springer)

" 1970. Probleme und Resultate der Wissenschaftstheorie und analytischen Philosophie, II. Theorie und Erfahrung

" 1971. Humes Herausforderung und moderne Antworten. In: Das Problem der Induktion. Darmstadt (Wissenschaftl. Buchges.)

" 1973. Probleme und Resultate der Wissenschaftstheorie und analytischen Philosophie, IV. Personelle und statistische Wahrscheinlichkeit

E. STRÖKER 1973. Einführung in die Wissenschaftstheorie. Darmstadt (Wiss. Buchges.)

G. SÜSSMANN 1958. Über den Meßvorgang. Bayr. Akad. Wiss., Math. Nat. Kl., NF 88. München (Beck)
Engl. Kurzfassung in S. Körner (ed.): "Observation and Interpretation Dover 1962

" 1963. Einführung in die Quantenmechanik I : Grundlagen. BI-Hochschultaschenbuch 9. Mannheim (Bibl. Inst.)

E.C.G. STUECKELBERG 1960. Quantum Theory in Real Hilbert Space.
Helv. Phys. Act. $\underline{33}$, 727-752

" , M. GUENIN 1961. Quantum Theory in Real Hilbert Space II. (Addenda and Errata). Helv. Phys. Act. $\underline{34}$, 621-628

" , M. GUENIN, C. PIRON, H. RUEGG 1961.
Quantum Theory in Real Hilbert Space III: Fields of the First Kind (Linear Field Operators). Helv. Phys. Act. $\underline{34}$, 675-698

" , M. GUENIN 1962. Théorie des Quanta dans l'espace de Hilbert réel IV: Champs de 2e espèce (opérateurs et champs antilinéaires), T- et CP-covariance. Helv. Phys. Act. $\underline{35}$, 673-695

L. SZILARD 1929. Zeitschr. f. Phys. $\underline{53}$, 840.

A. TARSKI 1935. Der Wahrheitsbegriff in den formalisierten Sprachen. Studia Philosophica-Commentarii Societatis Philosophicae Polonorum 1. Wiederabgedruckt in: Berke/Kreiser(Hrsg.): Logik-Texte 1971, 447-557

L. TISZA 1963. The Conceptual Structure of Physics. Rev.Mod.Phys. $\underline{35}$ 115-185.

E. TUGENDHAT 1976. Vorlesungen zur Einführung in die sprachanalytische Philosophie. Frankfurt/M (suhrkamp taschenbuch wissenschaft)

V.S. VARADARAJAN 1968. Geometry of Quantum Theory. Vol.1 Princeton, N.J. (Van Nostrand); Vol.2 New York etc.(Van Nostrand-Reinhold) 1970. Jetzt: Berlin/New York (Springer)

B.L. van der WAERDEN 1932. Die gruppentheoretische Methode in der Quantenmechanik. Berlin (Springer)

" 1952. Das große Jahr und die ewige Wiederkehr. Hermes $\underline{80}$, 129

" 1965. Studium Generale $\underline{4}$, 65

" 1968. Die Anfänge der Astronomie. (Erwachende Wissenschaft Bd.2) Stuttgart und Basel (Birkhäuser)

S. WATANABE 1969a. Knowing and Guessing. New York (Wiley)

" 1969b. Modified Concepts of Logic, Probability, and Information Based on Generalzed Continuous Characteristic Functions. Information and Control $\underline{15}$, 1-21

" 1970. Creative Time. Stud.Gen.$\underline{23}$, 1057-1087

J. WEBER et al. 1973. New Gravitational Radiation experiments. Phys. Rev. Lett. $\underline{31}$, 779-783

W. WEIDLICH 1967. Problems of the Quantum Theory of Measurement. Zeitschr. f. Physik $\underline{205}$, 199-220

C.F. v. WEIZSÄCKER 1931. Ortsbestimmung eines Elektrons durch ein Mikroskop. Zschr. f. Physik $\underline{70}$, 114

" 1939. Der zweite Hauptsatz und der Unterschied von Vergangenheit und Zukunft. Annalen der Physik $\underline{36}$, 275. Abgedruckt in C.F.v.Weizsäcker 1971c, 172-182

" 1955. Komplementarität und Logik. Die Naturwiss.$\underline{42}$, 251-255. Abgedr. in "Zum Weltbild der Physik", ab 7.Aufl. Stuttgart (Hirzel) ^{7}1957, mit einem Kommentar zu einer Bemerkung von Bohr.

" 1958. Quantentheorie und einfache Alternative (Komplementarität und Logik II). Z. Naturforschung $\underline{13a}$, 245-253 III. Mehrfache Quantelung (zusammen mit E.Scheibe und G.Süßmann), Z. Naturforschung $\underline{13a}$, 705-721

C.F.v. WEIZSÄCKER 1964. Die Tragweite der Wissenschaft.Bd 1: Schöpfung und Weltentstehung. Die Geschichte zweiter Begriffe. Stuttgart (Hirzel)

" 1965. Zeit und Wahrscheinlichkeit. Vorlesung Hamburg SS 1965 (unveröffentlicht)

" 1970. In: T.Bastin (ed.) . Quantum Theory and Beyond. Cambridge (U.P.)

" 1971a. Die Einheit der Physik. Phys.Bl. $\underline{23}$, 4-14 abgedr. in C.F.v.Weizsäcker 1971b.

" 1971b. Notizen über die Philosophische Bedeutung der Heisenbergschen Physik. In: H.P.Dürr (Hrsg.), Quanten und Felder. Physikalische und philosophische Betrachtungen zum 70. Geburtstag von Werner Heisenberg. Braunschweig (Vieweg), 11-26

" 1971c. Die Einheit der Natur. Studien. München(Hanser)

" 1972. Evolution und Entropiewachstum; Information und Evolution. Nova Acta Leopoldina $\underline{37/1}$, 515-534
Abgedruckt in E.v.Weizsäcker 1974

" 1973a. Comment on Dirac's Paper. In: J.Mehra (ed.). The Physicist's Conception of Nature. S.55-59. Dordrecht (Reidel)

" 1973b. Probability and Quantum Mechanics. Brit.J.Phil.Sci. $\underline{24}$, 321-337

" 1974 . Geometrie und Physik. In: C.P.Enz and J. Mehra (eds.). Physical Reality and Mathematical Description. Festschrift für J.M.Jauch. Dordrecht (Reidel), s.48-90

" 1977a. Binary Alternatives and Space-Time-Structure. In: Castell, Drieschner & Weizsäcker 1977.

" 1977b. The Preconditions of Experience and the Unity of Physics. (Vortrag Bielefeld Juni 1977)

Ernst v. WEIZSÄCKER 1974. Offene Systeme I. Stuttgart (Klett)

H. WEYL 1928. Gruppentheorie und Quantenmechanik. Leipzig (Hirzel)

" 1952. Symmetry. Princeton, N.J. (U.P.). Dt.Übers. Basel (Birkhäuser) 1955

A.N. WHITEHEAD, B. RUSSEL 1910. Principia Mathematica. Cambridge 1910/1912/1913.

W. WIEN 1894. Temperatur und Entropie der Strahlung. Wiedemannsche Ann. d.Phys. $\underline{52}$, 132-165

" 1896. Über die Energievertheilung im Emissionsspektrum eines schwarzen Körpers. Wiedemannsche Ann. d.Phys. $\underline{58}$, 662-669 (vgl. dazu auch Jammer 1966, S. 8/9)

E. WIGNER 1931. Gruppentheorie und ihre Anwendung auf die Quantenmechanik der Atomspektren. Braunschweig (Vieweg)

" 1961. Remarks on the Mind-Body Question. In: I.J. Good (ed.). The Scientist Speculates, London (Heinemann). New York (Basic Books) 1962, 302; deutsch: Phantasie in der Wissenschaft. Düsseldorf-Wien (Econ) 1965. Abgedruckt in : E.P.Wigner. Symmetries and Reflections. Bloomington and London.(Indiana UP) 1967, 171-184

" 1963. The Problem of Measurement. Am. Journ. Phys. $\underline{31}$, 6-15

" 1971. The Subject of our Discussion. In: Espagnat 1971, 1-19

P.C. ZABEY 1975. Reconstruction Theorems in Quantum Mechanics. Found. of Phys. $\underline{5}$, 323

H.D. ZEH 1970. On the Interpretation of Measurement in Quantum Theory. Found. of Physics $\underline{1}$, 69-76.

" 1975. Connections between Quantum Theory, Thermodynamics, Cosmology, and Subjective Perception. Proceedings of the 4th ICOS (The International Cultural Foundation Inc.) New York

N. ZIERLER 1961. Axioms for non-relativistic quantum mechanics. Pacific J. Math. $\underline{11}$, 1151-1169

" , M. SCHLESSINGER 1965. Boolean Embeddings of Orthomodular Sets and Quantum Logic. Duke Math. J. $\underline{32}$, 252-262 Abgedruckt in Hooker 1975

F.J. ZUCKER 1974. Information, Entropie, Komplementarität und Zeit. In: E.v.Weizsäcker (Hrsg.). Offene Systeme I. Stuttgart (Klett)

REGISTER

Die Ziffern bezeichnen die Abschnitte. A bedeutet Anhang

α (Alternativen) A VI 4

Abgeschlossene Theorie II 1

Ableitbarkeit I 4

Abschnittskomplementär A VI 2

Äquivalenz VI 3; A VI 4c

  " , logische I 6

  " , starke A VI 4d

Äquivalenzprinzip V 4c

Äther V 4b

Allgemeinheit der Naturgesetze II 2, s.a. Gesetz

Alternative IV 5a; V 8; VI 12; A VI 4

  " , einfache IV 5a; VIII 3a

  " , Verhältnis zum Meßgerät VIII 1b

angeboren II 2

Anistropie der Zeit III 2b

"an sich"-Beschreibung V 6

"an sich", Objekt VII 6c

  " vorhanden VII 6

  " - Wahrheit I 2

  " , Wirklichkeit III 1; VII 1; VII 6d; IX 1 bis 3

Anwendung der Wahrscheinlichkeitstheorie IV 2b

a priori I 1; II 2

  " Begründung V 9; VI 1

a-priori-Wahrscheinlichkeit IV 7a; IV 7b

Aristoteles I 2; VI 2

Arithmetik I 4

Aspekte VII 1b; IX 2

Astrologie V 1

Astronomie V 1

Atom s. Aussage, atomare

" , notwendiges VI 3

" , im Verband AVI 2

atomar, vom Verband AVI 2

atomare Aussage VI 5

"   " , Notwendigkeit V 5; VII 6c; AVI 2

atomare Eigenschaft V 6

Atomismus VIII 3a

Atomistisch, vom Verband AVI 2; AVI 4a

Aussage I ; IV 5a

" , atomare VI 6

" , notwendige VI 6

Aussagenlogik, klassische AI 1

Aussagenverband VI 10

" , klassischer VI 12; VI 14

" , Quantenmechanischer AVI 4

Austauschgesetz AVI 4d

Automorphismus VI 19c; VIII 1

Axiomatik VI 1

" der Geometrie VI 1

" der Quantenmechanik VI

" der Wahrscheinlichkeit IV 5a

Axiome 1 bis 3 (Quantenmechanik) AVI 4

Axiome 4,5 (Quantenmechanik) AVI 4c

Basis AVI 4a , Satz 8,9

Bayes ('sche Regel) IV 7a; AIV 3

Becker VIII 3d

Bedingte relative Häufigkeit IV 5c; VI 13; AVI 4c

Bedingung VI 13

" zusätzliche AVI 4c

Bedeutung VIII 3a

Bell VII 6c

Bertrand IV 1; IV 7a

Beschreibung III 1

   " , objektive IV 2

   " , vollständige VI 13; VI 19; AVI 4c

Besetzungszahlen AVI 6

Birkhoff I 6

Bohm III 1; III 2b

Bohm-Aharonov-Formalismus AVII

Bohr E; II1; VII 1b; VII 3a; IX 3

   " , Kontroverse mit Einstein III 1; VII 6a

Boltzmann III 2b; AIII 1,2

Boltzmann-Statistik IV 1; V 7

Boole'sche Algebra I 2; I 6; AI 1b

Boole'scher Verband IV 5a; VI 7; VI 11 bis 14; VII 3b; AI 1c; AVI 2; AVI 4c

Borges VII 6b

Bose-Einstein-Statistik IV 1; V 7; VI 18

Bose-Kondensation VIII 3d

Bose-Ure VIII 3d

Bosonen AVI 6

de Broglie III 1

Buffon VI 16

Castell VIII 3c

Clebsch-Gordan IV 7b

Covering Law AVI 4d

Dämon s. Laplace

Darstellung, lineare VI 18; VIII 3c

   " , projektive VIII 1a

   " , reguläre VIII 3b

   " , unitäre, antiunitäre VI 19c

Definition des Objekts (s.a.Objekt) V 8

   " von Wahrscheinlichkeit (s.a.Wahrscheinlichkeit) <u>IV 4</u>

de Morgan'sche Regel I 3

Descartes XI 1

Determinismus II2; VI 2; VI 14

dialogische Begründung der Logik I 5

Dialogspiel VI 8; AI 2

Dialog, quantenmechanisch I 6

Dichtematrix AVI 1

Dimension der Proj. Geometrie VI 15

   " des Hilbertraums VI 15

Ding - Objekt V 2; V 8

Dingler VI 1

Dirac AVI 1

Disjunktion s. oder

Distribution AVI 2

Distributivgesetz I 2; I 6; AVI 2

Dokument I 5

Dreckeffekte VI 3

Drehimpuls-Erhaltung VII 6c; AVII

Driesch IX 1

Dualgruppe AI 1b

Dualismus, Welle-Teilchen VII 1c

Dualität VI 19; AVI 2

Dynamik VI 19

Effektive Transformation VIII 1a; VIII 3a

Ehrenfest III 2; IV 7a; AIII 1; AV 3a

Eigenschaft III 1; IV 5a

  ", atomare V6

  ", vorliegende V6; VI 3

Eigenvektor   AVI 1

Eigenwert   AVI 1

  ", entarteter AVI 1

Einheit IX

Einheit der Physik II 1; IX 1

Eins im Verband AVI 2

Einstein E1; V 4c

  " , Kontroverse mit Bohr III 1; VII 6

Einstein-Podolsky-Rosen-Paradox s. EPR

Einerversuch Newtons V 3a

Elektromagnetische Hohlraumstrahlung s. Hohlraumstrahlung

Elementarteilchen II 1; VIII 3a

Empirie-Theorie II 2; IV 5c; VII 1a

empirische Begründung I 1

empirische Ermittlung von Wahrscheinlichkeit <u>IV 7a</u>

  " Stützung IV 6

Energie: quadratisch von Feldstärke abhängig AV 3a; AV 3c

Ensemble (s.a. Gesamtheit) IV 2a, <u>2c</u>, 5e; IV 6

Ensemble von Bosonen VI 18

Entartung VI 18

Entropie III 2; AIII 1

Epistemisch I 6 ; VI 9

EPR V 7; VII 2; <u>VII 6c;</u> AVII

Ereignis IV 5a

  " , elementares IV 5a

  " , bei Versuchsreihe IV 5f

Erfahrung s. Empirie IX 1

Erklärung III 1

Erlanger Programm VIII 1

Erwartungswert IV 5f; AIV 1

  " einer Observablen AVI 1

  " im Fock-Raum AVI 6

  " der rel. Häufigkeit IV 5f

Erzeugungsoperator AVI 6

Eudoxos V 1

Euklid VI 1

Everett VII 6b

Evidenz der Logik I 3

Ex falso quodlibet I 6; AI 1c

Existenzforderung VI 13

Fälle, "günstige", "möglich" IV 1

falsch I 2

Falsifikation II 2

Fehlerrechnung IV 7a

Feld V 3b; V 4b; VII 1c

  " , elektromagnetisch V 4b; V 8

  " , Gravitations- V 1; V 4b; V 4c

Fermat IV 0

Fermi-Dirac-Statistik IV 1; V 7; VI 18

Finkelstein VI 16; VII 3

Fock-Raum VI 18; VIII 1a; AVI 6

Formalisierung I 2; I 4; VI 1

Formalität der Logik I 5

Fraktionierung der Logik I 6

Frege I 2

Freie Bewegung V 4c

Freiheit IX 3

Gegenwart I 5

Gemenge V 2; V 6; VII 3b; AVI 1

Geometrie V 4c; VI 1; VIII 3b; IX 1

Gesamtheit s. Ensemble

  " , gemischte V 6

Gesetz VII 5; IX 3

  " der Großen Zahl IV 2b

  " " " " , starkes AIV 2

Gesetze für Voraussagen VI 2

Gesetzesartigkeit I 6

gesetzliche Aussage VI 3

Gewinnstrategie AI 2

Gleichgewicht III 2c

" , thermodynamisches III 2b; VII 6d

Gleichheit von Objekten V 6

Gleichheitsdefinition VI 3

Gleichverteilungssatz AV 2

Gleichwahrscheinlichkeit IV 1; IV 7b; VI 16

Gödel I 4

Gravitation V 1; V 4b; V 4c; VIII 3c

" , Strahlung V 4o, VIII 3c

Grgin VI 17

Grenzfall einer Theorie II 1

Grenzprozeß (s.a. unendlich) VI 15

Grenz-Wahrscheinlichkeit IV 2b

grot I 6; V 8

Grünbaum III 2b

Gruppen Lie-; Lorentz VI 15 (s.a. Transformation, Automorphismus, Symmetrie)

Gruppeneigenschaft der zeitl. Änderung VI 19a,b

Gudder VI 16

Haeckel IX 1

Häufigkeit, absolute AVI 6

" , relative IV 1; IV 2

" , vorausgesagte IV 5a

Hagedorn VIII 3d

Hampshire IX 1; IX 2

Hamilton-Operator VI 19c; VIII 1b

Heisenberg V 5; V 8; VII 1a

Hilbert VI 1

Hilbertraum IV 5a; VI 16; VIII 1; AVI 1

" $\mathscr{L}^2$ VIII 2

Hohlraumstrahlung: klassisch AV 3a

" : quantenmechanisch AV 3b

Hohlwelttheorie VII 4

Honderich IX 3

Hume II 2; IV 1

Ideale Messung, positive, 1. Art AVI 4d

Idealisierung IV 2; V 2; VI 3

Identitätssatz I 5; V 9

immer-wahr I 6

Implikation I 1 bis 3; I 6; V 9; <u>VI 3,</u> 5; AI 1c; AI 4; AI 4c

Impuls s. Ort

Indeterminismus VI 2; VI 14; AVI 4c; AVI 5

Induktion VI 1

Induktionsprinzip II 2

Infimum (s.a. und) I 6; VI 10; AI 1c; AVI 2

Inklusion s. Mengen-Inklusion

Inkommensurabalität s. Verträglichkeit

Interpretation von Axiomen VI 1

    " der Quantenmechanik I 6; <u>VII</u>

Inversion, logische I 6; AVI 4a

Irrealer Konditionalsatz V 6

Irreduzibilität AVI 4c

Irreversibilität (s.a. Reversibilität) III 2

Jammer VII 1a

Jauch I 6; VI 3; VI 8; VI 13; VII 3b; VII 6c

Jaynes IV 1, 3, 4, 6

Kalkül I 5

Kant II 2; IX 3

Klassische Begriffe II 1

    " " Notwendigkeit E ; VII 3a

Klassische Physik IX 1

    " " , Ontologie VII 1; VII 6

Klassische Wahrscheinlichkeitsdefinition IV 1; IV 7

Klein VIII 1; VIII 2

Körper V 4a

" , starrer V 8

Kohlestäubchen AV 3a

Kollektiv, konkretes VII 6c

Kolmogoroff IV 5a, e

Kombinatorik IV 1

Kommensurabiltität s. Verträglichkeit

Komplement I 6; VI 7; VI 12; AI 1b; AVI 2

Komplementär AVI 2

Komplementarität VII 1b

Komplexer Vektorraum VI 16

Komplex-Konjugation AVI 1

Konditionalsatz, irrealer V 6

Konjunktion s. und

Konsistenz IV 5b; VII 5

" , semantische VII 4

kontingente Aussage I 6

" Wahrheit I 6; VI 18

" Größe V 4a

Kontinuum IV 2b

" , mechanisches V 4a; V 8

Kontinuumstheorie V 5

Konvention I 2;

Konventionalismus VII 4

Konvergenz der rel. Häufigkeit IV 2b

Kopernikanische Wende II 2

Korrelationen VI 17; VII 3b; VII 6c; AVI 5

Korrespondenztheorie der Wahrheit I 1

Kosmologie II 1

Kotas I 6

Kräfte V 4b; V 8

Kreis von Zurückführungen IX 3

Kugelspiel, Ehrenfest'sches III 2a; AIII 1

Kuhn II 1

Kunsemüller I 6; AI 4

Laplace IX 1

Laplace'scher Dämon V 1; VI 14; VII 1

v. Laue III 1

Leib-Seele-Problem IX 1

Leibniz I 2

Likelikhood-Regel IV 7a; AIV 3

Limes s. Grenz-, unendlich IV 2b

Liouville IV 2b; AV 2

Logik deduktive, induktive I 0

Logik und Empirie I 6

Logik zeitlicher Aussagen I 5

logisch wahr I 5

Logische Operationen IV 5

Lorenz I 5; AI 2

Lorenzen I 5; VI 1; VI 8; AI 2

Lorentzgruppe VI 15

Ludwig IV 2 ; VI 3

Mach V 3a

Mach'sches Prinzip V 4c

Mac Kay IX 3

Maczyński VI 16

Makrozustand III 2

Many-Worlds-Interpretation VII 6b

Markowscher Prozeß VI 19a

Masse: schwere-träge V 4c; V 4a

Massenpunkt V 2; V 4a; V 6; V 8

Materialismus IX 1

Maxwell-Boltzmann-Verteilung AV 2; AV 3a; AV 3b

Maxwell-Gleichungen AV 3a

Mechanismus IX 1

Mengen - Durchschnitt (s.a. und) VI 8; VI 12

    "   - Inklusion VI 5

    "   - Vereinigung (s.a. oder) VI 8; VI 12

Mengenlehre I 3

Méré IV o

Meßapparat VII 2

Meßprozeß VII 2; <u>VII 3</u>

  " , Analyse VII 3b

  " , quantenmechanische Beschreibung VII 3c

Messung I 5; VIII 2

  " 1. Art VI 4

  " " , ideale VI 13

  " " , ideale positive AVI 4d

Metaaussage I 1, 3, 6; VI 2, 3, 19b

Meta-Modalität IV 5f

Metasprache I 5; VI 7

Mikrozustand III 2

Minimum Generation AVI 4d

v. Mises IV 2a

Mittelstaedt I 6

Möglichkeit, quantifizierte VII 6b

  " - Wirklichkeit VII 3a, 5, <u>6</u>

Modalität IV 4, 5f; VI 2

Modularität AVI 2, 4d

mögliche Ereignisse IV 1

Multiplikator VIII 1a

Näherung II 1
   " im Objektbegriff V 3,8; VII 3b
Naturkonstante I 1; II 2
Negation I 5, 6; VI 19b; AI 3; AVI 3
   " : Eindeutigkeit AVI 4b
   " , Symmetrie VI 7; AVI 3
v. Neumann I 6; VII 3b, 5
Newton V 1
Newton'sche Gesetze AV 1
Newtons Eimerversuch V 3a
Nicht-Elefanten VI 7
Nicod-Funktion AI 1a
Noether VIII 1
Norm der Vektoren VIII 1a; AVI 1; AVIII
Normale Wissenschaft II 1
Nothing but IX 1, 2
notwendig VI 2
notwendige Aussage s. Aussage, notwendige
Notwendigkeit einer atomaren Aussage V 9; VI 5
   " der Naturgesetze II 2;
   " einer Voraussage V 6
   " = Wahrscheinlichkeit 1 IV 2b
Null im Verband AVI 2
σ (Orthogonalmengen) AVI 4
Ω (Menge der Atome) AVI 4
Objekt im äußeren Feld V 3b; V 8
Objekt, Definition V 8
   " , freies V 3a
   " , Gegens. Ding V 2; V 8
   " , Isolierung V 2; V 3
   " , Teil s. Teilobjekt
   " , in Wechselwirkung V 3c; V 8

Objekte, gleiche   IV 1; V 6; VI 18

" , Zusammensetzung (s. Teilobjekt)   VI 17

Objektaussage s. Metaaussage

Objektbegriff : Näherung (s. Näherung) VII 3b

Objektiv vorhanden VII 5

Objektive Struktur III 2b

Objektivität III 1; <u>VI 5</u>;   IX 2

Observable   AVI 1

Ochs   VI 13

oder   I 2; I 5; VI 9; VI 10; AI 1a; AI 1b

ontisch   I 6; VI 9

Ontologie der klass. Physik   VII 1; VII 6; IX 3

Operationen, logische   I 2, 5, 6; AI 1,2

Operator, linearer, hermitescher   AVI 1

" , statistischer   AVI 1

Opponent   I 5; AI 2

Organismus   IX 3

Ordnungsrelation   VI 3; AI 1c; AVI 2; AVI 4c

Ort - Impuls (s. Massenpunkt)   I 6

Ort - Impuls - Unschärfe   VII 1a

Orthogonalität   AVI 2

Orthogonalmenge   AVI 4

Orthokomplement   VI 7, 10, 16; VIII 1; AVI 2

Orthokomplementär   AVI 2; AVI 4a;

Orthomenge A´ zu A   AVI 4a

Orthomodular   AVI 2

Orthomodularität   VI 11; AVI 2

" von $\mathcal{P}$ AVI 4c, Satz 10

" , Kriterien <u>AVI 4b</u>

Oszillator, harmonischer   AVI 6

$\mathcal{P}$ (orthogonale Menge)   AVI 4c

Paradox s. EPR; s. Schrödingers Katze; s. Wigners Freund

Paradoxien der Mengenlehre I 3

Partonen VIII 3d

Pascal IVo

Pauli-Matrizen VIII 3a; AVIII

Petersen VI 17

Phasenfaktoren VIII 1a

Phasenraum IV 2b; V 4a

Physik : Forderungen an sie III 1

Piron I 6; VI 3; VI 8; VI 13; VI 16

Planetentheorie V I

Planck V 5; AV 3a

Planck'sche Strahlungsformel AV 3b

Poincaré-Gruppe VIII 1; VIII 2

Popper II 2; IV 2a; VII 1a

Poset (Partially ordered set) AVI 2

potentiell unendlich IV 2b

Potentielle Teile VII 6c

Prämissenvorschaltung I 6; AI 3

Privatgelehrte II 1; VII 4

Produkt, direktes VI 17; AVI 5

" , inneres VI 16; AVI 1

" Tensor- VI 17; AVI 5

" , logisches s. und

" , Mengen s. und

Projektionspostulat VI 11; VI 13; AVI 4c,d

Projektive Darstellung VIII 1a

Projektive Geometrie VI 11 bis 16; AVI 4c

"   " , reduzibel VI 14

Projektivität AVII

Proponent I 5; AI 2

Protophysik V 4c

Ptolemäus V 1

Punkt , der proj. Geometrie VI 14; (s. a. Atomare Aussage)

Punkttransformationen VIII 3b

Quantelung, zweite AVI 6

Quantenlogik I 6

Quantenmechanik II 1; V 6

  " , Axiomatik VI

  " , Interpretation VII

  " - Verhältnis zur klass. Physik E; VI 14; VII 3a; s.a.klass. Physik

Quantentheorie II 1

Quantifizierung von Möglichkeit IV 4

Quaternionen IV 16

Random sequence s. Zufallsfolge

Raum VIII 2

  " , nicht-relativistisch VIII 3b

Raum - Zeit - Geometrie V 4c

Raum - Zeit, relativistisch VIII 3c

Rayleigh-Jeans-Gesetz AV 3a

Reduktion des Wellenpakets VII 2; VII 6b

Reduktionismus IX

Reelle Zahlen VI 16

Reflexion IX 3

reflexiv I 3

Reflexivität der Logik I 3; I 6

Reihenfolge von Versuchen IV 6; VI 8

Reiner Fall V 6; AVI 1

Relative Häufigkeit IV 1; <u>IV 2</u>

    "   " : allgemeinste Voraussage IV 6

    "   " , bedingte IV 5c

    "   " : Erwartungswert IV 5f

    "   " : Streuung IV 5f

    "   " : Summenregel IV 5b

    "   " , totale IV 5d

Relative Häufigkeit: Unabhängigkeit IV 5e; IV 6

"   " : unendlicher Regreß IV 5f

"   "   von relativer Häufigkeit IV 5f

"   " : Voraussage IV 5e

relativistische Betrachtung VI 19

Relativitätstheorie II 1; VII 4

Relevante Bedingungen IV 6

Res cogitans, res extensa IX 1

Reversibilität III 2; IV 2b; VI 19a; VII 5

Roman VIII 3d

Rose VI 11

Russell I 2

Sasaki - Projektion AVI 4d

Satz vom Widerspruch I 1; VI 7; AI 1a, c

Satz vom ausgeschlossenen Dritten AI 1a; AI 2

Satz vom zureichenden Grund IV 7b

Satz von der doppelten Negation VI 7; VI 10; AVI 4a

schematisches Operieren I 5

Schnitt, Verschieblichkeit VII 3b

Schrödinger III 1; VI 19c

Schrödingergleichung VI 19c; VII 1c; VII 5

Schrödingers Katze VII 2

Schulwissenschaft II 1

Schwankung, thermodynamische AIII 1

Seeschlacht VI 2

Semantische Konsistenz VII 4

Semi - Bilinearform s. Sesquilinearform

Sesquilinearform VI 16; AVI 1

Sprachgebrauch III o

Ständigkeit der Natur I 5; V 9

Starrer Körper V 4a; V 8

Statistik VI 18

Statistik, - Boltzmann; -Bose-Einstein; -Fermi-Dirac   IV 1

Statistik der Ure   VIII 3d

Statistische Hypothesen: Bestätigung, Stützung, Widerlegung   IV 7a

Statistische Unabhängigkeit   IV 6

Stegmüller   III 1

Stern-Gerlach-Experiment   VI 3,4; VII 6c; VIII 1b

Strahldarstellung   VIII 1a

Streuung   AVI 1

    " , im Fock-Raum   AVI 6

    " von relativen Häufigkeiten   IV 5f

Strukturaussage   I 6

Strukturbeschreibung   III 2c

Stueckelberg   VI 16

Stützung, empirische   IV 6

    " statistischer Hypothesen   IV 7a; AIV 3

    " , empirische   II 1; IV 7; AIV 3

SU(2,2)-Symmetrie   VIII 3c

SU(n)   VIII 1a

Subjekt - Objekt   IX 3

Subjekt, transzendentales ; empirisches   IX 1

Subjektive Wahrscheinlichkeit   <u>IV 3</u>; IV 4

Subjunktion   I 6; AI 1a, c

Summenregel der Wahrscheinlichkeitsrechnung   <u>IV 5b</u>

Superauswahlregel   VI 14; VII 6c

Superposition s. Indeterminismus; Irreduzibilität

Superposition Law   AVI 4d

Supremum (s.a. oder)   VI 10; AI 1c; AVI 2

Süßmann   VII 3b

Symmetrie   IV 7b; VI 16; VIII 1

    " der Ausschließung (Negation)   VI 7; AVI 3

    " , beim freien Objekt   V 3a

    " der Urobjekte   AVIII

    " der w-Funktion   AVI 4d

Symmetriepostulat VI 13

Tarski I 1

Teilchen (s.a. Dualismus)   V 8

Teilobjekt V 7; VIII 3a

  " , Existenz VII 6c

Tensorprodukt VI 17; VIII 1a, 3b; AVI 5

Tertium non datur I 1

Theorien: Einheit als Argument II 1

Thermodynamik II 1

  " : Kugelspiel-Modell AIII 1

  " : Maxwell-Verteilung AV 2

Thermodynamischer Zustand VII 6d

Thermodynamische Wahrscheinlichkeit III 2c; IV 7a

Tisza II 1

Totale relative Häufigkeit IV 5d

Transformation, aktive/passive VIII 1b

  " , lineare/antilineare VIII 1a

  " , unitäre VIII 1a

  " , Punkt- VIII 3b

Transitivität I 6

Tripel, distributives AVI 2

Ultraviolett-Katastrophe V 5; AV 3a, c

Umgangssprache E; VII 6d; IX 3

Unabhängigkeit IV 5e; IV 6

  " , statistische AV 2; AV 3a

Unbestimmtheitsrelation VII 1a

und I 2; VI 3; VI 8; VI 10; AI 1a, b

unendlich (s.a. Grenz-) VI 15

  " , potentiell IV 2b

Unendliche Versuchsreihe IV 2a

Unendlicher Regreß in der Wahrscheinlichkeits-Theorie IV 5f ungefähr (bei Wahrscheinlichkeit) IV 2c; IV 5f

unitär AVI 1

Universalität der Logik I 3

" der Quantenmechanik VII 4; VII 5

unmöglich VI 2

Unmöglichkeit = Wahrscheinlichkeit 0 IV 2b

Unmöglichkeitsbeweis IV 6; V 5; VII 6a

Unschärferelation VII 1a

Untermengen von Ω AVI 4a

Unterräume, abgeschlossene VI 16

Unterraum AVI 1

Ununterscheidbarkeit IV 1; IV 7a; VI 18; AVI 6

unverträglich s. Verträglichkeit

Ur-Objekt VIII 3

Ur-Symmetrie AVIII

Ure, Gesamtzahl VIII 3d

Urfeld V 8

Ursache - Grund IX 1

Vakuum V 4b

Vektorraum AVI 2

Verband I 6; AI 1c

Verbandseigenschaft VI 10

Verbandstheorie, Definitionen AVI 2

Verborgener Parameter VII 6a

Vergangenheit III 2c

Vernichtungsoperator AVI 6

Verträglichkeit I 6; VI 8; AVI 4b,c

Vielteilchen-Beschreibung AVI 6

Vitalismus IX 1

Vogt, Woldemar II 1

Vollständige Beschreibung V 6; V 9 VI 5; VI 19a

Vorausgesagte Häufigkeit IV 5

Voraussage III ; III 1; V 8; VI 2; VII 2
  " , allgemeinste IV 6
  " , notwendige V 6
vorliegende Eigenschaft V 6
w (x| y) (Wahrscheinlichkeitsbelegung) AVI 4
wahr I 2
Wahrheit AI 4
  " "an sich" I 2
  " der Logik I 1
  " futurischer Aussagen VI 2
  " : immer-wahr I 6
  " , kontingente I 6
  " , logische I 5
Wahrheitspräfix I 6
Wahrheitswerte I 2, 6
Wahrheitswertfunktion I 2; AI 1a
Wahrheitswerttafeln AI 1a
Wahrscheinlichkeit IV
  " , allgemeinste Voraussage IV 6
  " , Axiomatik IV 5a
  " , bedingte IV 5c; VI 13
  " bei Bosonen VI 18
  " : Definition IV 4
  " als Eigenschaft V 9
  " , empirische Ermittlung IV 7a
  " : Fragen IV 4
  " , im Gemenge/ im reinen Fall V 6
  " , im Hilbertraum-Formalismus AVI 1
  " , klass. Definition IV 1; IV 7
  " , objektive IV 2a
  " , Produktregel IV 5c
  " : Quellen IV 7
  " : Streuung IV 5f

Wahrscheinlichkeit, subjektive <u>IV 3</u>
    " : Summenregel IV 5b
    " , thermodynamische III 2
    " , totale IV 5d
    " , Unabhängigkeit IV 5e; IV 6
    " , unendlicher Regreß IV 5f
    " verg. Ereignisse III 2c; AIII 1
    " von Verbandselementen AVI 4c
    " von Wahrscheinlichkeit IV 5f
Wahrscheinlichkeitsfunktion VI 6
Wahrscheinlichkeitslimes IV 2b
Wahrscheinlichkeitsrechnung AIV 1
Wechselwirkung V 3c; V 8; VIII 2
weiche Spielweise I 5; AI 2
Weizsäcker I 5; VII 1a; VIII 3d
Welle s. Dualismus
Wettverhältnis IV 3; IV 4
Whitehead I 2
Wiederholbarkeit VI 4
Wien'sches Gesetz AV 3a
Wigner VII 3b
Wigners Freund VII 2; VII 4; VII 6d; IX 3
wirklich VI 4
"Wirkliche" Transformation VIII 1b
Wirklichkeit V 7; VII 4; VII 5; VII 6;
    " , "an sich" III 1; VII 6d
    " , Element der   VII 6c
    " — Möglichkeit VII 3a
Wissenschaften, ihr Zusammenhang II 1
Wöhler IX 1
Würfel IV

Z (Verband von Untermengen von Ω), Definition   AVI 4a

Zahlkörper   VI 16

Zeh   VII 3b

Zeitmodi   III 2

"Zeitpfeil"   III 2

Zeitrichtung   AIII 1

Zeitstruktur der Reflexion   IX 3

zeitüberbrückend   I 6; V 8

Zufallsfolge   IV 4; IV 6

Zukunft, Offenheit   V 2; VI 14; VI 15

Zusammensetzung von Objekten   VI 17; VIII 3a; AVI 5

Zustand   V 2; V 4a; AIII 1; AVI 1

"   , vorliegender ; kontingenter   VI 18

Zweite Quantelung   AVI 6

Zweiter Hauptsatz der Thermodynamik   III 2b; AIII 1

G. Ludwig

Die Grundstrukturen einer physikalischen Theorie

Hochschultext

1978. 1 Abbildung. VIII, 261 Seiten
ISBN 3-540-08821-0

In diesem – auch für Studenten – verständlichen Buch stellt der Verfasser seine an der Quantentheorie mehrfach getesteten Vorstellungen über den Aufbau einer physikalischen Theorie dar. Es ist eine Aufforderung an den Leser, darauf aufbauend eine Axiomatik konkreter physikalischer Theorien zu versuchen.

Hauptsächlich behandelt das vorliegende Werk die „formale Methodologie der Physik" und die „Fundamentalphysik", d.h. die Struktur der im ersten Problemkreis erarbeiteten „Spielregeln" der Physik. Wesentlich ist dabei das Studium von Abbildungsprinzipien, die Beziehungen zwischen mathematischer und physikalischer Theorie, sowie die zwischen verschiedenen physikalischen Theorien. Weitere Stichworte sind: Physikalische Wirklichkeit und Möglichkeit, Entscheidbarkeit, Wahrscheinlichkeit, das Präparieren und das Registrieren in der Physik.

J. von Neumann

Mathematische Grundlagen der Quantenmechanik

(Nachdruck der 1. Auflage 1932)
1968. 4 Abbildungen. VIII, 262 Seiten
(Grundlehren der mathematischen Wissenschaften, Band 38)
ISBN 3-540-04133-8

Aus den Besprechungen:
„Dieses klassische Werk J. v. NEUMANNs zählt zu den bedeutendsten Beiträgen zur Quantenmechanik, die je geschrieben wurden. Auch heute – 36 Jahre nach dem Erscheinen der Erstauflage – ist es noch keineswegs veraltet und kann von jedem Physiker mit Gewinn gelesen werden. ...
... wird ... selten mit jener Sorgfalt und Ausführlichkeit auf die Probleme eingegangen, wie bei v. NEUMANN. Das einleitende Kapitel befaßt sich mit der Äquivalenz von Schrödinger- und Heisenbergbild. Daran schließt sich eine sehr gründliche Darlegung der Theorie des Hilbertraums und der Operatoren im Hilbertraum. Weitere Abschnitte behandeln die quantenmechanische Statistik, den deduktiven Aufbau der Quantentheorie, den Meßprozeß und thermodynamischen Fragen. ... Das Buch sollte in keiner Bibliothek eines Physiker fehlen."
Monatshefte für Mathematik

Springer-Verlag Berlin Heidelberg New York

Selected Issues from
Lecture Notes in Mathematics

Vol. 561: Function Theoretic Methods for Partial Differential Equations. Darmstadt 1976. Proceedings. Edited by V. E. Meister, N. Weck and W. L. Wendland. XVIII, 520 pages. 1976.

Vol. 564: Ordinary and Partial Differential Equations, Dundee 1976. Proceedings. Edited by W. N. Everitt and B. D. Sleeman. XVIII, 551 pages. 1976.

Vol. 565: Turbulence and Navier Stokes Equations. Proceedings 1975. Edited by R. Temam. IX, 194 pages. 1976.

Vol. 566: Empirical Distributions and Processes. Oberwolfach 1976. Proceedings. Edited by P. Gaenssler and P. Révész. VII, 146 pages. 1976.

Vol. 570: Differential Geometrical Methods in Mathematical Physics, Bonn 1975. Proceedings. Edited by K. Bleuler and A. Reetz. VIII, 576 pages. 1977.

Vol. 572: Sparse Matrix Techniques, Copenhagen 1976. Edited by V. A. Barker. V, 184 pages. 1977.

Vol. 579: Combinatoire et Représentation du Groupe Symétrique, Strasbourg 1976. Proceedings 1976. Edité par D. Foata. IV, 339 pages. 1977.

Vol. 587: Non-Commutative Harmonic Analysis. Proceedings 1976. Edited by J. Carmona and M. Vergne. IV, 240 pages. 1977.

Vol. 592: D. Voigt, Induzierte Darstellungen in der Theorie der endlichen, algebraischen Gruppen. V, 413 Seiten. 1977.

Vol. 594: Singular Perturbations and Boundary Layer Theory, Lyon 1976. Edited by C. M. Brauner, B. Gay, and J. Mathieu. VIII, 539 pages. 1977.

Vol. 596: K. Deimling, Ordinary Differential Equations in Banach Spaces. VI, 137 pages. 1977.

Vol. 605: Sario et al., Classification Theory of Riemannian Manifolds. XX, 498 pages. 1977.

Vol. 606: Mathematical Aspects of Finite Element Methods. Proceedings 1975. Edited by I. Galligani and E. Magenes. VI, 362 pages. 1977.

Vol. 607: M. Métivier, Reelle und Vektorwertige Quasimartingale und die Theorie der Stochastischen Integration. X, 310 Seiten. 1977.

Vol. 615: Turbulence Seminar, Proceedings 1976/77. Edited by P. Bernard and T. Ratiu. VI, 155 pages. 1977.

Vol. 618: I. I. Hirschman, Jr. and D. E. Hughes, Extreme Eigen Values of Toeplitz Operators. VI, 145 pages. 1977.

Vol. 623: I. Erdelyi and R. Lange, Spectral Decompositions on Banach Spaces. VIII, 122 pages. 1977.

Vol. 628: H. J. Baues, Obstruction Theory on the Homotopy Classification of Maps. XII, 387 pages. 1977.

Vol. 629: W. A. Coppel, Dichotomies in Stability Theory. VI, 98 pages. 1978.

Vol. 630: Numerical Analysis, Proceedings, Biennial Conference, Dundee 1977. Edited by G. A. Watson. XII, 199 pages. 1978.

Vol. 636: Journées de Statistique des Processus Stochastiques, Grenoble 1977, Proceedings. Edité par Didier Dacunha-Castelle et Bernard Van Cutsem. VII, 202 pages. 1978.

Vol. 638: P. Shanahan, The Atiyah-Singer Index Theorem, An Introduction. V, 224 pages. 1978.

Vol. 648: Nonlinear Partial Differential Equations and Applications, Proceedings, Indiana 1976-1977. Edited by J. M. Chadam. VI, 206 pages. 1978.

Vol. 650: C*-Algebras and Applications to Physics. Proceedings 1977. Edited by R. V. Kadison. V, 192 pages. 1978.

Vol. 656: Probability Theory on Vector Spaces. Proceedings, 1977. Edited by A. Weron. VIII, 274 pages. 1978.

Vol. 662: Akin, The Metric Theory of Banach Manifolds. XIX, 306 pages. 1978.

Vol. 665: Journées d'Analyse Non Linéaire. Proceedings, 1977. Edité par P. Bénilan et J. Robert. VIII, 256 pages. 1978.

Vol. 667: J. Gilewicz, Approximants de Padé. XIV, 511 pages. 1978.

Vol. 668: The Structure of Attractors in Dynamical Systems. Proceedings, 1977. Edited by J. C. Martin, N. G. Markley and W. Perrizo. VI, 264 pages. 1978.

Vol. 675: J. Galambos and S. Kotz, Characterizations of Probability Distributions. VIII, 169 pages. 1978.

Vol. 676: Differential Geometrical Methods in Mathematical Physics II, Proceedings, 1977. Edited by K. Bleuler, H. R. Petry and A. Reetz. VI, 626 pages. 1978.

Vol. 678: D. Dacunha-Castelle, H. Heyer et B. Roynette. Ecole d'Eté de Probabilités de Saint-Flour. VII-1977. Edité par P. L. Hennequin. IX, 379 pages. 1978.

Vol. 679: Numerical Treatment of Differential Equations in Applications, Proceedings, 1977. Edited by R. Ansorge and W. Törnig. IX, 163 pages. 1978.

Vol. 681: Séminaire de Théorie du Potentiel Paris, No. 3, Directeurs: M. Brelot, G. Choquet et J. Deny. Rédacteurs: F. Hirsch et G. Mokobodzki. VII, 294 pages. 1978.

Vol. 682: G. D. James, The Representation Theory of the Symmetric Groups. V, 156 pages. 1978.

Vol. 684: E. E. Rosinger, Distributions and Nonlinear Partial Differential Equations. XI, 146 pages. 1978.

Vol. 690: W. J. J. Rey, Robust Statistical Methods. VI, 128 pages. 1978.

Vol. 691: G. Viennot, Algèbres de Lie Libres et Monoïdes Libres. III, 124 pages. 1978.

Vol. 693: Hilbert Space Operators, Proceedings, 1977. Edited by J. M. Bachar Jr. and D. W. Hadwin. VIII, 184 pages. 1978.

Vol. 696: P. J. Feinsilver, Special Functions, Probability Semigroups, and Hamiltonian Flows. VI, 112 pages. 1978.

Vol. 702: Yuri N. Bibikov, Local Theory of Nonlinear Analytic Ordinary Differential Equations. IX, 147 pages. 1979.

Vol. 704: Computing Methods in Applied Sciences and Engineering, 1977, I. Proceedings, 1977. Edited by R. Glowinski and J. L. Lions. VI, 391 pages. 1979.

Vol. 710: Séminaire Bourbaki vol. 1977/78, Exposés 507–524. IV, 328 pages. 1979.

Vol. 711: Asymptotic Analysis. Edited by F. Verhulst. V, 240 pages. 1979.